工学系の
基礎力学

● 公式の意味を知る

田村忠久 著
Tadahisa TAMURA

Basic Mechanics for Engineering Students :
To Realize Meaning of Formulas
by
Tadahisa Tamura, Dr. Sc.

SHOKABO
TOKYO

JCOPY 〈出版者著作権管理機構 委託出版物〉

はじめに

　本書は，筆者が大学で工学部初学年向けに行っている講義での経験に基づいて執筆した力学の解説書である．筆者の担当する講義には，大学入学試験で物理を選択しなかったり，そもそも高校において物理を履修しておらず，物理に対して苦手意識をもっている人もいる．一方で，高校のときから物理が好きだったり，得意だった人もいる．同じ大学生でも物理の習熟度には，はじめからかなりの幅がある．

　そこで，物理に苦手意識や不安を感じている学生でも基礎的なところから一つずつ理解を積み重ねていけるように，逆に基礎的なことばかりでは満足できない学生もその興味や意欲を失わないように，それぞれの習熟度によって学習できることを目指して本書を執筆した．具体的には，次のような点を意識した．

- 章のはじめに「学習目標」，「キーワード」，章末問題の前に「まとめ」を設ける．
- 工学で最低限必要とされるものは扱うが，物理学を専攻する学生に要求するような高度な内容までは含めない．
- 出発点を，用語の意味が理解できることと，力の図示ができるところからはじめる．
- 数学的な取扱いの説明に関しては，本文中において初出のところで基本的なところから解説し，必要最小限の数学に留める．
- 式展開はできるだけ式変形が理解できるように段階的に行い，その本質を説明する図および解説を併記して理解しやすいようにする．
- 文字式には，最後に SI 単位をつける．
- 例題は，本文を理解するために必要な基本的なものを選ぶ．
- 類題には，現実的な数値で計算を行う問題も取り入れて，実際の物理量を単位と共に実感できるようにする．
- 章末問題は，例題や類題に収まりきらないが一度は解いておくべき問題の他，腕試しができるように少し高度な問題も含める．

　物理にあまり慣れていない人は，解説をじっくり読んで，例題を繰り返し解いて自力で解けるまでになってほしい．章末問題に含めたやや高度な問題には＊印をつけてあるので，少し深く学びたい人は是非ともそれらに挑戦してみよう．なお，類題と章末問題は，巻末の答を見るだけでなく，裳華房のホームページに掲載した詳しい解説も参照してほしい．

　第 1 章は導入部なので，理解できないところがあってもあまり気にせずに読み進めればよい．むしろ最後に読み返したときに本当の意味がわかる部分があるかもしれない．第 5 章の運動方程式は複素数も使って解くので，式変形を追えない場合は，現象の把握ができればよい．第 15 章の座標変換は感覚的に理解しづらいので，座標の設定をかなり慎重に説明した．そのためにやや複雑に感じるかもしれない．じっくり読み込めば理解できることを目指したので，必要に応じて挑戦してほしい．

　ところで，「物理が苦手」とか，「物理は難しい」と思っている人は，本当に物理でつまずいているのだろうか？　大学生の場合，そう感じている人の多くは，物理というよりも，高校で習った数学が身についていないようだ．これは，例えばテニスをするのに，その道具である

ラケットを逆さまに握ったり，あるいは素手でボールを打ち返そうとして，「テニスは難しい」と言っているようなものである．道具の最低限の使い方は身につけておく必要がある．数学は数学，物理は物理として，それぞれ別個に修得するものだという意識があるとしたら，一刻も早くそのような思い違いから目覚めてほしい．もし高校の数学をきちんと理解できていないようなら，まずはそれを克服する必要がある．本書は，高校程度の微積分，そこで扱う関数，そしてベクトルを修得していれば読み進められるようにした．それらが，物理を学ぶ際の必要最低限の道具となる．大学では，高校の物理よりもむしろ高校の数学を基礎にして，新たな気持ちで物理を学んでほしい．また，微積分を使わずに習った高校の物理でつまずいた人も，そのときに暗記した公式などの“身についていない”知識をいったんリセットして，初めて物理を学ぶつもりで読んでみてほしい．本書が，物理を修得したいという人たちの一助になれば幸いである．

　最後に，東京農工大学の三沢和彦先生と東京工業大学名誉教授の渡邊靖志先生には，本書の原稿を詳細に読み込んでいただき，貴重なご意見をいただきました．紙面の都合でそのご意見を反映できなかったところもありますが，本書を改善する上で大変参考になりました．この場をお借りして心から感謝いたします．また，石黒浩之氏，小島敏照氏，小野達也氏をはじめ編集部の方々には，本書の完成までにいろいろとお世話になりました．筆が遅いだけでなく，執筆するにつれて次第に膨れてしまった原稿を予定のページ数に収めるために，内容を吟味した上でのフォントサイズやレイアウトの調整などを行っていただきました．そのご尽力に深く感謝いたします．ありがとうございました．

　2019 年 9 月

田 村　忠 久

目　　次

1.　運動の例

1.1　いろいろな運動 ·······················1
1.1.1　自動車の運動 ·······················1
1.1.2　指で物体を押す ·······················2
1.1.3　エレベータの運動 ·······················3
1.1.4　独楽の回転運動 ·······················4
1.2　単純な運動の分類 ·······················5
第1章のまとめ ·······················6

2.　運動の表し方（1次元）

2.1　位置（座標）·······················7
2.2　速度 ·······················8
2.3　微小量の割り算と微分 ·······················9
2.4　加速度 ·······················11
2.5　時間微分の記号「ドット」·······················16
第2章のまとめ ·······················16
章末問題 ·······················16

3.　運動の表し方（3次元）

3.1　位置ベクトル ·······················18
3.2　速度ベクトル ·······················19
3.2.1　平均速度 ·······················19
3.2.2　瞬間の速度 ·······················20
3.2.3　微小ベクトルの扱い ·······················21
3.2.4　速度の大きさ（速さ）·······················22
3.2.5　速度の向き ·······················23
3.3　加速度ベクトル ·······················24
3.3.1　速度変化 ·······················25
3.3.2　平均の加速度 ·······················25
3.3.3　瞬間の加速度 ·······················25
第3章のまとめ ·······················29
章末問題 ·······················29

4.　運動方程式

4.1　運動の法則 ·······················31
4.2　運動方程式の立て方 ·······················34
4.3　運動方程式の使用例 ·······················39
4.3.1　重力に関する運動の例 ·······················39
4.3.2　摩擦力に関する運動の例 ·······················44
4.4　二体問題 ·······················47
4.4.1　重心の運動 ·······················48
4.4.2　相対運動 ·······················51
第4章のまとめ ·······················53
章末問題 ·······················54

vi 目　次

5.　振動現象

5.1　ばね（弾性体）……………………56
5.2　単振動（ばねにつけた質点の運動）……57
　5.2.1　単振動の運動方程式………………57
　5.2.2　単振動の特殊解…………………58
　5.2.3　単振動の一般解…………………59
5.3　強制振動……………………………65
　5.3.1　強制振動の運動方程式……………66
　5.3.2　強制振動の特殊解…………………67
　5.3.3　固有振動…………………………67

5.3.4　強制振動の一般解………………69
5.4　減衰振動……………………………70
　5.4.1　減衰振動の運動方程式……………70
　5.4.2　減衰振動…………………………72
　5.4.3　過減衰……………………………74
　5.4.4　臨界減衰…………………………75
第5章のまとめ…………………………77
章末問題…………………………………77

6.　運動量

6.1　運動量………………………………78
6.2　運動方程式と運動量………………79
　6.2.1　運動量保存………………………79
　6.2.2　力積……………………………80

6.2.3　全運動量…………………………81
第6章のまとめ…………………………84
章末問題…………………………………84

7.　仕事と力学的エネルギー

7.1　力と仕事……………………………86
7.2　積分による仕事の求め方…………87
7.3　力学的エネルギーの基本事項………92
7.4　仕事と力学的エネルギー…………93
　7.4.1　重力の場合………………………93
　7.4.2　ばねの復元力の場合………………96

7.5　運動方程式と力学的エネルギー………97
　7.5.1　力学的エネルギー保存……………98
　7.5.2　外力による仕事…………………100
第7章のまとめ…………………………101
章末問題…………………………………102

8.　保存力と位置エネルギー

8.1　保存力……………………………104
　8.1.1　保存力がする仕事………………104
　8.1.2　保存力の性質……………………106
8.2　位置エネルギー……………………108
　8.2.1　位置エネルギーの求め方………108

8.2.2　位置エネルギーと保存力の関係……110
8.3　万有引力……………………………113
第8章のまとめ…………………………114
章末問題…………………………………114

9. 衝 突

9.1 反発係数（はね返り係数）·············116
9.2 衝突における運動量保存とエネルギー保存
·····················118
第 9 章のまとめ·····················120
章末問題·····················120

10. 質点の回転運動

10.1 外積（ベクトル積）·············121
10.2 角運動量·····················124
10.3 回転運動の方程式·············126
　10.3.1 角運動量の時間変化·············126
　10.3.2 力のモーメント·············126
　10.3.3 回転運動の方程式の立て方·······128
　10.3.4 z 軸周りの円運動と慣性モーメント
·····················132
10.4 中心力場·····················134
　10.4.1 中心力·····················134
　10.4.2 角運動量保存·············134
第 10 章のまとめ·····················136
章末問題·····················136

11. 剛体の運動

11.1 剛体の位置と姿勢·····················138
　11.1.1 自由度·····················138
　11.1.2 自由な剛体·····················139
　11.1.3 オイラー角·····················140
11.2 剛体の並進運動（重心の運動方程式）
·····················140
　11.2.1 運動方程式·····················141
　11.2.2 重力による位置エネルギー·······144
11.3 剛体の回転運動（回転運動の方程式）
·····················145
　11.3.1 剛体の全角運動量·············145
　11.3.2 回転運動の方程式·············146
　11.3.3 重力による力のモーメント·······148
第 11 章のまとめ·····················151
章末問題·····················151

12. 固定軸をもつ剛体の回転運動

12.1 角速度ベクトル·····················155
12.2 固定軸をもつ剛体の回転運動の方程式
·····················159
　12.2.1 z 軸周りの回転における角運動量の
　　　　z 成分·····················160
　12.2.2 z 軸周りの回転における力の
　　　　モーメントの z 成分·············161
　12.2.3 z 軸周りの回転運動の方程式······161
12.3 固定軸をもつ剛体の運動エネルギー···166
　12.3.1 回転の運動エネルギー·············166
　12.3.2 回転運動の方程式と回転の
　　　　運動エネルギー·············166
第 12 章のまとめ·····················168
章末問題·····················169

13. 剛体の慣性モーメント

13.1 慣性モーメントの求め方……171
13.1.1 剛体を有限な要素に分割する……171
13.1.2 要素を微小（無限小）にする……172
13.1.3 要素を1次元として扱う………176
13.1.4 要素を2次元として扱う………178

13.2 慣性モーメントに関する定理………179
13.2.1 平行軸の定理………………179
13.2.2 薄板の直交軸の定理………181
第13章のまとめ……………………183
章末問題………………………………183

14. 重心から見た剛体の運動

14.1 重心から見た回転運動………185
14.2 重心から見た剛体の運動エネルギー…187
14.3 剛体の力学的エネルギー………188

14.4 剛体の平面運動……………188
第14章のまとめ……………………192
章末問題………………………………193

15. 見かけの力

15.1 並進加速度系………………194
15.2 回転座標系…………………196

第15章のまとめ……………………201
章末問題………………………………202

問題略解………………………………204
索　引…………………………………208

コ ラ ム

物体はなぜ動く？………………………6
エレベータのボタン……………………7
永久に追い抜けない？…………………10
文学作品と物理学………………………34
太陽が2個もある？……………………53
実際の「ものづくり」のための試験機………70
普通は左回り？…………………………151
高速回転する巨大磁石…………………168
お疲れ様でした…………………………203

1. 運動の例

【学習目標】
・身近な物体の運動を力学として捉える．
・物体の運動を表す量として，位置，速度，加速度を用いることを認識する．
・物体の運動を扱う力学の基本法則（すべての力学現象を説明できる法則）は，ニュートンの運動法則であることを認識する．
・単純な運動は，軌道，速度，加速度によって分類されることを理解する．

【キーワード】
運動，位置，変位，速さ，速度，加速度，負の加速度，力，合力，力のつり合い，ニュートンの運動法則

◆ 物体の運動を考える ◆

物体の運動は日常のさまざまな場面で目にする．運動という現象を物理では力学として扱う．本章では，さまざまな運動を取り上げる．力学の考え方に慣れているのであれば，本章は流し読みして，早々に次章に進んでもよい．

1.1 いろいろな運動

力学では**物体の運動**を扱う[†1]．ある現象を物理学として扱うには，その現象を量で表す必要がある．力学で物体の動きを表す量としては，**位置**，**速度**，**加速度**を用いる．時間の経過とともにこれらの量がどのように変化するかを扱うのである．これらの量を用いるには，まず座標系を設定しなければならない．座標系が定まると，物体の座標が位置，位置の時間変化の割合が速度[†2]，速度の時間変化の割合が加速度となる．

1.1.1 自動車の運動

自動車に乗って直線道路を走っているとしよう（図1.1）．外の景色を見れば，まずは位置がわかる．そして，景色の流れ具合でおよその速度もわかる．さらに，ある瞬間に景色の流れ

図 1.1　自動車から見た景色の流れ

[†1] 物体が静止している場合も含む．静止も運動の1つの状態と捉えることにする．
[†2] 「速度」という用語には注意が必要である．日常会話では「速さ」と混同されるが，物理で使う「速度（velocity）」は大きさと向きをもった量であり，その大きさが「速さ（speed）」である．このような区別を明確に意識することは重要である．

1.1.2 指で物体を押す

物体が動き出す原因は何であろうか？ 自動車はエンジンの力で動く．エンジンの力が車輪に伝わって自動車が動く機構は複雑なので，ここでは単純に指で物体を押して動かす場合を考えよう（図1.2）．指から物体に力を及ぼすことを，「物体に力をはたらかせる」，「物体に力を作用させる」ということもある．指以外からも物体に力が作用しているかもしれないが，今は指と物体の間にはたらく力だけに着目する．

図1.2 指で物体を押す

指に力を込めるのは筋力を使ってであるが，その力が指から物体にはどのようにして伝わるのであろうか？ 指と物体は接触しているが，それを拡大してみると，それぞれの表面は少し離れていて，表面近くの原子同士が電気力で反発する状態になっている．この電気力は原子のもつ電荷によるものである．例えば，物体の表面付近のある原子は，指先の表面付近にあるいくつもの原子から反発を受ける．図1.3では，この反発の力を矢印を使って表している．その合計が，物体の表面付近の原子が受ける力である．そして，物体の表面付近にある無数の原子が同様の力を受けているので，それらの合計が物体が受ける力になる．このように，物体が受ける力は実は電気力なのである．

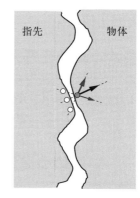

図1.3 指先と物体の接触面の拡大図

さて，この物体が受ける力（物体に作用する力）を図に描いて表そうとすると，無数の力を描き込まなければならないが，それは得策ではない．そこで，無数の力の合計を1つの力に見立てて，しかも，それがあたかもある代表の1点（力の作用している範囲の中央など）に作用しているような矢印を描くことになっている．力が作用している（代表）点（これを**力の作用点**という）に矢印の始点を描き，力の作用する向きに矢印を描くのである（図1.4）．

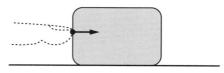

図1.4 物体が（指から）受ける力

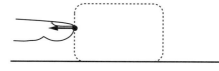

図1.5 指が（物体から）受ける力

ところで，物体の表面付近の原子が反発を受けるということは，指先の表面付近の原子もそれとは逆向きに同じ強さの反発を受けている（これは第4章で述べる作用と反作用の関係である）．したがって，物体が指から力を受けると同時に，指も物体から力を受けている（図1.5）．指先が物体に触れているときには，この2つの力が発生しているのである．このとき，物体と指のどちらの運動を考えようとしているのかによって，どちらが受けている（どちらに作用している）力を見るべきかをしっかりと意識しなければならない．物体の運動を考えるときは，物体が主体であって，指のこと（指に作用する力）は考えなくてもよいのである．物体の運動に影響を及ぼすのは，物体が（指から）受ける力の方である．

1.1.3 エレベータの運動

　静止しているエレベータに乗り込むと，エレベータが上昇して，目的階で停止する．ここでは，エレベータのゴンドラとその中に乗っている人をひとまとまりの物体として考えることにする．さて，このエレベータの運動は何によって決まるか？　それは物体に作用している（はたらいている）力である．この場合，重力とロープの張力[†3]がエレベータに作用している．

　まず，はじめの静止状態で2つの力がどうなっているかを考える（図1.7）．張力が重力と比べて弱くても強くても，エレベータは動いてしまう．したがって，重力と張力は同じ強さでお互いに逆向きになって**つり合っている**．複数の力の向きを考慮した和（ベクトル和）を**合力**というが，この場合の重力と張力の合力はゼロで，エレベータに力が作用していないのと同じ状況である[†4]．

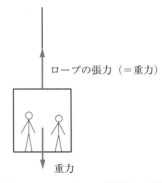

図1.7　エレベータに作用する張力と重力（静止）

　次に，エレベータが上昇しはじめる瞬間を考える（図1.8）．モータでロープを巻き上げるとロープの張力が大きくなる．すると張力が重力より大きくなり，エレベータに上向きの速度が生じる．静止していたエレベータが動き出すので，「力によって速度が生じた」といってしまいそうだが，ここではエレベータの速度が**ゼロから変化した**ことに注目すべきである．つまり，「力によって速度が変化した」のであり，加速度が生じたのである．したがって，「**力によって加速度が生じた**」というべきである．

　さて，加速したエレベータがある速度に達したところで，その速度を保って上昇する場合を考える（図1.9）．速度変化がない，つまり加速度がゼロなので，重力と張力はつり合ってい

[†3]　ピンと張ったロープを微小部分に分けて考える（図1.6）．隣接した微小部分はお互いにロープに沿う方向に引っ張り合う．この力はロープのどの断面を考えても同じ強さで，**張力**とよばれる．ロープがエレベータを引き上げる力は，この張力に等しい．

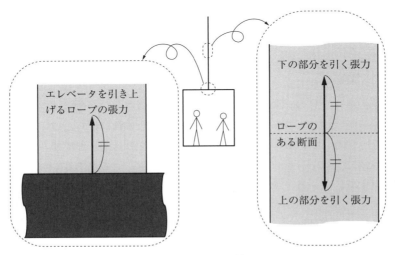

図1.6　ロープの張力

[†4]　静止状態であれば，物体に力が作用していない（または合力がゼロである）といえるが，逆に，物体に力が作用しない（または合力がゼロである）場合，物体が静止しているとは限らない．これについては後述する．

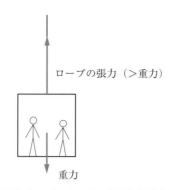
図 1.8　エレベータに作用する張力と重力（加速）

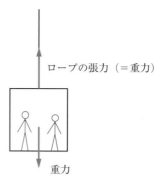
図 1.9　エレベータに作用する張力と重力（速度一定）

るはずである[5]．この状況はエレベータが静止しているときと同じである．ところが，今，エレベータは一定速度で上昇している．このように，「物体に力が作用していない（または合力がゼロである）場合は，同じ速度で運動し続ける，あるいは速度がゼロなら静止し続ける」のである．

目的階が近づくと，エレベータを減速するためにモータの回転が徐々にゆっくりになる（図 1.10）．すると，ロープが次第に緩むことで張力が重力よりも小さくなり，エレベータは下向きに引かれて減速する．このとき，「減速度が生じた」とはいわない．力学では「向き」を「正負の符号」で表現する．向きと符号の対応は自分で決めてよい．例えば，上向きを正とすると，上向きの速度の大きさが大

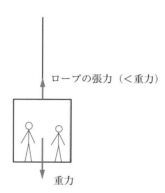
図 1.10　エレベータに作用する張力と重力（減速）

きくなる場合は正の加速度（上向きの加速度）となるが，上向きの速度の大きさが小さくなる場合は負の加速度（下向きの加速度）となる．したがって，エレベータに「負の加速度（または，下向きの加速度）が生じた」と表現する．

最後に，エレベータが目的階に到達したときに，ロープの巻き上げを突然停止するとどうなるかを考える．巻き上げを停止しても，まだエレベータには上向きの速度が残っているので上昇を続ける．すると，ロープがたるんで張力が作用しなくなり，エレベータに作用する力が重力だけになる．その結果，減速が早まってある位置で静止する．そして，目的階の位置まで下がって戻り，ロープが張ってガッタンと停止する．何ともギクシャクした動きのエレベータである．乗り心地の良いエレベータにするには，目的階に到着したときに速度がちょうどゼロになるように，減速時のロープの巻き上げをうまく制御しなければならない．

普段，何げなく利用しているエレベータの運動を考えてみたが，理解できない部分があったかもしれない．逆に，わかったつもりで実は誤解しているところがあるかもしれない．この運動を正しく理解するには，第 4 章で扱うニュートンの運動法則が必要である．

1.1.4　独楽の回転運動

独楽（こま）の回転運動にはいろいろな特徴がある（図 1.11）．回転していない独楽は重力の影響で

---

[5] 重力とロープの張力の大きさに差があるとすると合力がゼロにならず，その合力によってエレベータに加速度が生じてしまう．

倒れてしまうが，勢いよく回っている独楽は倒れない．回転しているときも重力は作用しているのに，なぜ倒れないのだろうか？ また，独楽が傾いて回転していると，心棒の先が円を描く，いわゆる首振り運動（すりこぎ運動）を行う．これを**歳差運動**とよぶ．なぜ歳差運動が起こるのか？ さらに，回転の勢いが落ちると歳差運動が速くなる．これはなぜなのだろうか？

図 1.11 独楽の運動

これらの疑問に答えるには，回転運動を力学として扱わなければならない．それには，回転運動を表す量が必要になる．回転に関する量としては，回転の勢い，回転軸，回転の向きの3つが挙げられる．力学では，これらの量を**角運動量**という1つの量（変数）で表す．どうやって3つの量を1つの変数で表すのだろうか？ 実は，角運動量はベクトル量（ベクトル変数）である．角運動量の詳細については第10章で扱う．

さて，回転運動の場合も基本になるのは，やはりニュートンの運動法則である．前節のエレベータの運動などを考えるときに用いたのと同じ法則である．これに新たな法則を追加する必要はない．同じ法則を用いて角運動量の時間変化を扱うことができるのである．これについては第10, 11章で扱う．

1.2 単純な運動の分類

身の回りには他にもいろいろな運動が見られる．その中でも，直線や円に沿った単純な運動は，速度や加速度の違いによって次のようによぶことがある．

直線運動 物体が直線上を移動する運動．速さは変わってもよい（図1.12）．

図 1.12 直線運動

等速運動 速さ（速度の大きさ）が常に等しい運動．移動の向きは変わってもよい．

等速直線運動 等速運動かつ直線運動．速さも向きも変わらない．

等速度運動 速度（速さおよび向き）が常に等しい運動．向きが一定なので直線運動でなければならない．

等加速度運動 加速度（大きさおよび向き）が常に等しい運動．自由落下や放物運動（どちらも鉛直下向きに一定の重力加速度がかかる）など．直線運動とは限らない．

放物運動 物体を投げると重力を受けて，上に凸の2次曲線に沿って運動する．上記の等加速度運動の1つである（図1.13）．

円運動 物体が円周上を移動する運動．向きは常に変化する．速さは変わってもよい（図1.14）．

等速円運動 物体が円周上を常に等しい速さで移動する運動．

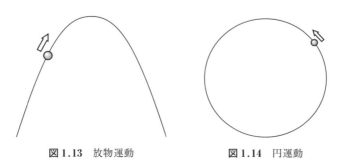

図 1.13 放物運動　　　図 1.14 円運動

6 1. 運動の例

例題 1.1 等速直線運動

「等速直線運動」を別のいい方で表現しなさい.

解 等速運動なので速さが変わらない. さらに, 直線運動なので向きも変わらない. 2つを合わせると, 速度（速さと向き）が変わらないことになる. よって, <u>等速度運動</u>ともいえる. ◆

例題 1.2 円 運 動

「等速度円運動」はない. その理由を説明しなさい.

解 円運動の場合, <u>速度の向きが変わる</u>ので等速度といえない. よって, 等速度の円運動というものはない. これを正しく理解するには, 各瞬間における物体の移動の向きが軌道の接線方向であり, それが速度の向きであることを知っていなければならない. これについては第3章で説明する. ◆

どのような条件のときに, 等速直線運動になったり, 等加速度運動になったりするのだろうか？ エレベータの運動で説明したように, 物体の運動には力が関係している. これを力学の基本法則としてまとめ上げたのがニュートンの運動法則である. その内容を理解した後で, もう一度, 一つ一つの運動を考えてみてほしい.

物体はなぜ動く？

アリストテレス（BC384 – BC322）は, 物体が動くのは力を受けているからだと考えた. 例えば, 床の上の物体は押すと動き, 押すのをやめると止まる. このような日常の現象を見ていると, そのように考えたくなるのは自然かもしれない. しかし, ボールを投げた場合, ボールは手を離れた後も力を受けているのだろうか？ もちろん, そんなことはあり得ないが, アリストテレスは, ボールが飛ぶ向きに空気から衝撃を受けていると考えた. 空気から後押しされている … というのはかなり苦しい理屈である. 空気からは, むしろ抵抗を受ける. これに対して, フィロポノス（6世紀）は, 空気抵抗は正しく解釈した上で, ボールは手から受けた力を消耗しながら飛ぶと考えた. 運動に関する正しい理解は, ガリレイ（1564 – 1642）やニュートン（1643 – 1727）を待たねばならなかったのである.

● 第 1 章のまとめ ●

- 力学では物体の運動を表す量として, 位置, 速度, 加速度を用いる.
- 物体の運動には力が関係する. 物体に作用する合力によって物体の運動が変わる.
- 物体に正味の力が作用しない（合力がゼロである）場合, 物体は静止し続けるか, 等速度運動を続ける.
- 物体に力（ゼロでない合力）が作用すると加速度が生じる.
- これらを力学の基本法則にまとめたものがニュートンの運動法則である（第4章）.

2. 運動の表し方（1次元）

【学習目標】
・1次元の物体の運動について，運動を表す量である速度と加速度の定義を理解する．
・いろいろな運動をする物体について，速度と加速度を求めることができるようになる．

【キーワード】
位置，速度，加速度，微小量，微分，位相，角振動数，ラジアン，角速度，円運動の速度

◆ 1次元の運動 ◆

運動する物体の位置の時間変化を表す量である速度や，物体の速度の時間変化を表す量である加速度は，具体的にどうやって求めるのであろうか．まずは1次元の運動で考える．1次元というと x 軸などの直線が思い浮かぶかもしれないが，下の図 2.1 のような曲線でも構わない．この場合，物体はこの曲線上だけを移動する．

2.1 位置（座標）

まず，物体の位置を決めるには，曲線上のどこかに原点を定める必要がある．次に，原点から物体までの曲線に沿った距離を s として（この変数は x でも l でも何でも構わない）物体の位置（座標）を表すことにする．物体の位置が変数 1 個で表現できるので，（曲線上であっても）1次元ということになる．ところで，時刻 t における物体の位置が s である場合，$s(t)$ と書くことがある．これは s が t の関数であることを意識している（強調している）だけであり，s と $s(t)$ は同じである．s と書く場合は，s が t の関数であるという意識が薄いだけである．

距離の変数 s は位置だけでなく向きを表すこともできる．1次元の場合は曲線に沿って左右（もしくは前後）の向きを正負の符号で表現する．例えば，図 2.1 のように物体が原点の右側に位置する場合の s を正（$s>0$），左側に位置する場合の s を負（$s<0$）と決めると，s が増加する向きである右向きが正の向き，s が減少する向きである左向きが負の向きになる．

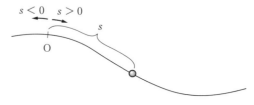

図 2.1　1次元の運動（位置）

エレベータのボタン

海外では，例えばホテルから外出しようとしてエレベータで 1 階に降りてきたつもりが，まだ客室のフロアだったということがある．エレベータの行先階ボタンも 1 階を押したし，フロアの表示も 1 階である．はてさて？

ヨーロッパなどでは，日本での 1 階が 0 階（Ground Floor）なので，1 階のボタンを押すと，日本でいうところの 2 階に停まるのだ．第 0 番目から数えるか，第 1 番目から数えるか，お作法が違うだけであるが，強いていえば，ヨーロッパ式の階数は位置座標になっている．例えば，地下 1 階，地上 3 階のビルの場合，日本（やアメリカなど）では地階から B1, 1, 2, 3 である．B1 を −1 階だと考えると，−1, 1, 2, 3 である．これに対して，ヨーロッパ式だと，−1, 0, 1, 2 となる（エレベータの行先階ボタンもこうなっていることが多い）．ビル内での高さ方向の位置を z 軸で表すと，ヨーロッパ式は地面を

原点として，階数がそのまま z 座標に対応する．もちろん，どちらがよいというわけではない．ビルの地上階が 3 階建てであることは，日本の方がわかりやすい．結局は習慣が違うだけのことであり，どちらの定義なのかを心得ておけば問題はない．

余談だが，海外のエレベータには扉を閉めるボタンがない場合が多く，せっかちな日本人としては，扉が閉まるまで何とも落ち着かない．

2.2 速　度

物体が移動すると，距離 s が変化する．図 2.2 のように，その変化分を Δs とする．これを**変位**という．さらに変位が微小な場合，Δs を ds と表すことにする．これは $d \times s$ ではない．ds は，d と s の 2 変数ではなく，ds という（ひとかたまりの）1 変数である．s の前に d をつけることによって，s の微小変化を表現している．それを敏感に感じ取らなければならない．ds と書くこと

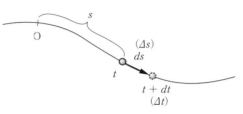

図 2.2 1 次元の運動（速度）

で微小変位であることを伝えようとしている書き手の思いをしっかり受け止めて，これを見たら物体の微小な変位を思い浮かべてほしい[†1]．

ところで，物体が右に移動すると s は増加するので，（微小）変位は $ds > 0$ である．左に移動すると $ds < 0$ である．これは，物体が原点の左に位置するとき，つまり $s < 0$ の場合でも同じである．s の正負によらず，右への移動で $ds > 0$，左への移動で $ds < 0$ である．ds の正負で移動の向きが表現されるのである．

次に，物体の移動にかかる時間を Δt とする．微小変位 ds に対しては，それにかかる時間も微小なので，Δt は dt と書ける．これが $d \times t$ に見える人は，まだ慣れていないだけである．dt はひとかたまりの変数であり，微小な時間変化を表している（ことを読み取ろう）．

ここで，速さの定義が「単位時間当たりの移動距離」であることを思い出そう．つまり，

$$\text{「速さ」} = \frac{\text{「距離」}}{\text{「時間」}} \quad [\text{m/s}] \tag{2.1}$$

である．微小時間 dt [s] の間に微小距離 ds [m] だけ移動するのだから，

$$\text{「速さ」} = \frac{ds}{dt} \quad [\text{m/s}]$$

となる[†2]．しかし，この式は実は未完成である．左辺は速度の大きさなので正であるが，右辺の ds は正負の値をとりうる．等式を完成するには，右辺に絶対値が必要である．ここで，絶対値をつける前に右辺の符号を調べてみる．物体が右向きに移動する場合は $ds > 0$ なので右辺は正，逆に物体が左向きに移動する場合は $ds < 0$ なので右辺は負である．右辺は速さだけでなく，その符号で移動の向きも表している．これはまさしく物体の速度である．したがって，右辺に絶対値をつけるよりも，左辺の「速さ」を「速度」に変える方が式の情報量が増える．速度を v とすると，

[†1] 微分や積分に現れる微小量を表す d は，斜体（斜め文字）ではなく立体で d と書くこともあるが，本書では斜体表記とした．

[†2] 単位は「立体（ローマン体）」，物理量（変数）は「斜体（イタリック体）」で表記されることを覚えておこう．これを意識すると混乱を防げる．

$$v = \frac{ds}{dt} \quad [\text{m/s}] \tag{2.2}$$

となる．こうすると，v の符号は物体の移動の向きに対応して，図2.3のように物体の移動が右向きなら $v > 0$，左向きなら $v < 0$ になる．

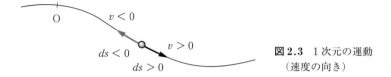

図2.3 1次元の運動（速度の向き）

このように速度は割り算によって求まるが，この式の右辺は微分と同じ形になっている．実は，割り算といっても「微小量の割り算」は微分になるのである．これについては次の節で説明する．

2.3 微小量の割り算と微分

前節で物体の移動にかかる時間を Δt としたところまで話を戻してみる．図2.4を見ながら考えよう．Δt は有限な時間である（例えば10秒間）．時刻 t のときに位置 $s(t)$ にあった物体が，時刻 $t + \Delta t$ のときに位置 $s(t + \Delta t)$ に移動していたとする[†3]．このときの変位は，

$$\Delta s = s(t + \Delta t) - s(t) \quad [\text{m}] \tag{2.3}$$

なので，この時間 Δt の間の平均の速度 v_{ave} は，

$$v_{\text{ave}} = \frac{\Delta s}{\Delta t} = \frac{s(t + \Delta t) - s(t)}{\Delta t} \quad [\text{m/s}] \tag{2.4}$$

である．ただし，これは平均値であり，一般に有限な時間 Δt の間に速度は変化する．そこで，時刻 t の瞬間の速度 $v(t)$ を求めるには Δt を短くすればよい．分母の Δt を0秒にはできないので，例えば10秒間から10ミリ秒間にする．その10ミリ秒間の速度変化がまだ気になるなら10マイクロ秒間にする．それでも速度変化が気になるなら10ナノ秒間に…．いっそのこと，限りなく0秒に近づければよい．つまり，

$$v(t) = \lim_{\Delta t \to 0} \frac{\Delta s}{\Delta t} = \lim_{\Delta t \to 0} \frac{s(t + \Delta t) - s(t)}{\Delta t} \quad [\text{m/s}] \tag{2.5}$$

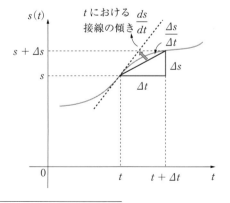

図2.4 「距離 s」対「時間 t」

[†3] 時刻 t のときの位置を s，時刻 $t + \Delta t$ のときの位置を s' と書いて区別してもよいが，位置を表す「変数」は s だけにしておいて，その後に続く括弧内の時刻 t と $t + \Delta t$ で，$s(t)$ と $s(t + \Delta t)$ が別物である（時刻によって s が変化する）ことを示している．

10   2. 運動の表し方（1次元）

とすればよい．最後の式は関数 $s(t)$ の t による微分である．

したがって，

$$v(t) = \frac{ds(t)}{dt} \quad [\text{m/s}] \tag{2.6}$$

となる．この式は，前節で微小距離 ds を微小時間 dt で割り算して求めた速度の式 (2.2) と同じである[4]．前節では，はじめから $\Delta t \to 0$ とした場合の微小時間 dt と，それに対応する微小距離 ds を用いたのである．

このように，**「微小量の割り算」**は**「微分」**になる．この微分は，もちろん数学の微分と同じものである．最終的には ds/dt のひとかたまりで意味をなすのであるが，物理ではしばしば微分を微小量の割り算として考えることがある．

話を戻して，速度を求める式 (2.6) の意味を文章にすると，

「速度は，位置の時間微分で求まる」

といえる．式よりも，この文章を理解しておこう．文章として理解していれば，式はいつでも書けるはずである．速度は，位置の**時間変化の割合**（単位時間当たりの変化の割合）を表す量であり，位置の**時間微分**で求まるのである．

永久に追い抜けない？

亀を追い抜けないアキレスの話．

> 「ギリシャ神話に登場する英雄のアキレスが亀と駆けっこをした．まともな勝負では亀に勝ち目はないので，亀はアキレスよりゴールに近い地点からスタートした．さて，亀がスタートした地点にアキレスが到着すると，亀は少し前に進んでいる．亀が進んだその地点にアキレスが到着すると，亀はまた少し前に進んでいる．その地点までアキレスが到着すると，亀はまた少し前に進んでいる．これを繰り返すと，アキレスはいつまで経っても亀を追い抜けない．」

この話のどこにごまかしがあるのか見抜けるだろうか？

この話は，亀がいた地点までアキレスが到達するのを1コマにして，その繰り返しになっている．各コマでの移動距離は段々と短くなり，時間も同様に段々と短くなる．これを，一定のタイミングでコマ送りした場合，アキレスと亀の動きが徐々にスローモーションになっていく．短くなっていく時間を等間隔の時間に引き延ばしていることになるから，スローモーションになるのは当然である．このときに，本当はコマ送りのタイミングを段々速くしなければならないのを忘れて，スローモーションになっていくことだけに気を取られてしまうと，アキレスが亀に追いつけないと思い込んでしまうのである．移動距離と時間はコマごとに同時に短くなっていくことを思い出そう．この話は，実は徐々に「ある時刻」に向かって収束するまでの現象を述べている．そして，このコマ送りの「スローモーション」動画は，最終的には「ある時刻」の静止画に限りなく近づくのである．その「ある時刻」での静止画とは，アキレスが亀に追いつく瞬間の画像である．

つまりこれは，「ある時刻」の前までの話なのであるが，「いつまで経っても」という最後の一文でその「ある時刻」を超えて話が続くような錯覚を与えているのである．アキレスと亀の距離はどんどん短くなるのに，時間だけが永遠に経ってしまうかのように錯覚してはいけない．時間間隔も短くなっていくのである．「ある時刻（＝追いつく瞬間）」までの時間を無限に細分化しているにすぎない．だまされないようにご用心．

---

[4] v と s についている「(t)」は，v と s が時間の関数であることを特に意識していないときは書かないこともある．

2.4 加速度

加速度は速度の時間変化を表す量である。そこで，図2.5のように曲線上を1次元運動する物体の速度変化を考える。まず，時刻 t における物体の速度が v で，その後 $t + \Delta t$ における速度が $v + \Delta v$ に変化していたとする。つまり，時間 Δt [s] の間に物体の速度が Δv [m/s] だけ変化したことになる。加速度は単位時間当たりの速度変化，

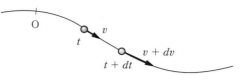

図 2.5 1次元の運動（加速度）

$$\text{「加速度」} = \frac{\text{「速度変化」}}{\text{「時間」}} \quad [\text{m/s}^2] \tag{2.7}$$

なので，平均の加速度 a_{ave} は，

$$a_{\text{ave}} = \frac{\Delta v}{\Delta t} \quad [\text{m/s}^2] \tag{2.8}$$

となる。これは平均値であり，一般に加速度は有限な時間 Δt の間に変化する。

時刻 t の瞬間の加速度を求めるには，時間 Δt を無限小にすればよい。ここでは，有限な時間 Δt で考えて最後に $\Delta t \to 0$ とする代わりに，最初から $\Delta t \to 0$ としたときの微小時間 dt で考えよう。速度 v の微小変化は dv と書けばよい（$\Delta v \to dv$）。時刻 t の瞬間の加速度 $a(t)$ は，速度の微小変化 dv [m/s] を微小時間 dt [s] で割って，

$$a(t) = \frac{dv}{dt} \left(= \frac{dv(t)}{dt} \right) \quad [\text{m/s}^2] \tag{2.9}$$

である。右辺の微小量の割り算は微分なので，この式を文章にすると，

「加速度は，速度の時間微分で求まる」

といえる。速度の時間変化である加速度は，速度の時間微分で求まる。

さらに，速度 $v(t)$ は位置 $s(t)$ の微分なので，$v = ds/dt$ を代入すると，

$$\begin{aligned} a(t) &= \frac{dv}{dt} = \frac{d\left(\frac{ds}{dt}\right)}{dt} = \frac{d}{dt}\frac{ds}{dt} \\ &= \frac{d^2 s}{dt^2} \left(= \frac{d^2 s(t)}{dt^2} \right) \quad [\text{m/s}^2] \end{aligned} \tag{2.10}$$

となる。このように，加速度は位置の2階微分[†5]で表すこともできる。

例題 2.1 振り子の運動

天井から吊り下げた糸の下端におもりをつけて振り子の運動をさせる（図2.6）。水平な x 軸を用いて時刻 t のときのおもりの位置を $x(t)$ と表すことにする。振り子の振れ角が微小な場合，

$$x(t) = A \cos \omega_0 t \quad [\text{m}] \tag{2.11}$$

となる。ここで，A, ω_0 は正の定数である。また，x 軸の原点は天井への糸の固定点の真下とした。おもりの速度 $v(t)$ と加速度 $a(t)$ を求めなさい。

[†5] これは誤記ではない。「2回微分」とは書かないので注意してほしい。

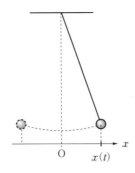

図 2.6 振り子の運動

解 おもりの位置 $x(t)$ が与式になることは，今は気にしなくてよい（覚えなくてよい）が，問題を解く前に，この式からわかることを確認しておく．

まず，おもりが周期運動をすることがわかるだろうか？ 式の意味を把握するにはグラフを描くに限る．$x(t)$ は三角関数なので，**周期**を T とすると図 2.7 のようなグラフになる．この単純な振動を繰り返す周期運動は**単振動**（または調和振動や単調和振動）とよばれる（第 5 章で改めて扱う）．グラフを見ると，与式の A が**振幅**に対応することがわかる．

もう 1 つの定数 ω_0 は何だろうか？ cos の**位相**（cos の中身）は 1 周期 $t = T$ で 2π になるので，位相 $\omega_0 t$ に $t = T$ を代入すると，$\omega_0 T = 2\pi$ となる．よって，

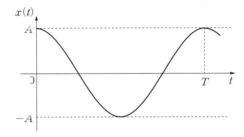

図 2.7 単振動のグラフ

$$\omega_0 = \frac{2\pi}{T} \quad [\mathrm{s}^{-1}] \tag{2.12}$$

であることがわかる．これより，1 周期に対応する位相 2π rad（rad はラジアンの略）を 1 周期の時間 T で割った ω_0 は，単位時間当たりの位相（の進み具合）を表す量である（ラジアンについては，式(2.20)のところで解説）．また，右辺に現れた周期の逆数は，**振動数** $f = 1/T$ である（単位時間当たりの振動回数[†6]）．したがって，ω_0 は，

$$\omega_0 = \frac{2\pi}{T} = 2\pi f \quad [\mathrm{s}^{-1}] \tag{2.13}$$

とも書ける．ω_0 は，振動数 f に角度 2π rad が定数倍としてかかったものなので，**角振動数**とよばれる．

確認事項はこれくらいにして，以下に解答例を示す．速度 $v(t)$ は位置 $x(t)$ の時間変化なので，位置 $x(t)$ を時間微分すれば求まる．

$$v(t) = \frac{dx(t)}{dt} = \frac{d}{dt} A \cos \omega_0 t = \underline{-A \omega_0 \sin \omega_0 t} \quad [\mathrm{m/s}] \tag{2.14}$$

次に，加速度 $a(t)$ は速度 $v(t)$ の時間変化なので，$v(t)$ を時間微分すれば求まる．

$$a(t) = \frac{dv(t)}{dt} = \frac{d}{dt}(-A \omega_0 \sin \omega_0 t) = \underline{-A \omega_0^2 \cos \omega_0 t} \quad [\mathrm{m/s^2}] \tag{2.15}$$

◆

[†6] 1 回の振動に T 秒かかるので，1 秒当たりの振動回数は 1 回$/T$ 秒で求まる．

2.4 加 速 度 **13**

類題 2.1 振り子の運動

　例題 2.1 の振り子の振幅が 3.0 cm で周期が 1.5 s のとき，$t = 5.0$ s での振り子の速度と加速度を求めなさい.

　例題 2.1 の答は出たが，ここで終わっては物足りない. 求まった速度や加速度にはどういう特徴があるのか？　そういう興味がわかないようなら，物理を学ぶ意味がない. そして，おそらく物理は身につかないだろう. もちろん，答の式を見ただけで振り子の運動が目に浮かぶのであれば，それは理想的である. そうでなければ，求まった答が何を意味するのかを常に吟味するようにしよう.

　ここで，振り子の運動の速度と加速度を吟味する前に，まずはおもりの速さや加速度の大きさが最大になる状況を考えてみよう. 速さが最大になるのは，おもりが中央を通過する瞬間であることは想像しやすい（速度の式からもそれが正しいことがわかる）. ところが，加速度についてはそれほど自明ではない. そこで，これを次の例題にする.

例題 2.2 振り子の運動の加速度 ▬▬▬▬▬

　天井から吊り下げた糸の下端におもりをつけて振り子の運動をさせる場合，加速度の大きさが最大になる状態を説明しなさい.

▬▬▬▬▬▬▬▬▬▬▬▬▬▬▬▬▬▬▬▬▬▬▬▬▬▬▬▬▬▬▬▬▬▬

解　「状態を説明しなさい」という問いに対して，何を答えればよいのだろうか？　まず，加速度の大きさが最大になる時刻 t を求める必要がある. その時刻 t を $x(t)$, $v(t)$ の式に代入すると，おもりの位置と速度がわかる. つまり，運動の状態がわかるのである. 加速度の大きさは $|a(t)|$ なので，例題 2.1 の結果より，

$$|a(t)| = A\omega_0^2 |\cos \omega_0 t| \quad [\text{m/s}^2] \tag{2.16}$$

となり，$\cos \omega_0 t = \pm 1$ で最大値 $A\omega_0^2$ をとることがわかる. この最大値を与える t は，

$$\omega_0 t = 0, \pi (, 2\pi, \cdots) \iff t = 0, \frac{\pi}{\omega_0} \left(, \frac{2\pi}{\omega_0}, \cdots \right) \quad [\text{s}] \tag{2.17}$$

である. これらを $x(t)$, $v(t)$ に代入すれば，そのときのおもりの位置と速度がわかる.

　まず，$t = 0$ を代入すると，

$$\begin{cases} x(0) = A \cos \omega_0 0 = A \quad [\text{m}] \\ v(0) = -A\omega_0 \sin \omega_0 0 = 0 \quad [\text{m/s}] \end{cases} \tag{2.18}$$

となる. これは，おもりが一番右の位置 $x = A$ で，静止しているときである.

　次に，$t = \pi/\omega_0$ を代入すると，

$$\begin{cases} x\left(\frac{\pi}{\omega_0}\right) = A \cos \pi = -A \quad [\text{m}] \\ v\left(\frac{\pi}{\omega_0}\right) = -A\omega_0 \sin \pi = 0 \quad [\text{m/s}] \end{cases} \tag{2.19}$$

となり，おもりが一番左の位置 $x = -A$ で，静止しているときである.

　まとめると，おもりの加速度の大きさが最大値 $A\omega_0^2$ になるのは 1 周期の間に 2 回あり，それはおもりが<u>左右の端で静止する瞬間</u>である. ◆

　さて，例題を解く前の直感はこの結果と合っていただろうか？　例えば，静止する瞬間の加速度の大きさをゼロと勘違いした人がいるかもしれない. しかし，図 2.8 のように静止の前後で速度の向きが変わるとき，速度がゼロになって静止した瞬間も速度は変化しているのである. したがって，加速度の大きさはゼロではない. そして，振り子の運動では，速度の向きが

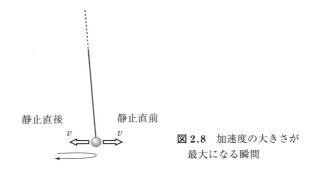

図 2.8 加速度の大きさが最大になる瞬間

変わるこの瞬間，つまり静止する瞬間に（単位時間当たりの）速度変化の大きさが最大になるのである．

類題 2.2 振り子の運動の加速度

振り子の振幅が 3.0 cm で周期が 1.5 s のとき，速度と加速度のそれぞれの大きさの最大値を求めなさい．

例題 2.3 円運動する物体の速度

半径 r_0 の円周上を運動する物体について，円周上のある点 A からの時刻 t における回転角（ラジアン）を $\theta(t) = \omega_1 t + \alpha$ とするとき，物体の速度 $v(t)$ を求めなさい（図 2.9）．ただし，ω_1, α は定数であり，物体が点 A より左回りの点に位置するときの θ を正とする．

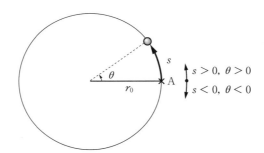

図 2.9 円運動

解 物体の位置を 1 個の変数 θ で表すことができるので，これは 2 次元平面上での運動ではあるが，1 次元運動である．さて，物体の速度を求めるには物体の位置を距離で表す必要がある．そこで，円周上のある点 A から物体までの円周に沿った距離（円弧の長さ）を s とする．θ と s のどちらかを使えば物体の位置が決まるので，この 2 個の変数は独立ではない．**ラジアン（弧度法）**の定義[†7]が「半径に対する円弧の割合」であることから（図 2.10），

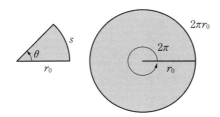

図 2.10 ラジアンの定義

[†7] 弧度法は，中心角そのものの大きさよりも，それに比例する円弧が半径の何倍になるかで中心角の大きさを表現する．ラジアンは長さの比なので無次元量である．

$$\text{「ラジアン」} = \frac{\text{「円弧の長さ」}}{\text{「半径」}} \iff \theta = \frac{s}{r_0} \tag{2.20}$$

と書ける[†8]．これを変形すると，

$$s = r_0\theta \quad (s(t) = r_0\theta(t)) \quad [\text{m}] \tag{2.21}$$

となる．

速度 $v(t)$ は距離 $s(t)$ の時間微分なので，

$$v(t) = \frac{ds(t)}{dt} = \frac{d}{dt}(r_0\theta(t)) = r_0\frac{d\theta(t)}{dt} \quad [\text{m/s}] \tag{2.22}$$

である．これに $\theta(t) = \omega_1 t + \alpha$ を代入すると，解答が得られる．

$$v(t) = r_0\frac{d}{dt}(\omega_1 t + \alpha) = r_0\omega_1 \quad [\text{m/s}] \tag{2.23}$$

◆

ここで，回転角 θ の時間微分 $d\theta/dt$ について考えてみる．この量を

$$\omega = \frac{d\theta}{dt} \quad [\text{s}^{-1}] \tag{2.24}$$

とおく．右辺の微分を微小量 $d\theta$ と dt の割り算と見なすと，微小時間 dt [s] の間に微小角 $d\theta$ [rad] 回転した場合を考えていることになる（図2.11）．したがって，ω は単位時間当たりの回転角になるので**角速度**とよばれる．θ が時間 t の関数なので，それを時間微分した ω も時間の関数である．それを意識するときは，

図 2.11 微小回転

$$\omega(t) = \frac{d\theta(t)}{dt} \quad [\text{s}^{-1}] \tag{2.25}$$

と書く[†9]．早速，この例題の角速度を求めると，

$$\omega(t) = \frac{d\theta(t)}{dt} = \frac{d}{dt}(\omega_1 t + \alpha) = \omega_1 \quad [\text{s}^{-1}] \tag{2.26}$$

である．実は，定数 ω_1 は角速度に対応していたのである．結局，この例題の円運動は，角速度一定の等速円運動であることがわかる．

さらに，円運動する物体の速度は角速度を使って，

$$v(t) = r_0\frac{d\theta(t)}{dt} = r_0\omega(t) \quad [\text{m/s}] \tag{2.27}$$

と書ける．円弧の長さと角度の関係と同様に，

$$\text{「円弧の長さ」} = \text{「半径」} \times \text{「角度」} \tag{2.28}$$
$$\text{「円運動の速度」} = \text{「半径」} \times \text{「角速度」} \tag{2.29}$$

という関係になる．

類題 2.3 円運動する物体の速度

角速度 1.2 rad/s で半径 20 cm の等速円運動をする物体の速さを求めなさい．

[†8] ラジアンの定義が思い出せないときは，一切れのピザと丸いピザを思い浮かべるとよい．中心角と円弧が比例するので，$\theta : 2\pi = s : 2\pi r_0$ が成り立つ．この式を整理すると，$s = r_0\theta$ が得られる．

[†9] 角速度の単位は [rad/s]（ラジアン毎秒）としてもよいが，ラジアンは無次元量なので [s^{-1}] としておく．

16   2. 運動の表し方（1次元）

2.5 時間微分の記号「ドット」

物理ではいろいろな量の時間変化を扱うので，今後も時間微分が多々出てくる．そこで，時間 t で微分する場合に限り，

$$\frac{d}{dt}(\ ) = (\ \dot{}\ )\qquad(2.30)$$

という「ドット」記号を使う．これを使うと，例えば速度は，

$$v = \frac{ds}{dt} = \dot{s}\ (= \dot{s}(t))\quad[\mathrm{m/s}]\qquad(2.31)$$

と書ける．ちなみに，$\dot{s}$ は「エス，ドット」と読む．加速度を求める式も，この「ドット」記号を使って，

$$a = \frac{dv}{dt} = \dot{v}\ (= \dot{v}(t))\quad[\mathrm{m/s^2}]\qquad(2.32)$$

と書ける．さらに，加速度を位置の2階微分で表した式の場合は，

$$a = \frac{d^2s}{dt^2} = \ddot{s}\ (= \ddot{s}(t))\quad[\mathrm{m/s^2}]\qquad(2.33)$$

と書く．なお，$\ddot{s}$ は「エス，ツードット」と読む．

● 第2章のまとめ ●

- 微分は微小量の割り算と見なせる．
- 速度は位置（距離）の時間微分で求まる．

$$v(t) = \frac{ds(t)}{dt} = \dot{s}(t)$$

- 加速度は速度の時間微分（位置の時間による2階微分）で求まる．

$$a(t) = \frac{dv(t)}{dt} = \dot{v}(t)\left(= \frac{d^2s(t)}{dt^2} = \ddot{s}(t)\right)$$

- 角速度は回転角の時間微分で求まる．

$$\omega(t) = \frac{d\theta(t)}{dt} = \dot{\theta}(t)$$

- 円運動の速度は半径と角速度から求まる．

$$v(t) = r_0\omega(t)$$

―――――――――――――――――― 章 末 問 題 ――――――――――――――――――

[2.1] 2015年の台風15号によって，石垣島では瞬間最大風速 71 m/s を記録した．この風速を時速に変換しなさい． 2.3節

[2.2] 新横浜駅を 8：19 に出発した新幹線が，距離 337.2 km 離れた名古屋駅に 9：40 に到着した．新幹線の平均の速さを求めなさい． 2.3節

[2.3] 名古屋駅を出発した新幹線が 58 秒後に時速 104.4 km に達した．平均の加速度の大きさを求めなさい． 2.4節

[2.4] 飛行機が静止状態から滑走をはじめ，時速 288 km になったときに離陸した．このときの平均の加速度の大きさは 1.6 m/s^2 であった．飛行機が滑走をはじめてから離陸するまでにかかった時間を求めなさい． 2.4節

[2.5] 直線コースを走る自動車が時刻 $t = 0\,\mathrm{s}$ にスタート地点を通過した．スタート地点からの移動距離が $s(t) = 0.58t^2 + 2.5t$ ［m］で表されるとき，$t = 10\,\mathrm{s}$ での自動車の速度と加速度を求めなさい． 2.2節，2.4節

[2.6] 振動数 $0.4\,\mathrm{Hz}$（$[\mathrm{Hz}] = [\mathrm{s}^{-1}]$ であり，$1\,\mathrm{Hz}$ は $1\,\mathrm{s}$ に 1 回振動することを表す）で左右に振れる振り子の周期と角振動数を求めなさい． 例題 2.1

[2.7] 例題 2.2 について，おもりの加速度の大きさが最小になるのはどのような状態のときかを求めなさい． 例題 2.2

[2.8] 物体が半径 $r_0 = 10\,\mathrm{cm}$ の円周上を角速度 $2.5\,\mathrm{s}^{-1}$ で等速円運動している．3.0 秒間の物体の移動距離を求めなさい． 例題 2.3

[2.9] 半径 $r_0 = 2\,\mathrm{m}$ の円周上を等速円運動している物体が，$\varDelta t = 3\,\mathrm{s}$ の間に $\varDelta\theta = 180°$ 回った．この物体の角速度と速度を求めなさい． 例題 2.3

[2.10] 半径 $r_0 = 32\,\mathrm{cm}$ の円周上を等速円運動している物体の x 軸からの回転角が $\theta(t) = 2.5\,t + 0.1$ ［rad］と表せるとき，物体の角速度と速度を求めなさい． 例題 2.3

3. 運動の表し方（3次元）

【学習目標】
・3次元の運動を表すベクトル量である位置ベクトル，速度ベクトル，加速度ベクトルを理解する．
・3次元空間を運動する物体の速度ベクトルと加速度ベクトルを求めることができるようになる．

【キーワード】
位置ベクトル，速度ベクトル，加速度ベクトル，微小ベクトル，ベクトルの微分，円運動の加速度

◆ 3次元の運動 ◆

3次元空間で運動する物体の位置，速度，加速度はベクトルで表す．このベクトルという道具は，簡単にいうと「矢印」である．第1章では，力を実はベクトルで表していたのである．ベクトルの特徴は「大きさ」と「向き」をもつことである[†1]．この「大きさ」と「向き」で何を表現するかは，道具の使い方次第である．それを確認していこう．

3.1 位置ベクトル

基準点から見た物体までの「距離」と「向き」を表現するのにベクトルという道具を使う．これを**位置ベクトル**という（図3.1）．

一般のベクトルの始点は決まっていないが，位置ベクトルの始点は常に基準点である．基準点としては座標原点を選ぶ．矢印の始点が原点に固定されたままで，終点がいろいろな位置（物体の位置など）を指し示す．

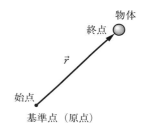

図 3.1 位置ベクトル

数学的には，平行移動して重なるベクトル同士は同じベクトルである．それは物理学でも同じである．しかし，物理学でベクトルを使った図を描くときは，位置ベクトルのように始点をどこに描くかに意味がある場合が多い．そのような場合は，平行移動して好き勝手な場所にベクトルの図を描いてはいけない．

ベクトルを表現するには，図の場合は矢印を描けばよいが，文章や式ではそれに対応する記号が必要である（図3.2）．それを$\vec{r}$と書くことにする[†2]．$\vec{r}$が時刻tによって変化することを意識するときは$\vec{r}(t)$と書けばよい．

位置ベクトルを成分表示するために，3次元空間のさまざまな座標系のうち，お馴染みのxyz直交座標系[†3]を使うことにする．$\vec{r}$のx, y, z成分は，横書きだと$\vec{r} = (x, y, z)$と書くが，縦書きでは，

[†1] このようなベクトルを，空間ベクトルとか幾何ベクトルとよぶ．数学では，ベクトルの概念をさらに抽象化したベクトル空間を線形代数で扱う．

[†2] ベクトルを太字rで表すこともある．普通のrと混同しないように，本書では矢印つきの表記$\vec{r}$を用いる．太字の代わりに文字の一画を二重線にする表記法もある．大学生には矢印の表記よりも二重線の表記をお勧めする．

[†3] 直交座標系としては，他にも極座標系の円座標（2次元），円筒（円柱）座標（3次元），球座標（3次元）などがあり，xyz直交座標系はデカルト直交座標系という．なお，ベクトルの成分は座標系によって変わる．

$$\vec{r} = \begin{pmatrix} x \\ y \\ z \end{pmatrix} \quad \left(\text{または } \vec{r}(t) = \begin{pmatrix} x(t) \\ y(t) \\ z(t) \end{pmatrix}\right) \quad [\text{m}] \tag{3.1}$$

と書く[†4,5]．右の括弧内は，時刻 t を意識した書き方である．

一般のベクトル

$$\vec{A} = \boldsymbol{A} = \mathbb{A} = \begin{pmatrix} A_x \\ A_y \\ A_z \end{pmatrix}$$

（矢印で）　（太字で）　（一画を二重線で）
高校のとき　書籍の場合　手書きの場合

位置ベクトル

$$\vec{r} = \boldsymbol{r} = \mathbb{r} = \begin{pmatrix} x \\ y \\ z \end{pmatrix}$$

（矢印で）　（太字で）　（一画を二重線で）
高校のとき　書籍の場合　手書きの場合

図 3.2 ベクトルの表記（文字）

3.2 速度ベクトル

3次元空間を運動する物体の速度はどのように表されるのだろうか？ 速度は位置の時間変化によって生じるので，まずは位置ベクトル $\vec{r}(t)$ の時間変化を考える．

3.2.1 平均速度

時刻 t に位置 $\vec{r}(t)$ にあった物体が，時刻 $t+\Delta t$ に位置 $\vec{r}(t+\Delta t)$ に移動していたとする（図 3.3）．$\vec{r}(t)$ の終点から $\vec{r}(t+\Delta t)$ の終点に向かうベクトルは，位置ベクトル $\vec{r}$ の変化を表すので**変位ベクトル**とよばれる．このベクトルは位置ベクトルと違い，始点が原点に固定されていない，移動の「距離（大きさ）」と「向き」を表すベクトルである．この変位ベクトルを $\Delta \vec{r}$ とすると，

$$\vec{r}(t) + \Delta \vec{r} = \vec{r}(t+\Delta t) \quad [\text{m}] \tag{3.2}$$

となる[†6]．したがって，変位ベクトルは，

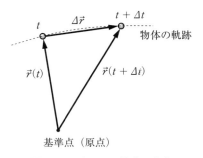

図 3.3 3次元での物体の変位

[†4] 一般のベクトルを成分表示するときのように，
$$\vec{r} = \begin{pmatrix} r_x \\ r_y \\ r_z \end{pmatrix}$$
と書いてもよいが，位置ベクトルについては本文に示した書き方が慣例になっている．

[†5] 単位はベクトルの各成分につけるべきなので，本来は，
$$\vec{r} = \begin{pmatrix} x \ [\text{m}] \\ y \ [\text{m}] \\ z \ [\text{m}] \end{pmatrix}$$
と書くべきである．しかし，煩雑になるので最後にまとめて1つだけ示すことにする．

[†6] この式は，はじめの位置 $\vec{r}(t)$ から $\Delta \vec{r}$ だけ変位して $\vec{r}(t+\Delta t)$ に移動したことを，ベクトルの足し算で表している．すなわち，もとのベクトルに変化分を足すと，結果のベクトルが得られることを意識している．

$$\Delta \vec{r} = \vec{r}(t + \Delta t) - \vec{r}(t) \quad [\text{m}] \tag{3.3}$$

と書ける[7]．これに，$\vec{r}(t + \Delta t)$ と $\vec{r}(t)$ の成分

$$\vec{r}(t + \Delta t) = \begin{pmatrix} x(t + \Delta t) \\ y(t + \Delta t) \\ z(t + \Delta t) \end{pmatrix} \quad [\text{m}], \quad \vec{r}(t) = \begin{pmatrix} x(t) \\ y(t) \\ z(t) \end{pmatrix} \quad [\text{m}] \tag{3.4}$$

を代入して変位ベクトルを成分で表すと，

$$\Delta \vec{r} = \begin{pmatrix} x(t + \Delta t) \\ y(t + \Delta t) \\ z(t + \Delta t) \end{pmatrix} - \begin{pmatrix} x(t) \\ y(t) \\ z(t) \end{pmatrix} = \begin{pmatrix} x(t + \Delta t) - x(t) \\ y(t + \Delta t) - y(t) \\ z(t + \Delta t) - z(t) \end{pmatrix} \quad [\text{m}] \tag{3.5}$$

となる．ここで時間 Δt の間の各方向への変位を Δx, Δy, Δz とすると，

$$\Delta \vec{r} = \begin{pmatrix} x(t + \Delta t) - x(t) \\ y(t + \Delta t) - y(t) \\ z(t + \Delta t) - z(t) \end{pmatrix} = \begin{pmatrix} \Delta x \\ \Delta y \\ \Delta z \end{pmatrix} \quad [\text{m}] \tag{3.6}$$

と書ける．

1次元の場合と同様に，各方向の平均速度 $v_{\text{ave}_x}, v_{\text{ave}_y}, v_{\text{ave}_z}$ は，

$$v_{\text{ave}_x} = \frac{\Delta x}{\Delta t}, \quad v_{\text{ave}_y} = \frac{\Delta y}{\Delta t}, \quad v_{\text{ave}_z} = \frac{\Delta z}{\Delta t} \quad [\text{m/s}] \tag{3.7}$$

となる．実は，3次元の速度は x, y, z 方向の1次元の各速度を成分としてもつベクトルとして定義されている．よって，3次元の平均の速度ベクトル $\vec{v}_{\text{ave}}$ は，

$$\vec{v}_{\text{ave}} \equiv \begin{pmatrix} v_{\text{ave}_x} \\ v_{\text{ave}_y} \\ v_{\text{ave}_z} \end{pmatrix} = \begin{pmatrix} \dfrac{\Delta x}{\Delta t} \\ \dfrac{\Delta y}{\Delta t} \\ \dfrac{\Delta z}{\Delta t} \end{pmatrix} = \frac{1}{\Delta t} \begin{pmatrix} \Delta x \\ \Delta y \\ \Delta z \end{pmatrix} = \frac{\Delta \vec{r}}{\Delta t} \quad [\text{m/s}] \tag{3.8}$$

となる[8]．

3.2.2 瞬間の速度

次に，1次元の場合と同様に Δt を無限小にすると，平均の速度ベクトル $\vec{v}_{\text{ave}}$ が時刻 t の瞬間における物体の速度ベクトル $\vec{v}(t)$ に限りなく近づく．

$$\vec{v} = \lim_{\Delta t \to 0} \vec{v}_{\text{ave}} = \lim_{\Delta t \to 0} \frac{\Delta \vec{r}}{\Delta t} \left(= \lim_{\Delta t \to 0} \frac{\vec{r}(t + \Delta t) - \vec{r}(t)}{\Delta t} \right) = \frac{d\vec{r}}{dt} \quad [\text{m/s}] \tag{3.9}$$

ベクトルとして3成分をまとめて極限 $\Delta t \to 0$ をとったが，わかりづらければ成分ごとに考えればよい．つまり，平均速度の (3.7) の各成分について極限 $\Delta t \to 0$ をとるのである．

$\vec{v} = (v_x, v_y, v_z)$ とすると x 成分は，

$$v_x = \lim_{\Delta t \to 0} v_{\text{ave}_x} = \lim_{\Delta t \to 0} \frac{\Delta x}{\Delta t} \left(= \lim_{\Delta t \to 0} \frac{x(t + \Delta t) - x(t)}{\Delta t} \right) = \frac{dx}{dt} \quad [\text{m/s}] \tag{3.10}$$

である．y, z 成分も同様に (3.7) について極限 $\Delta t \to 0$ をとると，

$$\boxed{v_x(t) = \frac{dx(t)}{dt}, \quad v_y(t) = \frac{dy(t)}{dt}, \quad v_z(t) = \frac{dz(t)}{dt} \quad [\text{m/s}] \tag{3.11}}$$

---

[7] この式は，位置 $\vec{r}(t)$ から $\vec{r}(t + \Delta t)$ への変位 $\Delta \vec{r}$ をベクトルの引き算で表している．変化分（差分）のベクトルは，結果のベクトルと元のベクトルの差であることを意識している．このように，(3.2) と (3.3) は等価であるが，意識されていること（表現されていること）が異なっている．その式を書いた人の微妙な意識を読み取ることは，式がどのような現象を表そうとしているのかを理解するために大切である．

[8] 式中の記号 $\equiv$ は「定義式」を意味する．

である．このように，ベクトルの微分は各成分の微分に対応する．まとめると，3次元運動の瞬間の速度ベクトル $\vec{v}(t)$ は，

$$\vec{v}(t) = \frac{d\vec{r}(t)}{dt} = \begin{pmatrix} \dfrac{dx(t)}{dt} \\ \dfrac{dy(t)}{dt} \\ \dfrac{dz(t)}{dt} \end{pmatrix} \left(\vec{v}(t) = \dot{\vec{r}}(t) = \begin{pmatrix} \dot{x}(t) \\ \dot{y}(t) \\ \dot{z}(t) \end{pmatrix} \right) \quad [\text{m/s}] \quad (3.12)$$

で求まる[†9]．

「瞬間の速度ベクトル」は，普通はただ単に「速度ベクトル」という．結局，**速度ベクトルは位置ベクトルの時間微分で得られる**．式よりも，むしろこの文を理解しておくとよい．そうすれば，記号が変わっても式が書ける．逆に，式を丸暗記しても記号の意味を理解していなければ，そんな式は使い物にならない．

3.2.3 微小ベクトルの扱い

平均の速度ベクトルまで話を戻して，微小ベクトルの取り扱いを考える．平均の速度ベクトルは，変位ベクトル $\Delta\vec{r}$ をその変位にかかる時間 Δt で割ったものであった．その割り算を行う前に，時間 Δt を微小にした場合を考えよう．

時間は $\Delta t \to dt$ となって微小時間 dt に，変位ベクトルは $\Delta\vec{r} \to d\vec{r}$ となって微小変位ベクトル $d\vec{r}$ になると考えることにする．$d\vec{r}$ は $d \times \vec{r}$ ではない．ひとかたまりのベクトル量であり，d をつけてそのベクトル量が微小なベクトル量であることを表している．瞬間の速度ベクトルは，$d\vec{r}$ と dt の割り算で得られると考えることもできる．

$$\vec{v} = d\vec{r} \div dt \to \frac{d\vec{r}}{dt} \quad [\text{m/s}] \quad (3.13)$$

もちろん，$d\vec{r}$ も dt も単独では中途半端な量であり，微分の形にしてはじめて意味をなすのであるが，**微小ベクトルを微小量で割るとベクトルの微分になる**と考えてもよい．これは，物理ではよく使う考え方である．

例題 3.1 円運動する物体の位置と速度

xy 平面上で原点を中心とする半径 r_0 の円周上を運動する物体の位置ベクトル $\vec{r}$ と速度ベクトル $\vec{v}$ を求める（図 3.4）．時刻 t における物体の回転角を $\theta(t)$ とし，$\vec{r}$ と $\vec{v}$ の成分を θ を使って表しなさい．

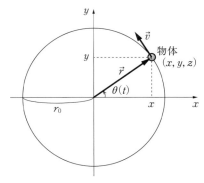

図 3.4 円運動（3次元）

[†9] ベクトルにドット記号をつけるときのドットの位置に注意．$\vec{\dot{r}}$ は間違い．

解 物体の位置ベクトル $\vec{r}$ は,

$$\vec{r} = \begin{pmatrix} x(\theta) \\ y(\theta) \\ z(\theta) \end{pmatrix} = \begin{pmatrix} r_0 \cos\theta \\ r_0 \sin\theta \\ 0 \end{pmatrix} \quad [\mathrm{m}] \tag{3.14}$$

である.次に,物体の速度ベクトル $\vec{v}$ は (3.12) のように $\vec{v} = \dot{\vec{r}}$ で求まる.そこで,$\vec{v} = (v_x, v_y, v_z)$ とすると,

$$\begin{cases} v_x = \dfrac{dx(\theta)}{dt} = \dfrac{dx(\theta)}{d\theta}\dfrac{d\theta(t)}{dt} = (-r_0 \sin\theta)\dfrac{d\theta(t)}{dt} = -r_0 \dot{\theta} \sin\theta \quad [\mathrm{m/s}] \\ v_y = \dfrac{dy(\theta)}{dt} = \dfrac{dy(\theta)}{d\theta}\dfrac{d\theta(t)}{dt} = (r_0 \cos\theta)\dfrac{d\theta(t)}{dt} = r_0 \dot{\theta} \cos\theta \quad [\mathrm{m/s}] \\ v_z = \dfrac{dz}{dt} = 0 \quad [\mathrm{m/s}] \end{cases} \tag{3.15}$$

となる.ここで,$\vec{r}$ の成分 x, y は θ の関数として求めたので,いきなり t で微分することはできないことに注意する.$\theta(t)$ が t の関数なので,上の式変形では合成関数の微分を行っている.つまり,$x(\theta), y(\theta)$ をまずは θ で微分しておいて,それに $\theta(t)$ を t で微分したものを掛けているのである.

以上より,

$$\vec{v} = \begin{pmatrix} -r_0 \dot{\theta} \sin\theta \\ r_0 \dot{\theta} \cos\theta \\ 0 \end{pmatrix} \quad [\mathrm{m/s}] \tag{3.16}$$

となる.ここで,回転角を時間微分した $\dot{\theta}$ は角速度である.◆

3.2.4 速度の大きさ(速さ)

1 次元の速さの定義は「単位時間当たりの移動距離」であった.これは 3 次元運動でも成り立つ必要がある.速度ベクトルの大きさ $|\vec{v}|$ が速さを表さないようでは,3 次元の速度ベクトルの定義は無意味なものとなってしまう.

まずは平均速度のところまで話を戻すと,変位ベクトル $\Delta\vec{r} = (\Delta x, \Delta y, \Delta z)$ の大きさは,

$$|\Delta\vec{r}| = \sqrt{(\Delta x)^2 + (\Delta y)^2 + (\Delta z)^2} \quad [\mathrm{m}] \tag{3.17}$$

である[†10].時間 Δt の間の軌道に沿った移動距離を Δs とする[†11].物体の軌道は一般に曲線であるが,Δt が非常に短時間であれば,Δs に対応する軌道は非常に短い直線と見なせるので,変位ベクトル $\Delta\vec{r}$ もほぼ軌道に沿っていると見なせる(図 3.5).そうすると $|\Delta\vec{r}| \simeq \Delta s$ としてよいので,

$$\Delta s \simeq \sqrt{(\Delta x)^2 + (\Delta y)^2 + (\Delta z)^2} \quad [\mathrm{m}] \tag{3.18}$$

と近似できる.この両辺を時間 Δt で割ると,

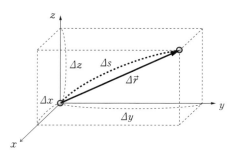

図 3.5 時間 Δt の間の物体の移動距離 Δs

[†10] ベクトル $\vec{A} = (A_x, A_y, A_z)$ の大きさは,$|\vec{A}| = \sqrt{A_x^2 + A_y^2 + A_z^2}$ である.

[†11] 速度ベクトルの大きさを確認するのが目的なので,$\Delta s > 0$ の場合について考える.

$$\frac{\Delta s}{\Delta t} \simeq \sqrt{\left(\frac{\Delta x}{\Delta t}\right)^2 + \left(\frac{\Delta y}{\Delta t}\right)^2 + \left(\frac{\Delta z}{\Delta t}\right)^2} \quad [\mathrm{m/s}] \tag{3.19}$$

となって，平均の速さが求まる．さらに，両辺について極限 $\Delta t \to 0$ をとると，近似が等号になり，左辺は軌道に沿った物体の瞬間の速さになる．

$$\lim_{\Delta t \to 0}\frac{\Delta s}{\Delta t} = \lim_{\Delta t \to 0}\sqrt{\left(\frac{\Delta x}{\Delta t}\right)^2 + \left(\frac{\Delta y}{\Delta t}\right)^2 + \left(\frac{\Delta z}{\Delta t}\right)^2} \tag{3.20}$$

$$\frac{ds}{dt} = \sqrt{\left(\frac{dx}{dt}\right)^2 + \left(\frac{dy}{dt}\right)^2 + \left(\frac{dz}{dt}\right)^2} \tag{3.21}$$

$$= \sqrt{v_x^2 + v_y^2 + v_z^2} = |\vec{v}| \quad [\mathrm{m/s}] \tag{3.22}$$

ここで，(3.21) には (3.11) を代入した．

これより，速度ベクトルの大きさ $|\vec{v}|$ が，軌道に沿った速さになっていることがわかる．

例題 3.2 円運動する物体の速さ

円運動する物体の速度の大きさ（速さ）を求めなさい．

解 物体の速度 $\vec{v}$ の大きさは，

$$|\vec{v}| = \sqrt{v_x^2 + v_y^2 + v_z^2} \quad [\mathrm{m/s}] \tag{3.23}$$

である．これに例題 3.1 の結果を代入すると，

$$\begin{aligned}|\vec{v}| &= \sqrt{(-r_0\dot{\theta}\sin\theta)^2 + (r_0\dot{\theta}\cos\theta)^2 + 0^2} \\ &= \sqrt{r_0^2\dot{\theta}^2(\sin^2\theta + \cos^2\theta)} \\ &= |r_0\dot{\theta}| = \underline{r_0|\dot{\theta}|} \quad [\mathrm{m/s}]\end{aligned} \tag{3.24}$$

となる．円運動の速さは「半径 × 角速度（の大きさ）」(2.29) となっている．角速度 $\dot{\theta}$ は回転の向きに応じて正負の値をとるので，大きさを表すには絶対値が必要である．◆

類題 3.1 物体の速度と速さ

ある物体の位置ベクトルが $\vec{r} = (v_1 t, v_2 t + b, -(1/2)gt^2 + v_3 t + c)$ で表されるとき，この物体の速度ベクトル $\vec{v}$ と速さを求めなさい．ただし，v_1, v_2, v_3, b, c, g は定数である．

3.2.5 速度の向き

1 次元の速度の向きは正負で表現されるが，3 次元では速度ベクトルの向きそのものが速度の向きを表す．これはどういうことなのだろうか？ 速度ベクトルは平均の速度ベクトルから求まるので，まずは平均の速度ベクトルの向きについて調べる．

平均の速度ベクトル $\vec{v}_\mathrm{ave}$ は，変位ベクトル $\Delta \vec{r}$ を時間 Δt で割ったものなので，$\Delta \vec{r}$ の大きさが変わるだけで向きは変わらない．したがって，

$$\vec{v}_\mathrm{ave} \parallel \Delta \vec{r} \tag{3.25}$$

であり[†12]，$\vec{v}_\mathrm{ave}$ と $\Delta \vec{r}$ の向きは同じである．

ここで Δt を小さくしていくと，$\vec{r}(t + \Delta t)$ が $\vec{r}(t)$ に近づくので，$\Delta \vec{r}$ は段々と小さなベクトルとなり，その向きは徐々に物体の軌道接線に近づく（図 3.6）．つまり，$\Delta t \to 0$ の極限で $\Delta \vec{r} \to d\vec{r}$ となり，$d\vec{r}$ の向きは物体が $\vec{r}(t)$ にあるときの軌道接線に平行になる．

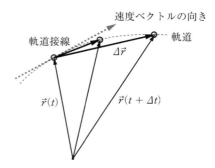

図 3.6 瞬間の速度ベクトルの向き

[†12] 式中の記号 $\parallel$ は平行を表す．

さらに，$\vec{v}_{\text{ave}} \to \vec{v}(t)$ となるので，
$$\vec{v}(t) \; /\!/ \; d\vec{r} \; /\!/ \; 物体が\vec{r}(t)にあるときの軌道接線 \tag{3.26}$$
となる．結局，**速度ベクトルは軌道の接線方向を向く**．

例題 3.3 円運動する物体の速度の向き

円運動する物体の速度の向きを求めなさい．

解 速度 $\vec{v}$ の向きについては，答は「速度ベクトルは円（軌道）の接線方向に向く」である．しかし，これを確かめるにはどうすればよいだろうか？ 答から逆に考えると，速度ベクトル $\vec{v}$ は位置ベクトル $\vec{r}$ に垂直なはずである．それを示せばよいのである．では，2 つのベクトルが垂直なことを示すには？ 2 つのベクトルのなす角を使う計算を思い出そう．そう，内積である．

まず，成分計算で内積を求めると，

$$\begin{aligned}
\vec{r} \cdot \vec{v} &= \begin{pmatrix} x \\ y \\ z \end{pmatrix} \cdot \begin{pmatrix} v_x \\ v_y \\ v_z \end{pmatrix} = xv_x + yv_y + zv_z \\
&= (r_0 \cos\theta)(-r_0 \dot\theta \sin\theta) + (r_0 \sin\theta)(r_0 \dot\theta \cos\theta) + 0 \cdot 0 \\
&= -r_0^2 \dot\theta \sin\theta \cos\theta + r_0^2 \dot\theta \sin\theta \cos\theta = 0 \quad [\text{m}^2/\text{s}]
\end{aligned} \tag{3.27}$$

となる．内積に慣れていれば，この結果から「内積がゼロなので $\vec{v}$ は $\vec{r}$ に垂直」と結論できるのだが，内積初心者のためにもう一手間かけておく．

$\vec{r}$ と $\vec{v}$ の大きさとそれらのなす角 ϕ から内積を求めると，

$$\vec{r} \cdot \vec{v} = |\vec{r}||\vec{v}| \cos\phi \quad [\text{m}^2/\text{s}] \tag{3.28}$$

である．これがゼロになるのだから，$|\vec{r}|$ か $|\vec{v}|$ か $\cos\phi$ がゼロである．$|\vec{r}|$ は半径だからゼロではない．$|\vec{v}|$ がゼロだと $\vec{v}$ の向きを考えても仕方がないので，これもゼロではない．結局，$\cos\phi = 0$ であることがわかる．したがって，$\phi = \pi/2$ であり，$\vec{v}$ は $\vec{r}$ に垂直である．これより，最初に述べた答「$\vec{v}$ は円の接線方向に向く」を確認できた．◆

3.3 加速度ベクトル

加速度は速度の時間変化を表す量である．ここで，飛行機が飛行機雲を描きながら飛んでいるとしよう．時刻 t の飛行機の位置を $\vec{r}(t)$，速度を $\vec{v}(t)$ とする．さらに，時間が Δt（例えば 5 秒）経過した時刻 $t + \Delta t$ には，$\vec{r}(t + \Delta t)$ の位置を速度 $\vec{v}(t + \Delta t)$ で飛行していたとする（図 3.7）．

さて，$\vec{v}(t)$ の向きはどうなるだろうか？ それは飛行機雲を見ていればわかる．飛行機の

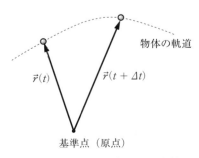

図 3.7 物体の 3 次元運動（例えば飛行機の運動）

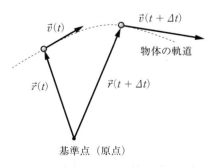

図 3.8 速度ベクトル $\vec{v}(t)$，$\vec{v}(t + \Delta t)$

軌道である飛行機雲の接線方向に $\vec{v}(t)$ が向く[†13]．$\vec{v}(t+\Delta t)$ も同様である（図3.8）．

3.3.1 速度変化

速度ベクトルの変化を把握するには，ベクトルを平行移動して $\vec{v}(t)$ と $\vec{v}(t+\Delta t)$ の始点をそろえるとよい（図3.9）．こうすると，$\vec{v}(t)$ の終点から $\vec{v}(t+\Delta t)$ の終点へ向かうベクトルが速度変化を表すベクトルになる（図3.10）．それを $\Delta \vec{v}$ とすると，

$$\Delta \vec{v} = \vec{v}(t+\Delta t) - \vec{v}(t) = \begin{pmatrix} \Delta v_x \\ \Delta v_y \\ \Delta v_z \end{pmatrix} \ [\mathrm{m/s}] \tag{3.29}$$

である．速度変化の各成分を $\Delta v_x, \Delta v_y, \Delta v_z$ とした．この速度変化によって加速度が生じるのである．3次元運動の場合，速度の大きさの変化だけでなく，その向きの変化でも加速度を生むことになる．

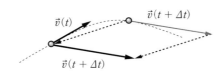
図3.9 速度ベクトルの変化 $\vec{v}(t) \to \vec{v}(t+\Delta t)$

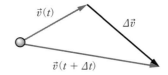
図3.10 速度変化を表すベクトル $\Delta \vec{v}$

3.3.2 平均の加速度

平均の加速度は単位時間当たりの速度変化である．時間 $\Delta t\ [\mathrm{s}]$ の間に速度が $\Delta \vec{v}\ [\mathrm{m/s}]$ だけ変化した場合，平均の加速度ベクトル $\vec{a}_{\mathrm{ave}}$ は，

$$\vec{a}_{\mathrm{ave}} = \frac{\Delta \vec{v}}{\Delta t} \ [\mathrm{m/s^2}] \tag{3.30}$$

で求まる．$\vec{a}_{\mathrm{ave}}$ の成分を $a_{\mathrm{ave}_x}, a_{\mathrm{ave}_y}, a_{\mathrm{ave}_z}$ とすると，

$$\begin{cases} a_{\mathrm{ave}_x} = \dfrac{\Delta v_x}{\Delta t} \ [\mathrm{m/s^2}] \\ a_{\mathrm{ave}_y} = \dfrac{\Delta v_y}{\Delta t} \ [\mathrm{m/s^2}] \\ a_{\mathrm{ave}_z} = \dfrac{\Delta v_z}{\Delta t} \ [\mathrm{m/s^2}] \end{cases} \tag{3.31}$$

である．

3.3.3 瞬間の加速度

平均の加速度を求める際に考えた時間 Δt を無限小にすると，時刻 $t+\Delta t$ が t に限りなく近づき，平均の加速度 $\vec{a}_{\mathrm{ave}}$ は最終的に時刻 t の瞬間の加速度 $\vec{a}(t)$ になる．これを式で書くと，

$$\vec{a} = \lim_{\Delta t \to 0} \frac{\Delta \vec{v}}{\Delta t} \left(= \lim_{\Delta t \to 0} \frac{\vec{v}(t+\Delta t) - \vec{v}(t)}{\Delta t} \right) = \frac{d\vec{v}}{dt} \ [\mathrm{m/s^2}] \tag{3.32}$$

となる．

こんなまわりくどいことをする代わりに，微小時間 dt の間の速度変化が微小変化ベクトル $d\vec{v}$ であった場合，単位時間当たりの速度変化を表す加速度は，$d\vec{v}$ を dt で「割る」ことによって求まると考えてもよい．

微小量の割り算なので微分である．いずれにしても，

[†13] 接線に平行な向きは2通りあるが，速度はもちろん飛行機の進む方の向きである．

26   3. 運動の表し方（3次元）

$$\vec{a}(t) = \frac{d\vec{v}(t)}{dt} = \dot{\vec{v}}(t) \quad [\text{m/s}^2] \tag{3.33}$$

である.

加速度ベクトルは速度ベクトルの時間微分で得られる. 式よりも文として理解しておけば，式は自ずと書けるはずである. なお，「瞬間の加速度ベクトル」は，普通はただ単に「加速度ベクトル」という.

さらに，位置ベクトルから加速度ベクトルを求めることもできる.

$$\vec{a}(t) = \frac{d}{dt}\vec{v}(t) = \frac{d}{dt}\frac{d\vec{r}(t)}{dt} = \frac{d^2\vec{r}(t)}{dt^2} = \ddot{\vec{r}}(t) \quad [\text{m/s}^2] \tag{3.34}$$

速度ベクトル $\vec{v}(t)$ に位置ベクトル $\vec{r}(t)$ の時間微分 (3.12) を代入した. また，加速度の成分を $\vec{a}(t) = (a_x(t), a_y(t), a_z(t))$ とすると，

$$\begin{cases} a_x(t) = \dfrac{dv_x(t)}{dt} = \dfrac{d^2x(t)}{dt^2} \quad [\text{m/s}^2] \\[2mm] a_y(t) = \dfrac{dv_y(t)}{dt} = \dfrac{d^2y(t)}{dt^2} \quad [\text{m/s}^2] \\[2mm] a_z(t) = \dfrac{dv_z(t)}{dt} = \dfrac{d^2z(t)}{dt^2} \quad [\text{m/s}^2] \end{cases} \left(\begin{cases} a_x(t) = \dot{v}_x(t) = \ddot{x}(t) \quad [\text{m/s}^2] \\[1mm] a_y(t) = \dot{v}_y(t) = \ddot{y}(t) \quad [\text{m/s}^2] \\[1mm] a_z(t) = \dot{v}_z(t) = \ddot{z}(t) \quad [\text{m/s}^2] \end{cases} \right)$$

$$\tag{3.35}$$

となる.

ところで，ドット記号にはもう慣れただろうか？ 以後は，主にドット記号による表記を使うことにする.

例題 3.4 **等速円運動する物体の加速度** ▬▬▬▬

半径 r_0 の円周上を運動する物体の回転角が $\theta(t) = \omega_0 t + \alpha$ であるとする（ω_0, α は定数）. まず，この運動が等速円運動であることを示し，次に物体の加速度ベクトルを求めなさい.

解 まず，回転角から角速度を求める. (2.25) のように角速度 $\omega(t)$ は回転角の時間変化なので，θ を時間微分すればよい.

$$\omega(t) = \dot{\theta}(t) = \frac{d}{dt}\theta(t) = \frac{d}{dt}(\omega_0 t + \alpha) = \omega_0 \quad [\text{s}^{-1}] \tag{3.36}$$

角速度が定数 ω_0 になることがわかる. 角速度 $\omega(t)$ は一般に時間の関数である（時間変化する）が，回転角が $\theta(t) = \omega_0 t + \alpha$ と表される場合は定数となる. つまり，<u>角速度が一定なので等速円運動</u>である.

次に，物体の加速度ベクトル $\vec{a}$ を求める. 加速度は，(3.33) のように速度の時間微分 $\vec{a} = \dot{\vec{v}}$ で求まる. $\vec{a} = (a_x, a_y, a_z)$ として，

$$\begin{cases} a_x = \dfrac{dv_x}{dt} \quad [\text{m/s}^2] \\[2mm] a_y = \dfrac{dv_y}{dt} \quad [\text{m/s}^2] \\[2mm] a_z = \dfrac{dv_z}{dt} \quad [\text{m/s}^2] \end{cases} \tag{3.37}$$

を求めればよいのだが，ここではベクトル表記のまま計算を続けてみよう. 例題 3.1 で求めた速度 $\vec{v}$ (3.16) の各成分を時間微分すればよい.

$$\vec{a} = \dot{\vec{v}} = \frac{d}{dt}\vec{v} = \frac{d}{dt}\begin{pmatrix} -r_0\dot{\theta}\sin\theta \\ r_0\dot{\theta}\cos\theta \\ 0 \end{pmatrix} = \begin{pmatrix} \dfrac{d}{dt}(-r_0\dot{\theta}\sin\theta) \\ \dfrac{d}{dt}(r_0\dot{\theta}\cos\theta) \\ \dfrac{d}{dt}0 \end{pmatrix}$$

$$= \begin{pmatrix} -r_0\ddot{\theta}\sin\theta - r_0\dot{\theta}^2\cos\theta \\ r_0\ddot{\theta}\cos\theta - r_0\dot{\theta}^2\sin\theta \\ 0 \end{pmatrix} \ [\mathrm{m/s^2}] \tag{3.38}$$

この加速度は，回転角 $\theta(t)$ の任意の関数に対して成り立つが，ここでは具体的な関数を代入できる．

ところで，角速度 $\dot{\theta}$ をさらに時間微分した $\ddot{\theta}$ は何だろう？　これは**角加速度**とよばれ，単位時間当たりの角速度の変化量である．すでに求めたように $\dot{\theta} = \omega_0$（定数）なので，さらに時間微分をすると $\ddot{\theta} = 0$ となる．これらを代入すると，

$$\vec{a} = \begin{pmatrix} -r_0\omega_0^2\cos\theta \\ -r_0\omega_0^2\sin\theta \\ 0 \end{pmatrix} = \begin{pmatrix} -r_0\omega_0^2\cos(\omega_0 t + \alpha) \\ -r_0\omega_0^2\sin(\omega_0 t + \alpha) \\ 0 \end{pmatrix} \ [\mathrm{m/s^2}] \tag{3.39}$$

となる．◆

例題 3.5 等速円運動する物体の加速度の大きさ

等速円運動する物体の加速度ベクトルの大きさを求めなさい．

解　物体の加速度 $\vec{a}$ の大きさは，(3.39) より

$$\begin{aligned}
|\vec{a}| &= \sqrt{a_x^2 + a_y^2 + a_z^2} \\
&= \sqrt{(-r_0\omega_0^2\cos\theta)^2 + (-r_0\omega_0^2\sin\theta)^2 + 0^2} \\
&= \sqrt{(r_0\omega_0^2)^2(\sin^2\theta + \cos^2\theta)} \\
&= |r_0\omega_0^2| \\
&= r_0\omega_0^2 \ [\mathrm{m/s^2}]
\end{aligned} \tag{3.40}$$

となる．r_0, ω_0^2 は正なので，絶対値は外すだけでよい．

ところで，これを物体の速さ v_0 で表すこともできる．$v_0 = r_0\omega_0$ を思い出そう．$\omega_0 = v_0/r_0$ を代入して ω_0 を消去すると，

$$|\vec{a}| = r_0\omega_0^2 = r_0\left(\frac{v_0}{r_0}\right)^2 = \frac{v_0^2}{r_0} \ [\mathrm{m/s^2}] \tag{3.41}$$

となる．◆

例題 3.6 等速円運動する物体の加速度の向き

等速円運動する物体の加速度ベクトルの向きを求めなさい．

解　例題 3.4 で求めた加速度ベクトル $\vec{a}$ は，実は位置ベクトル $\vec{r}$ を使って書ける．

$$\vec{a} = \begin{pmatrix} -r_0\omega_0^2\cos\theta \\ -r_0\omega_0^2\sin\theta \\ 0 \end{pmatrix} = -\omega_0^2\begin{pmatrix} r_0\cos\theta \\ r_0\sin\theta \\ 0 \end{pmatrix} = -\omega_0^2\vec{r} \ [\mathrm{m/s^2}] \tag{3.42}$$

$-\omega_0^2$ は負の定数なので，$\vec{a}$ は $\vec{r}$ と逆向きである．これより，等速円運動をする物体の加速度ベクトル $\vec{a}$ は常に円の中心向きであることがわかる．その結果，円の接線方向を向く速度ベクトル $\vec{v}$ と円の中心を向く加速度ベクトル $\vec{a}$ が垂直になることがわかる（図 3.11）．

28   3. 運動の表し方（3次元）

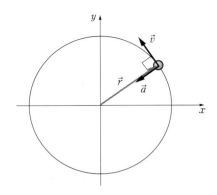

図 3.11　等速円運動の加速度

類題 3.2 物体の加速度

ある物体の速度ベクトルが $\vec{v} = (v_1, v_2, -gt + v_3)$ で表されるとき，この物体の加速度ベクトル $\vec{a}$ と，加速度の大きさを求めなさい．ただし，v_1, v_2, v_3, g は定数である．

ところで，加速度 $\vec{a}$ が速度 $\vec{v}$ と違う向きになっていることに違和感を覚えないだろうか．速度の向きが変化せず（つまり直線運動），速さのみが変化する場合は，加速度は速度と同じ向きになる．しかし，速度の向きが変化する場合の加速度は，速度とは異なる向きになる．なぜなら，加速度は速度変化のベクトルと同じ向きになるからである．

等速円運動では，速さが一定で，速度の向きが時々刻々と変化する．ある時刻の速度ベクトルを $\vec{v}$，微小時間 dt が経った後の速度ベクトルを $\vec{v}'$ とすると，速度変化のベクトルは $d\vec{v} = \vec{v}' - \vec{v}$ である．$\vec{v}$ と $\vec{v}'$ の始点をそろえて作図すると，$d\vec{v}$ は $\vec{v}$ の終点から $\vec{v}'$ の終点に向かい，$dt \to 0$ の極限で $d\vec{v}$ は $\vec{v}$ に垂直になる（図 3.12）．加速度ベクトル $\vec{a} = d\vec{v}/dt$ (3.33) は $d\vec{v}$ に平行なので，$\vec{a}$ も $\vec{v}$ に垂直になり，円の中心に向くのである．

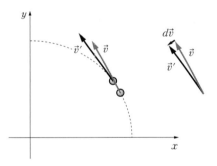

図 3.12　等速円運動の速度変化

ここで (3.38) に戻って，等速とは限らない一般の円運動についても考えておく．(3.38) の $\vec{a}$ は次のように 2 つのベクトルに分解できる．

$$\vec{a} = \begin{pmatrix} -r_0\ddot{\theta}\sin\theta - r_0\dot{\theta}^2\cos\theta \\ r_0\ddot{\theta}\cos\theta - r_0\dot{\theta}^2\sin\theta \\ 0 \end{pmatrix} = r_0\ddot{\theta}\begin{pmatrix} -\sin\theta \\ \cos\theta \\ 0 \end{pmatrix} - r_0\dot{\theta}^2\begin{pmatrix} \cos\theta \\ \sin\theta \\ 0 \end{pmatrix}$$
$$= \vec{a}_\theta + \vec{a}_r \quad [\text{m/s}^2] \tag{3.43}$$

右辺第 2 項の $\vec{a}_r$ は，等速円運動でも考えた $\vec{r}$ 方向（**動径方向**）の加速度である．$\vec{r}$ と逆向きの単位ベクトル $(-\cos\theta, -\sin\theta, 0)$ に，大きさを示す「半径と角速度の自乗（2 乗）の積」$r_0\dot{\theta}^2$ がかかっている（図 3.13）．

右辺第 1 項の $\vec{a}_\theta$ は，円の接線方向（θ の変化で物体が移動する方向）の加速度である．まず，$\vec{r}$ に垂直な単位ベクトル $(-\sin\theta, \cos\theta, 0)$ は円の接線方向を示し，それに大きさを示す「半径と角加速度の積」$r_0\ddot{\theta}$ がかかっている．これは次のように解釈できる．ある瞬間の接線方向の運動を円周に沿った 1 次元運動で考えると，接線方向の速度は「半径と角速度の積」となる．それを時間微分すると接線方向の加速度は「半径と角加速度の積」になる（図 3.13）．

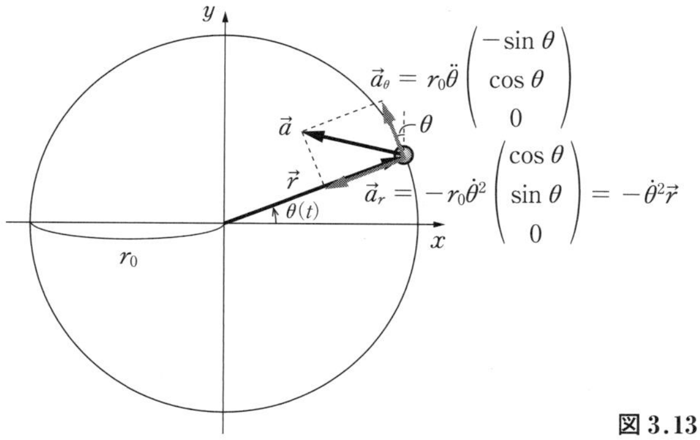

章末問題 29

図3.13 円運動の加速度

● 第3章のまとめ ●

- ベクトルの微分は微小ベクトルを微小量で割る割り算と見なせる.
- 速度ベクトルは位置ベクトルの時間微分で求まる.

$$\vec{v}(t) = \frac{d\vec{r}(t)}{dt} = \begin{pmatrix} \dfrac{dx(t)}{dt} \\ \dfrac{dy(t)}{dt} \\ \dfrac{dz(t)}{dt} \end{pmatrix} \quad \left(\vec{v}(t) = \dot{\vec{r}}(t) = \begin{pmatrix} \dot{x}(t) \\ \dot{y}(t) \\ \dot{z}(t) \end{pmatrix} \right)$$

- 加速度ベクトルは速度ベクトルの時間微分で求まる.

$$\vec{a}(t) = \frac{d\vec{v}(t)}{dt} = \begin{pmatrix} \dfrac{dv_x(t)}{dt} \\ \dfrac{dv_y(t)}{dt} \\ \dfrac{dv_z(t)}{dt} \end{pmatrix} \quad \left(\vec{a}(t) = \dot{\vec{v}}(t) = \begin{pmatrix} \dot{v}_x(t) \\ \dot{v}_y(t) \\ \dot{v}_z(t) \end{pmatrix} \right)$$

- 加速度ベクトルは位置ベクトルの時間による2階微分でも求まる.

$$\vec{a}(t) = \frac{d^2\vec{r}(t)}{dt^2} = \ddot{\vec{r}}(t)$$

─────────────── 章 末 問 題 ───────────────

[3.1] 東向きの x 軸,北向きの y 軸,鉛直上向きの z 軸を用いる.座標 $(200, 100, 500)$ にいた人が,10分間で座標 $(500, -200, 620)$ に移動した.座標の各成分の単位は [m] とする.

(a) この人の変位ベクトルを求めなさい. `3.1 節`

(b) この人が進んだ方位を答えなさい. `3.1 節`

(c) この人の平均の速度と速さを求めなさい. `3.2.1 項` , `3.2.4 項`

[3.2] ある小物体の位置ベクトルを $\vec{r} = (x, y, z)$,速度ベクトルを $\vec{v} = (v_x, v_y, v_z)$ とする.時刻 $t = 1$ の小物体の位置は $\vec{r} = (3, -2, 1)$ で,速度が $\vec{v} = (-2, 3, 1)$ であったが,時刻 $t = 6$ には,小物体の位置は $\vec{r} = (1, 2, 3)$ で,速度が $\vec{v} = (-1, 1, 3)$ であった. t の単位を [s],$\vec{r}$ の各成分の単位を [m],$\vec{v}$ の各成分の単位を [m/s] とする. $t = 1$ から $t = 6$ の間について,

(a) 平均の速度ベクトル $\vec{v}_{\text{ave}}$ を求めなさい. `3.2.1 項`

30   3. 運動の表し方（3次元）

(b) 平均の加速度ベクトル $\vec{a}_{\mathrm{ave}}$ を求めなさい． `3.3.2項`

(c) 平均の加速度の大きさを求めなさい． `3.3.2項`

[3.3] ある運動をする物体の位置ベクトル $\vec{r}(t)$ が，

$$
\vec{r}(t) = \begin{pmatrix} x(t) \\ y(t) \\ z(t) \end{pmatrix} = \begin{pmatrix} v_0 t \\ c \\ -\dfrac{1}{2}gt^2 + v_1 t \end{pmatrix}
$$

である．ただし，v_0, v_1, g は定数とする．

(a) 物体の速度を求めなさい． `3.2.2項`

(b) 物体の加速度を求めなさい． `3.3.3項`

(c) 物体の軌跡を求めなさい． `3.1節`

[3.4] xy 平面上である運動をする物体の位置ベクトル $\vec{r}(t)$ が，

$$
\vec{r}(t) = \begin{pmatrix} x(t) \\ y(t) \\ z(t) \end{pmatrix} = \begin{pmatrix} a\cos\omega_0 t \\ b\sin\omega_0 t \\ 0 \end{pmatrix}
$$

である．ただし，a, b, ω_0 は定数とする．

(a) 物体の加速度を求めなさい． `3.3.3項`

(b) 物体の加速度の向きについて述べなさい． `3.3.3項`

(c) 物体の軌跡を求めなさい． `3.1節`

[3.5] 等速円運動する物体の位置ベクトルを $\vec{r}(t)$ とする．$t = 0, 1, 2, 3\,\mathrm{s}$ における物体の位置が，

$$
\vec{r}(0) = \begin{pmatrix} 0 \\ 0 \\ 0 \end{pmatrix},\quad \vec{r}(1) = \begin{pmatrix} 1 \\ 1 \\ 0 \end{pmatrix},\quad \vec{r}(2) = \begin{pmatrix} 0 \\ 2 \\ 0 \end{pmatrix},\quad \vec{r}(3) = \begin{pmatrix} -1 \\ 1 \\ 0 \end{pmatrix}\ [\mathrm{m}]
$$

であった．

(a) 円運動の中心の座標と半径を求めなさい． `3.1節`

(b) 物体の角速度と速さを求めなさい． `3.2.4項`

(c) $t = 4\,\mathrm{s}$ における物体の速度ベクトルと加速度ベクトルを求めなさい． `3.2.2項`, `3.3.3項`

[3.6] 時刻 $t\ (-5\,\mathrm{s} < t < 5\,\mathrm{s})$ におけるある飛行機の位置ベクトルが，z 軸を鉛直上向き，x 軸を東向き，y 軸を北向きとする座標系で，以下のようになった．

$$
\vec{r}(t) = \begin{pmatrix} x \\ y \\ z \end{pmatrix} = \begin{pmatrix} 30t \\ -40t + 10 \\ 10t^2 - 20t + 600 \end{pmatrix}\ [\mathrm{m}]
$$

(a) 最低高度と最高高度を求めなさい． `3.1節`

(b) 最小の速さとそのときの速度を求めなさい． `3.2.2項`, `3.2.4項`

(c) 加速度とその大きさを求めなさい． `3.3.3項`

[3.7] 時刻 $t\,[\mathrm{s}]$ の A さんと B さんの位置ベクトルはそれぞれ，

$$
\vec{r}_{\mathrm{A}}(t) = \begin{pmatrix} t^2 + t - 3 \\ -4t + 9 \\ -t^2 + 11 \end{pmatrix},\quad \vec{r}_{\mathrm{B}}(t) = \begin{pmatrix} -t^2 + 4t + 6 \\ t^2 - 4t \\ t^3 - 12t + 11 \end{pmatrix}\ [\mathrm{m}]
$$

である．ただし，$-5\,\mathrm{s} < t < 5\,\mathrm{s}$ とする．

(a) A さんと B さんが出会うことはあるか調べなさい． `3.1節`

(b) A さん，B さんは静止することがあるか調べなさい． `3.2.2項`

(c) 加速度の大きさの最大値が大きいのはどちらか調べなさい． `3.3.3項`

4. 運動方程式

【学習目標】
- ・力学の基本法則を理解する.
- ・物体の運動方程式を立てられるようになる.
- ・運動方程式を解いて物体の速度と位置を求められるようになる.
- ・運動方程式から物体に作用する力を求められるようになる.
- ・相互作用する2つの物体の運動方程式を立て，2つの物体の重心を求めて，重心の運動を理解する．また，2つの物体の相対運動を理解し，換算質量を求められるようになる.

【キーワード】
ニュートンの運動法則，慣性の法則，運動方程式，作用反作用の法則，質点，重力，最大静止摩擦力，静止摩擦係数，動摩擦力，動摩擦係数，二体問題，重心，相対位置，換算質量

◆ 力学の基本法則 ◆

　物理学では，できるだけ少数の法則を出発点にして自然現象を説明しようとする．それらは基本法則とよばれ，単純なほどよい（エレガントである）．基本法則を見出すには，多種多様に見える自然現象を目前にして，それらに潜む共通点を見抜かなければならない．自然現象に対する鋭敏な洞察力によって，基本法則が引き出されてきたのである.

　ところで，基本法則について「なぜそういえるのか？」という疑問がわくかもしれない．しかし，その答はない．基本法則を出発点にすると，目前で起こる（起こった）現象が説明できる．その事実が積み重ねられ，その度に基本法則の確からしさが増す．それだけである．したがって，基本法則で説明できない新たな現象が発見されれば，その法則は基本法則ではなかったということになる．そのときは，それを修正するか，新たな基本法則を探して，それに取って代えなければならない.

　力学は物体の運動を扱うので，その基本法則は，物体のあらゆる運動を説明できるものでなくてはならない．それをこの章で扱う.

4.1 運動の法則

　物体の運動を扱う力学の基本法則は，**ニュートンの法則**とよばれる．または，**運動の法則**とか**ニュートンの運動の法則**ということもある．この基本法則は，次の3つの法則からなる.

第一法則（慣性の法則）：力が作用していない物体は，静止し続けるか，等速直線運動を続ける．これを慣性の法則という.

第二法則（運動方程式）：力が作用している物体には，力の向きに加速度が生じる．その加速度の大きさは力に比例し，物体の質量に反比例する．これを式で表したものが運動方程式である.

第三法則（作用反作用の法則）：物体が2つあるとき，物体1から物体2に力が作用すると，物体1は物体2から同じ大きさで逆向きの力を反作用として受ける．これを作用反作用の法則という.

さて、これらが力学の基本法則だと聞いてどう感じるだろうか？ これらの3つの法則だけで、直線運動、放物運動、円運動、回転運動などのさまざまな運動が説明できるのだが、本当だろうか？ それだけではない．力学的エネルギー保存則や運動量保存則も、この基本法則から導くことができる[†1]．それぞれの基本法則について、詳しい内容を1つずつ見てみよう．

まず、慣性の法則はどのような場面で使うのだろうか？ 物体の運動を位置と速度と加速度で表すには座標系が必要であるが、一般に座標系は静止しているとは限らず、それ自体が動いている場合もある（例えば、電車内の座標系など）．いろいろな座標系の中でも、静止しているか等速直線運動をしているもの（つまり、加速度運動をしていないもの）を**慣性系**（**慣性座標系**）とよび、運動方程式はこの慣性系において成り立つのである．

慣性系を用いるには、選んだ座標系が慣性系であることをなんらかの方法で確認しなければならない．例えば、周辺に星のない無重力の宇宙空間で宇宙船に乗り、内壁の取っ手をつかんで静止していたとする．取っ手から手を放したときに、そのまま静止していれば慣性の法則が成り立っている．このことから、宇宙船（に固定された座標系）が慣性系であることがわかる．もし、手を放したときに体が動き出せば慣性の法則は成り立っていない．つまり、宇宙船は慣性系ではなく、体が動いた向きと逆向きに加速しているのである[†2]．このように、ある座標系が慣性系であるかどうかを慣性の法則によって見分けることができる．運動方程式を使うための慣性系を選ぶ際に、第一法則である慣性の法則が使えるのである．

次に、運動方程式であるが、これは式で書いた方がわかりやすい．1次元の場合、物体の質量を m、物体の加速度を $a(t)$、物体に作用する力を $F(t)$ とすると第二法則は、

$$ma(t) = F(t) \quad [\text{N}] \quad (\text{または}\ [\text{kg} \cdot \text{m/s}^2]) \tag{4.1}$$

という運動方程式で表現できる．時間の関数であることを示すために、目障りかもしれないが (t) をつけた．

さて、3次元の場合は、各成分ごとにこれが成り立つので、物体の加速度ベクトルを $\vec{a}(t)$、物体に作用する力のベクトルを $\vec{F}(t)$ とすると、運動方程式は、

$$m\vec{a}(t) = \vec{F}(t) \quad [\text{N}] \tag{4.2}$$

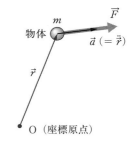

図 4.1 運動方程式

となる（図4.1）．第二法則はこれだけの話であるが、この式を見て何か気がつかないだろうか？ 左辺と右辺が等号で結ばれている．もしこれが数学の式であれば、左辺と右辺は厳密に等価である．この運動方程式の場合はどうであろうか？ 左辺は質量と加速度を掛けたものである．それに対して、右辺は力である．これらはまったく異質のものである．本当に等しいとしてもよいのだろうか？ これらが等しいと誰が保証してくれるのだろうか？ もしかしたら間違っているのかもしれない…．

ニュートンやその先人の科学者たちは、目の前で起こる物体の運動について、観察し、思考し、解析し、鋭い洞察力でその現象が従うべき法則を見抜いた．そして、ニュートンがこの式の原型を着想したのである．しかし、本当にこの式が正しいことを証明したわけではない．もし、この式に合わない現象が見つかったら、この式は基本法則の座から引きずり降ろされる運命にある．ニュートン力学が『プリンキピア』という著作で1687年に発表されてから長い年月の間、この運動方程式はさまざまな力学の現象と合うことが確認され、基本法則といっても

[†1] この場合、力学的エネルギー保存則や運動量保存則は基本法則ではないのである．

[†2] ここで重力を考えると、座標系が加速している場合と外部から重力が作用している場合の見分けがつかなくなるのだが、その話は一般相対性理論に譲ることにする．

よさそうだと信じられるようになった，それだけなのである．

ところが，実は，この法則には適用限界があった．光速に近い非常に高速な運動や，大きな重力が存在する状況では，この式が成り立たないことがわかった．そして，アインシュタインの相対性理論がニュートン力学に取って代わった．また，原子のような非常にミクロな世界でも，ニュートン力学では説明がつかない現象が出てきた．そして，量子力学がニュートン力学に取って代わったのである．

しかし，ニュートン力学が間違いであったと思うのは早とちりである．確かに，このような極端な状況では成り立たなかったが，それ以外では，依然として十分正確に運動を記述できるのである．ニュートン力学を捨てる必要はない．道具は使いようである．要は適用範囲をわきまえて使えばよいのである．

運動方程式について話を少し戻すと，左辺の「質量」は物体固有の量であり，「加速度」は物体の状態を表す量である．右辺の「力」は物体に対する外的な量である．このように左辺と右辺は異質な量からなるのに，なぜか等しくなる．この式は自然現象を表現しているのであって，目の前の自然現象を扱うのでなければ無意味な式なのである．そこが，単なる等式との違いである．運動方程式の解釈を文章にすると，

「（外的な量である）力が**原因**となって，（物体固有の量である）質量に応じて（物体の状態を示す）加速度が**結果**として決まる」

と表せる．運動方程式は，**因果関係**を表現した「物理の文章」であり，右辺から左辺に向かって「読む」のである．

最後に，作用反作用の法則である．物体 1, 2 に作用する力をそれぞれ $\vec{F}_1$, $\vec{F}_2$ とする．さらに，それぞれの力がどの物体から作用しているかもわかるように，次のように定義する．

・$\vec{F}_{12}$：物体 1 に作用する力，（どこから？）物体 2 から．
（つまり，物体 1 に物体 2 から作用する力）

・$\vec{F}_{21}$：物体 2 に作用する力，（どこから？）物体 1 から．
（つまり，物体 2 に物体 1 から作用する力）

これらのベクトルを使うと，第三法則は図 4.2, 4.3 のようになる．さらに，第三法則を式で表すと，

$$\vec{F}_{12} = -\vec{F}_{21} \quad [\text{N}] \tag{4.3}$$

または，

$$\vec{F}_{12} + \vec{F}_{21} = \vec{0} \quad [\text{N}] \tag{4.4}$$

となる．これらの式は同じことを表しているが，式を書いた人の意識が異なることを感じ取らなければならない．(4.3) は第三法則に書かれた文章を意識して，それを忠実に反映している．(4.4) は第三法則の結果として，作用・反作用の合計が正味ゼロであることを意識している．

図 4.2 作用・反作用（斥力の場合）

図 4.3 作用・反作用（引力の場合）

例題 4.1　ニュートンの運動法則

運動法則について，第一法則から第三法則まで順番に，それぞれを5文字程度で表しなさい．

解　それぞれを5文字で表現すると，第一法則は「慣性の法則」，第二法則は「運動方程式」，第三法則は「作用反作用（の法則）」と表せる．5文字にこだわる必要はないが，順番を間違えると恥ずかしい．もちろん順番よりも内容の方が大切であるが，理工系の大学生としては，3つしかない法則の順番を間違えると教養が疑われる（かもしれない）．◆

例題 4.2　作用・反作用と力のつり合い

作用・反作用と力のつり合いの相違点を説明しなさい．

解　注目している物体の個数の違いに気がつけば，両者が全く違う状況を扱っていることが理解できるはずである．作用・反作用は2つの物体に関する力のやり取りを扱っている．関係している力も作用と反作用の2つである．それに対して，力のつり合いは1つの物体に力が作用している場合を扱っている．そして，関係している力は2つ以上である．以上が相違点である（図4.4）．

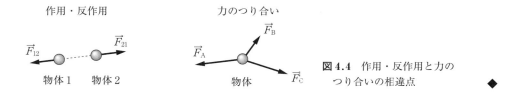

図 4.4　作用・反作用と力のつり合いの相違点 ◆

文学作品と物理学

夏目漱石の『吾輩は猫である』の出だしはあまりにも有名なのでご存じだと思うが，この小説に物理が少し登場するのをご存じだろうか？　登場人物の1人である寒月君は，物理学者の寺田寅彦氏がモデルであるといわれている．その他，ニュートンの運動法則も登場する．以下，一部を抜粋すると，

　　"ニュートンの運動律第一に曰くもし他の力を加うるにあらざれば，一度び動き出したる
　　物体は均一の速度をもって直線に動くものとす．"

とあるが，これは第一法則の一部である．そして，

　　"運動の第二則に曰く運動の変化は，加えられたる力に比例す，しかしてその力の働く直
　　線の方向において起こるものとす．"

というのは，第二法則の運動方程式の一部である．「運動の変化（加速度）」と「力」のベクトルとしての関係を文章で表現している．つまり，「比例す」までの前半が加速度と力の大きさの関係について，後半が加速度と力の向きの関係を述べている．

4.2　運動方程式の立て方

質量 m の物体がある．その物体の運動を考えるには，まずニュートンの運動法則の第二法則である運動方程式を立てる．余計な思案は必要ない．運動について考えるなら，まずは運動方程式から始める．

このとき，注目すべき物体の位置を表すには座標系が必要である．「運動方程式から始める」とはいったが，運動方程式は慣性系で成り立つのだから，運動の第一法則を使って慣性系を見つける方が先決である．

決定した座標系での時刻 t における物体の位置ベクトルを $\vec{r}(t)$ とする．運動方程式に現れる物体の加速度ベクトル $\vec{a}(t)$ は，位置ベクトルを使うと (3.34) のように $\ddot{\vec{r}}(t)$ と表せる．したがって，(4.2) は，

$$m\ddot{\vec{r}}(t) = \vec{F}(t) \quad [\text{N}] \tag{4.5}$$

と書ける（図 4.5）．今後は $\vec{a}(t)$ を使わないことにする．特に $\vec{a}$ と書くと，加速度が一般には時間変化する変数であることを忘れて，定数（定ベクトル）だと勘違いする人がいる[†3]．等加速度の場合は，必要に応じて，後で $\vec{a}$ におきかえればよい．運動方程式は，(4.5) のように $\ddot{\vec{r}}(t)$（または $\ddot{\vec{r}}$）で書くことを**強く推奨する**．

運動方程式に現れる力 $\vec{F}(t)$ は，物体に作用する外力である．ここで「物体」とは，その運動方程式を立てる対象となっている（注目している）物体である．物体が1つの場合は自明だが，複数の場合は，どの物体に注目して運動方程式を立てているのかを明確に意識しなければならない．それ以外の注目していない物体に作用する力は，その運動方程式には関係ない．

さて，注目している物体に複数の力 $\vec{F}_1(t), \vec{F}_2(t), \cdots, \vec{F}_n(t)$ が作用している場合の運動方程式はどのように立てればよいだろうか？　この場合，力を足し合わせるだけである．力の**ベクトル和**をとればよい（図 4.6）．

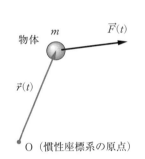
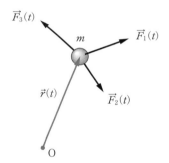

図 4.5 運動方程式（ベクトル形式）　　**図 4.6** 運動方程式（複数の力）

$$m\ddot{\vec{r}}(t) = \vec{F}_1(t) + \vec{F}_2(t) + \cdots + \vec{F}_n(t) = \sum_{i=1}^{n} \vec{F}_i(t) \quad [\text{N}] \tag{4.6}$$

例題 4.3 物体に外力が作用しない場合

外力が作用しない物体の運動を運動方程式を用いて求めなさい（図 4.7）．

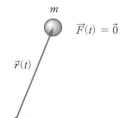

図 4.7 外力が作用しない物体の運動

[†3] 等加速度の場合の運動方程式しか扱わない高校の物理の習慣が抜けない人は，運動方程式を解くことで，加速度 $\ddot{\vec{r}}$ から速度 $\dot{\vec{r}}$ や位置 $\vec{r}$ が求まる流れがわからなくなるようだ．

36   4. 運動方程式

解 まずは運動方程式を立てる．物体に作用する力が $\vec{F} = \vec{0}$ なので，
$$m\ddot{\vec{r}}(t) = \vec{0} \quad [\text{N}] \tag{4.7}$$
である[†4]．ベクトルを成分で表し，運動方程式を3つの成分に分けると，
$$m\begin{pmatrix} \ddot{x}(t) \\ \ddot{y}(t) \\ \ddot{z}(t) \end{pmatrix} = \begin{pmatrix} 0 \\ 0 \\ 0 \end{pmatrix} \quad [\text{N}] \iff \begin{cases} m\ddot{x}(t) = 0 & [\text{N}] \\ m\ddot{y}(t) = 0 & [\text{N}] \\ m\ddot{z}(t) = 0 & [\text{N}] \end{cases} \tag{4.8}$$
となるので，まずは，運動方程式の x 成分を解く[†5]．両辺を m で割ると[†6]，
$$\ddot{x}(t) = 0 \quad [\text{m/s}^2] \tag{4.9}$$
である．このように微分を含んでいる式は**微分方程式**とよばれる．

ところで，この式はもはや**運動方程式ではない**．単なる加速度の式である．それでは，この微分方程式を解くことにする[†7]．両辺を t で積分すると，
$$\dot{x}(t) = \int 0 \, dt = c_1 \quad [\text{m/s}] \tag{4.10}$$
となる．右辺はゼロを積分すると定数に戻るので，それを c_1 とおいた．求まった $\dot{x}(t)$ は物体の速度の x 成分である．まず，これが一定であることがわかった．さらに両辺を時間 t で積分すると，
$$x(t) = \int c_1 \, dt = c_1 t + c_2 \quad [\text{m}] \tag{4.11}$$
が得られる．積分定数を c_2 とした．これで物体の位置の x 成分が求まった．これ以上は積分できない．

以上で，運動方程式の x 成分を解いたことになる．y 成分と z 成分も同様に解けるが，ここでは省略する．◆

このように，運動方程式を解くことで物体の速度と位置が求まる．具体的には $\dot{\vec{r}}(t)$ と $\vec{r}(t)$ が求まる．その結果，物体の運動がわかるようになるのである．

ところで，x 成分の話に戻ると，積分定数 c_1, c_2 をまだ求めていない．実は，これらの未定定数は，さらに別の情報がないと求められないのである．例えば，$t = 0$ のときの物体の状態（**初期条件**）がその情報となり得る[†8]．未定定数2個を求めるには，初期条件としては初速度と初期位置という2つの情報が必要である．

例題 4.4 物体に力が作用しない場合

力が作用しない物体について，運動の x 成分を求めなさい．ただし，初期条件（$t = 0$ のときの物体の状態）として，x 方向の初速度を v_0，初期位置を x_0 とする．

（注）初速度 v_0 も初期位置 x_0 も定数である．具体的な数値を限定していないだけである．また，正負も決まっていない．ところで，「初速を v_0 とする」となっていたらどうだろうか？　その場合の v_0 は正である．なぜならば，初速度は「速度」だが，初速は「速さ」なので，大きさのみを表しているからである．これくらい注意して考える習慣を身につけよう．

解 まずは初期条件を式で表す必要がある．初速度は速度 $\dot{x}(t)$ の $t = 0$ のときの値であり，初期位置は位置 $x(t)$ の $t = 0$ のときの値である．そこで，$\dot{x}(t), x(t)$ に $t = 0$ を代入して，初速度を $\dot{x}(0)$，初期位置を $x(0)$ と書くことにする．この表記を使うと，初期条件を表す式は，

[†4] 物体に複数の力が作用し，合力がゼロになる場合も同じ運動方程式になる．

[†5] 運動方程式から速度 $\dot{x}(t)$ と位置 $x(t)$ を求めることを「運動方程式を解く」という．

[†6] m は質量なのでゼロではない．したがって，m で割り算ができる．

[†7] 方程式 $2x - 4 = 0$ を解くと，未知変数が $x = 2$ と求まる．これに対して，微分方程式では未知関数を求める．この場合の未知関数は $x(t)$ である．x が変数 t のどのような関数になっているかを求めるのである．

[†8] $t = 0 \, \text{s}$ のときに限らず，$t = -5 \, \text{s}$ や $t = 10000 \, \text{s}$ のときの物体の状態でもよい．

$$\begin{cases} \dot{x}(0) = v_0 & [\text{m/s}] \\ x(0) = x_0 & [\text{m}] \end{cases} \quad (4.12)$$

と書ける．

次に，物体の運動方程式を解くことになるが，その結果は例題4.3で求めた速度 $\dot{x}(t)$ と位置 $x(t)$ である．もう一度示しておく．

$$\begin{cases} \dot{x}(t) = c_1 & [\text{m/s}] \\ x(t) = c_1 t + c_2 & [\text{m}] \end{cases} \quad (4.13)$$

これらに $t = 0$ を代入したものが，初期条件の式と同じになるので，

$$\begin{cases} \dot{x}(0) = \underline{c_1 = v_0} & [\text{m/s}] \\ x(0) = c_1 \cdot 0 + c_2 = \underline{c_2 = x_0} & [\text{m}] \end{cases} \quad (4.14)$$

となる．初期条件が与えられたことで，未定だった積分定数 c_1, c_2 が求まった．

結果をまとめると，この物体は，

$$\begin{cases} \dot{x}(t) = v_0 & [\text{m/s}] \\ x(t) = v_0 t + x_0 & [\text{m}] \end{cases} \quad (4.15)$$

で示される速度と位置に従って運動する．◆

例題 4.5　2つの力の関係

物体に2つの外力 $\vec{F_1}$ と $\vec{F_2}$ が作用している．物体が静止している場合，$\vec{F_1}$ と $\vec{F_2}$ の関係を求めなさい．

解　まずは，図4.8を見ながら運動方程式を立てる．物体の位置ベクトルを $\vec{r}(t)$ とすると，

$$m\ddot{\vec{r}}(t) = \vec{F_1} + \vec{F_2} \quad [\text{N}] \quad (4.16)$$

となる．次に，外力 $\vec{F_1}$ と $\vec{F_2}$ が具体的にわかっていれば，運動方程式を解くことで，速度 $\dot{\vec{r}}(t)$ と位置 $\vec{r}(t)$ が求まり，物体の運動がわかるようになる．しかし，この例題は物体の運動がわかっていて，逆に外力 $\vec{F_1}$ と $\vec{F_2}$ の関係を求める問題である．

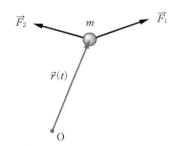

図 4.8　2つの外力が作用する物体

物体は「静止」という運動の状態にある．これを式で表すと，物体の位置が変わらない，または速度がゼロなので，定ベクトル（や定数）を const.（constant の略）と書くことにすると，

$$\vec{r}(t) = \text{const.} \quad [\text{m}] \quad (4.17)$$
$$\Longleftrightarrow \dot{\vec{r}}(t) = \vec{0} \quad [\text{m/s}] \quad (4.18)$$
$$\Longrightarrow \ddot{\vec{r}}(t) = \vec{0} \quad [\text{m/s}^2] \quad (4.19)$$

となる．両辺を時間 t で微分すると1つ目から2つ目の式へ変形でき，両辺を積分すると逆にも戻れる．つまり，これら2つの式は等価である．2つ目の式から3つ目の式へも，両辺の微分で式変形できる．ただし，これは一方通行である．3つ目の式の両辺を積分すると，右辺のゼロベクトルは定数ベクトルになってしまうのである．しかし，一方通行ではあっても，物体が「静止」していれば3つ目の式は成り立つ．つまり，加速度はゼロである．これを運動方程式の左辺に代入すると，

$$m\vec{0} = \vec{F_1} + \vec{F_2} \quad [\text{N}] \quad (4.20)$$
$$\therefore \vec{F_1} = -\vec{F_2} \quad [\text{N}] \quad (4.21)$$

が得られる．最後の式は，$\vec{F_1}$ と $\vec{F_2}$ が大きさが同じで逆向きであることを示している．つまり，外力 $\vec{F_1}$ と $\vec{F_2}$ はつり合っているのである（図4.9）．◆

図 4.9　力がつり合っている．

4. 運動方程式

類題 4.1 3つの力の関係

物体に3つの外力 $\vec{F_1}$ と $\vec{F_2}$ と $\vec{F_3}$ が作用している。$\vec{F_1}$ と $\vec{F_2}$ は大きさが同じ F で，なす角が $60°$ である．物体が静止している場合，$\vec{F_3}$ の大きさを求めなさい．

例題 4.6 各成分の運動方程式の立て方

質量 m の物体の位置ベクトルを $\vec{r}$ とする．xy 平面内で物体に外力 $\vec{F_1}$, $\vec{F_2}$, $\vec{F_3}$ が作用しているとき，各成分の運動方程式を立てなさい．ただし，図 4.10 のように $\vec{F_1}$ は x 軸に平行で x の正の向き，$\vec{F_2}$ は y 軸に平行で y の負の向き，$\vec{F_3}$ は y 軸の正の向きから反時計回りに角 θ だけ傾いている．また，各外力の大きさを $F_i = |\vec{F_i}|$ とする（$i = 1, 2, 3$）．

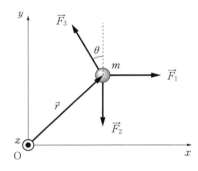

図 4.10 各成分の運動方程式の立て方．
z 軸を表すために，紙面に垂直で表向きであることを示す記号 ⊙ を使っている．

解 まず，ベクトル形式で3次元の運動方程式を立てると，
$$m\ddot{\vec{r}} = \vec{F_1} + \vec{F_2} + \vec{F_3} \quad [\text{N}] \tag{4.22}$$
となる．$\vec{r}$ や $\vec{F_i}$ が時間の関数であることを示す「(t)」は省略した．ここで $\vec{F_2}$ は y 軸の負の向きなのに，$\vec{F_2}$ の前の符号は $+$ でよいのだろうか？ と思うかもしれないが，運動方程式の左辺の合力はベクトル和なので，どちら向きのベクトルだろうと，とにかく「足す」のである．それがベクトル和である．

次に，外力 $\vec{F_1}$, $\vec{F_2}$, $\vec{F_3}$ を成分で表すと，
$$\vec{F_1} = \begin{pmatrix} F_1 \\ 0 \\ 0 \end{pmatrix}, \quad \vec{F_2} = \begin{pmatrix} 0 \\ -F_2 \\ 0 \end{pmatrix}, \quad \vec{F_3} = \begin{pmatrix} -F_3 \sin\theta \\ F_3 \cos\theta \\ 0 \end{pmatrix} \quad [\text{N}] \tag{4.23}$$
となる．$\vec{F_2}$ の y 成分は負になっている．ベクトル和をとるときには，向きを気にせず和をとったが，心配しなくても向きに応じた符号は成分に現れるのである．また，$\vec{F_3}$ について，何も考えずに一つ覚えで x 成分に $\cos\theta$，y 成分に $\sin\theta$ を使うのは間違いである．θ が x 軸からの角度ではないので，図 4.11 をよく見て考えよう．x 成分は符号にも注意しなければならない．

運動方程式の中のベクトルを成分表示でおきかえると，

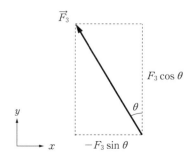

図 4.11 $\vec{F_3}$ の成分

$$m\begin{pmatrix}\ddot{x}\\ \ddot{y}\\ \ddot{z}\end{pmatrix}=\begin{pmatrix}F_1\\ 0\\ 0\end{pmatrix}+\begin{pmatrix}0\\ -F_2\\ 0\end{pmatrix}+\begin{pmatrix}-F_3\sin\theta\\ F_3\cos\theta\\ 0\end{pmatrix}\quad[\text{N}] \tag{4.24}$$

と書ける．$\ddot{\vec{r}}$ の各成分は，(3.1) の $\vec{r}$ の各成分を微分したものである．これを各成分の式に分けると，

$$\begin{cases} m\ddot{x} = F_1 \;(+0) \;-F_3\sin\theta & [\text{N}]\\ m\ddot{y} = (0) \;-F_2 \;+F_3\sin\theta & [\text{N}]\\ m\ddot{z} = 0 \;(+0) \;(+0) & [\text{N}] \end{cases} \tag{4.25}$$

となる．これらが各成分の運動方程式である．y 成分の式を見ると，$\vec{F_2}$ が y 軸の負の向きを向いているのに対応して，$\vec{F_2}$ の y 成分の大きさ F_2 が引かれることになるのがわかる．ベクトル和をとるときに誤って $\vec{F_2}$ に負符号をつけると，ここで F_2 を足すことになってしまう．◆

ここでは，ベクトル形式で運動方程式を立ててから，成分ごとの式に分けた．しかし，慣れてくると，はじめから成分ごとの運動方程式を立てられるようになる．例えば，x 成分の運動方程式を見ると，右辺はそれぞれの外力の x 成分を足しているだけである．力の大きさを使って成分を表しているので，成分が負の場合は引き算になっている．これは負の成分を「足している」と解釈すればよい．

類題 4.2 各成分の運動方程式の立て方

質量 m で位置 $\vec{r}$ にある物体に，$\vec{F_1}=(-F_a,0,F_b)$ と $\vec{F_2}=(F_c,-F_d,-F_e)$ の外力が作用している．物体の運動方程式を立てなさい．

4.3 運動方程式の使用例

ここでは，運動方程式の使い方を理解するために，実際の運動を例にした例題をいくつか挙げる．その際，物体の大きさが無視できるくらい小さいか，あるいは大きさが運動に影響しない場合を扱うことにする．

実は，これまでも物体の大きさを特に意識せず，物体の位置として物体のある点（例えば中心）を用いていた．これは，物体を質量をもった点として扱うことに相当する．物体をこのように扱うとき，**質点**とよぶ．

4.3.1 重力に関する運動の例

まずは，重力に関する運動の例を考えてみよう．

例題 4.7 2本の糸で吊り下げた物体

質量 m の小さな物体（質点）が，同じ長さの2本の糸で天井から吊り下げられて静止している（図 4.12）．糸と天井のなす角を θ，物体の位置ベクトルを $\vec{r}$，2本の糸の張力をそれぞれ $\vec{T_1}$, $\vec{T_2}$，物体に作用する重力を $\vec{F}$，重力加速度の大きさを g とする．T_1 を最小にする θ を求めなさい．

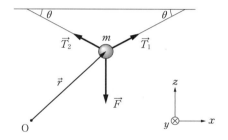

図 4.12　2本の糸で吊り下げた物体

解 まず，物体の運動方程式を立てる．ベクトル形式では，
$$m\ddot{\vec{r}} = \vec{T_1} + \vec{T_2} + \vec{F} \quad [\text{N}] \tag{4.26}$$
となる．右辺には，注目している物体に作用する力をすべて挙げなければならない．そのために，注目している物体に何が接触しているかを確認する．物と物が接しているところでは，必ず力が発生するからだ．

まず，糸が物体に接している（図 4.13）．糸の各断面には張力がはたらいているので，物体は糸との接触面で糸の張力によって引っ張られる．したがって，張力 $\vec{T_1}, \vec{T_2}$ を図にも描き込む．ところで，作用・反作用で物体も糸を引っ張る．しかし，これは物体に作用する力ではないので，図に描き込んではならない．描き込むと混乱するだけである．糸に作用する力なので，糸の運動方程式を立てる場合は必要であるが，物体の運動方程式には不要である．

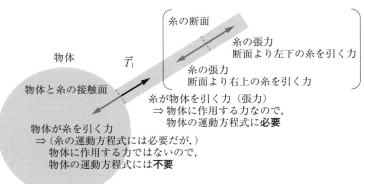

図 4.13 物体に作用する糸の張力

他に物体に接しているものはないか？ 空気が接触している．物体の表面には大気圧が垂直にかかる（図 4.14）．話を簡単にするために，物体が球だとする．球面上のある微小面とそれに向かい合った微小面は，空気によってそれぞれ逆向きに押される．その結果，力が打ち消し合い（つり合い），物体が空気から受ける力の合力は全体でもゼロになる．

厳密にいうと，大気圧は高度によって変わる．球の上方より下方の方が大気圧は大きい．その差圧が，物体を上向きに持ち上げる力となる．これが物体が空気中で受ける**浮力**である（図 4.15）．ここでは物体が質点だとしよう．そうすると，大気圧の高度差が無視できるので，浮力も無視できる．したがって，運動方程式の右辺にも書かないし，図にも描き込まない．

もう他には物体に接触しているものはないが，まだ安心できない．離れていても作用する力がある．地球による重力 $\vec{F}$ である．重力は質量 m に比例する．その比例係数は重力加速度の大きさ g なので[†9]，
$$|\vec{F}| \propto m \iff |\vec{F}| = mg \quad [\text{N}] \tag{4.27}$$

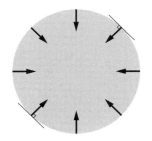 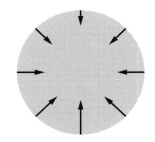

図 4.14 物体に作用する大気圧　　**図 4.15** 物体に作用する大気圧による浮力

[†9] 地上の重力加速度は場所によって異なるが，標準重力加速度は 9.80665 m/s^2 と定められている．本書では，有効数字 2 桁の 9.8 m/s^2 という値を用いることにする．

である．重力も図に描き込んでおく．

さて，これらの外力 $\vec{T}_1, \vec{T}_2, \vec{F}$ を成分で表すために，座標軸として図 4.16 に示したように水平右向きに x 軸，鉛直上向きに z 軸をとると，

$$\vec{T}_1 = \begin{pmatrix} T_1 \cos\theta \\ 0 \\ T_1 \sin\theta \end{pmatrix}, \quad \vec{T}_2 = \begin{pmatrix} -T_2 \cos\theta \\ 0 \\ T_2 \sin\theta \end{pmatrix}, \quad \vec{F} = \begin{pmatrix} 0 \\ 0 \\ -mg \end{pmatrix} \quad [\text{N}] \tag{4.28}$$

となる．ここで，張力の大きさを $|\vec{T}_1| = T_1$, $|\vec{T}_2| = T_2$ とした（図 4.16, 4.17）．

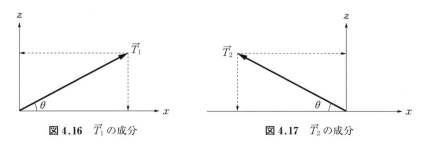

図 4.16　$\vec{T}_1$ の成分　　　　　　　図 4.17　$\vec{T}_2$ の成分

これらを運動方程式に代入して，x, y, z 成分の 3 つの式に分ければ各成分の運動方程式が得られるが，ここでは，各ベクトルから成分を拾い出しながら，成分ごとの運動方程式を直接立ててしまうと，

$$\begin{cases} m\ddot{x} = T_1 \cos\theta - T_2 \cos\theta \quad (+0) & [\text{N}] \\ m\ddot{y} = \quad\quad 0 \quad\quad (+0) \quad (+0) & [\text{N}] \\ m\ddot{z} = T_1 \sin\theta + T_2 \sin\theta - mg & [\text{N}] \end{cases} \tag{4.29}$$

となる．この運動方程式を解くと，物体の速度と位置が求まる．つまり運動がわかる．ところが，物体が静止していることがわかっているので，逆に，この運動方程式を使うと，「静止」という運動の状態になるための力の条件がわかるのである．

そこで，まずは「静止」を式で表すと，(4.19) と同様に，

$$\vec{r}(t) = \text{const.} \ [\text{m}] \iff \dot{\vec{r}}(t) = \vec{0} \ [\text{m/s}] \Rightarrow \ddot{\vec{r}}(t) = \vec{0} \ [\text{m/s}^2] \tag{4.30}$$

である．加速度がゼロなので $\ddot{x} = \ddot{y} = \ddot{z} = 0$ を運動方程式に代入すると，

$$\begin{cases} 0 = T_1 \cos\theta - T_2 \cos\theta & [\text{N}] \\ (0 = \quad\quad 0 & [\text{N}]) \\ 0 = T_1 \sin\theta + T_2 \sin\theta - mg & [\text{N}] \end{cases} \tag{4.31}$$

となる．このまま連立方程式を解いてもよいが，少し式変形をすると，

$$\begin{cases} T_1 \cos\theta = T_2 \cos\theta & [\text{N}] \\ T_1 \sin\theta + T_2 \sin\theta = mg & [\text{N}] \end{cases} \tag{4.32}$$

となる．これらは，x, z 方向それぞれでの力のつり合いを表している．つり合いを表す式は，特殊な式ではないのである．つまり，「静止」という条件を使うだけで，基本法則である運動方程式から導けるのである．

さて，連立方程式を T_1, T_2 について解くと，

$$T_1 = T_2 = \frac{mg}{2\sin\theta} \quad [\text{N}] \tag{4.33}$$

が得られる．T_1 と T_2 が等しいのは，糸や物体の配置の対称性からも予想がつく．さらに，張力が最小になるのは $\sin\theta$ が最大値 1 になるときなので，$\theta = \pi/2$ のときである．これは，2 本の糸を鉛直にして吊り下げた場合である．そのとき，1 本の糸の張力は重力の半分になる．◆

ちなみに，張力が最大になるのは $\theta = 0$ のときであるが，張力が無限大になるので，たいていの糸は切れてしまうだろう．2 本の糸を水平に張って物体を保持することは困難だということがわかる．

類題 4.3 糸で吊り下げたおもり

質量 m のおもりに糸をつけて天井から吊り下げた．さらに，おもりの横に別の糸をつけて水平方向に引くと，天井につけた糸が鉛直方向と角 $30°$ をなした．水平な糸の張力を求めなさい．

例題 4.8 重力中での物体の運動

時刻 $t=0$ に，質量 m の物体に高さ h で鉛直方向に初速度 v_0 を与えた．その後の時刻 t における物体の速度と位置を求めなさい．

（注） 問題を解く前に，「初速度 v_0 を与えた」という文について 2 つほど確認しておく．

1 つ目は，「初速度」は「初速」ではないということである．「速度」なので向きがあり，v_0 は正負の値を取り得る．鉛直上向きを正とすると，$v_0 > 0$ なら「初速 v_0 で投げ上げる」ことに，$v_0 < 0$ なら「初速 $|v_0|$ で投げ落とす」ことに，$v_0 = 0$ なら[†10]「自由落下させた」ことになる．図 4.18 は，v_0 を仮に正とした投げ上げの場合である．

2 つ目は，物体に初速度を与えるには，もちろんなんらかの力が必要である．例えば上向きの初速度を与えるには，手で物体を下から持ち上げてきて $t=0$ の瞬間に手を放すか，$t=0$ の瞬間に物体をハンマーで下から叩き上げて撃力（瞬間的な力）を与えればよい．いずれにしても注意してほしいのは，初速度を与えるには力が必要だが，初速度は力ではないということと，物体に初速度を与えるのに必要だった力が，$t=0$ より後は物体にはもう作用していないということである．しかし，図 4.18 のように初速度 v_0 を矢印（ベクトル）で描き込むと，それが力に見えてしまうのか，運動方程式にも初速度を書き入れてしまう人がいる．そのような人は，初速度は力ではないので運動方程式には登場しないことと，運動方程式は $t=0$ より後の物体の運動について立てるのだということをはっきりと認識しなければならない．

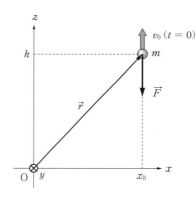

図 4.18 物体の投げ上げ（投げ落とし）．$t=0$ のときの図．y 軸を表すために，紙面に垂直で裏向きであることを示す記号 $\otimes$ を使っている．

解 物体の運動を知るためには，第二法則である運動方程式を立てるのであるが，その前に，第一法則に従う慣性系を決めなければならない．ここでは図 4.18 のように，地面を xy 平面とし，鉛直上向きの z 軸を使う[†11]．この座標系での物体の位置ベクトルを $\vec{r}$，物体に作用する重力を $\vec{F}$ とすると，

$$\vec{r} = \begin{pmatrix} x \\ y \\ z \end{pmatrix} \,[\mathrm{m}], \quad \vec{F} = \begin{pmatrix} 0 \\ 0 \\ -mg \end{pmatrix} \,[\mathrm{N}] \tag{4.34}$$

である．運動方程式を立てると，

$$m\ddot{\vec{r}} = \vec{F} \quad [\mathrm{N}] \tag{4.35}$$

[†10] 「初速度ゼロを与える」ということになり違和感があるが，そこまで気にしないことにする．

[†11] 厳密には，地球は自転と公転をしているので，これは慣性系ではない．しかし，その加速度運動の効果はたいていは無視できる程度であるため，地球（地面）に固定した座標系を慣性系として用いることが多い．ちなみに，重力加速度は地球による万有引力だけでなく，地球の自転による遠心力も加味されている．

である．または，初速度の x, y 成分がゼロで，右辺の力の x, y 成分もゼロであることから，z 方向にしか運動しないことを見通せるようになれば，いきなり，運動方程式の z 成分のみを立ててもよい．

$$mz̈ = -mg \quad [\text{N}] \tag{4.36}$$

ここで，運動方程式と称して，m を消去した式 $z̈ = -g$ を書いてはいけない．これは加速度の式であり，運動方程式とは別物である（書いた人の伝えたいことや意識が全く違うのである）．運動方程式を立てたところで，物理としては半分完了である．

　次に，この運動方程式を解く．この段階では，単に微分方程式を解くことになるので，もう運動方程式の形にこだわることはない．まず m を消去し，両辺を t で積分していく．途中の積分定数を c_1, c_2 とすると，

$$z̈(t) = -g \quad [\text{m/s}^2] \tag{4.37}$$

$$ż(t) = \int (-g) \, dt = -gt + c_1 \quad [\text{m/s}] \tag{4.38}$$

$$z(t) = \int (-gt + c_1) \, dt = -\frac{1}{2}gt^2 + c_1 t + c_2 \quad [\text{m}] \tag{4.39}$$

となる．z が時間 t の関数であることを再認識するために，z に (t) をつけた．これで運動方程式が解けて，物体の速度 $ż(t)$ と位置 $z(t)$ が求まった．まだ未定定数 c_1, c_2 が残っているが，これ以上の情報がなければ，もうこれで終わるしかない．たいていの場合，未定定数を求めるための情報は初期条件として与えられるが，この問題文では「$t = 0$ に … 高さ h で鉛直方向に初速度 v_0」がそれである．

　この一文を式で表すと，

$$\begin{cases} ż(0) = v_0 \quad [\text{m/s}] \\ z(0) = h \quad [\text{m}] \end{cases} \tag{4.40}$$

である．$ż(t), z(t)$ の式に $t = 0$ を代入して，この初期条件と比べると，

$$\begin{cases} ż(0) = -g \cdot 0 + c_1 = c_1 = v_0 \quad [\text{m/s}] \\ z(0) = -\frac{1}{2}g \cdot 0^2 + c_1 \cdot 0 + c_2 = c_2 = h \quad [\text{m}] \end{cases} \tag{4.41}$$

となる．求まった c_1, c_2 を $ż(t), z(t)$ の式に代入すると，

$$\begin{cases} ż(t) = -gt + v_0 \quad [\text{m/s}] \\ z(t) = -\frac{1}{2}gt^2 + v_0 t + h \quad [\text{m}] \end{cases} \tag{4.42}$$

となり，物体の運動が求まった．この答を覚える必要はない．なぜなら，答の式の形は座標の取り方や，初期条件によってさまざまに変化するからである．そのすべてを覚えようとするのは無謀である．運動方程式を立てて，この答を導けるようになればよい．◆

　運動方程式を立てたところで，物理は半分完了と述べた．しかし，運動方程式を解いたのは，数学の微積分を道具として使って微分方程式を解いたのであって，物理ではない[†12]．残り半分の物理は，この答である．ただし，答を得ただけでは，残り半分の物理が完了したとはまだいえない．

　答を実際の現象と結びつけることができて，初めて完了である．得られた関数 $ż(t), z(t)$ から物体の運動を想像できるだろうか？　それが見えないようなら，答を吟味する必要がある．それは章末問題 [4.4] で行う．

類題 4.4 **重力中での物体の運動**

　質量 200 g のボールを高さ 2.0 m から真上に初速 5.0 m/s で投げた．ボールが最高点に到達する時間とそのときの高さを求めなさい．

---

†12　しかし，数学なしでは物理の答に到達できない．数学をしっかり修得しよう．

4.3.2 摩擦力に関する運動の例

水平な床の上に質量 m の物体を置くと，物体は床から垂直抗力 N を受ける（図 4.19）．このときの物体の運動方程式は，鉛直上向きの z 軸を使って，

$$m\ddot{z}(t) = N - mg \quad [\text{N}] \tag{4.43}$$

となる．物体の位置のある点（例えば重心）の z 座標を $z(t)$ とおいた．この場合，物体の大きさは気にしておらず，質点として扱ってよい[13]．（床がへこまなければ）物体は静止するはずなので，

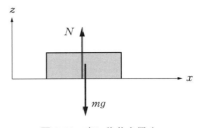

図 4.19 床に物体を置く．

$$z(t) = \text{const.} \ [\text{m}] \iff \dot{z}(t) = 0 \ [\text{m/s}] \Rightarrow \ddot{z}(t) = 0 \ [\text{m/s}^2] \tag{4.44}$$

である．これを運動方程式に代入すると，

$$0 = N - mg \iff N = mg \quad [\text{N}] \tag{4.45}$$

が得られる．

物体が床から受ける垂直抗力が物体に作用する重力に等しいことがわかった．この結果を当り前と思っていなかっただろうか？「物体に作用する重力の反作用で，重力と同じ大きさの垂直抗力を床から受ける」と．この直観の後半は正しいが，前半は間違った表現である．直感だけに頼っていると間違うことがあるので，基本（この場合は運動方程式）に立ち戻って確認することは大切である．

物体と床の接触面では，物体の原子は床の原子から電気的な反発を受ける．その合計が床からの垂直抗力 N である．逆に，床が物体から受ける力 F もその実体は電気力なのである．

つまり，垂直抗力 N は F の反作用であって，重力の反作用ではないのである．運動方程式から $N = mg$ であることがわかって，はじめて F の大きさが重力に等しいことがわかるのである．

この物体を水平方向に引くことを考える（図 4.20）．床が滑らかでない場合，軽い力で引いただけでは物体は動かない．このとき，床からの抗力 N' は物体を引く向きとは反対側に傾く．抗力が接触面に垂直な成分である垂直抗力 N だけでなく，引く力に対抗する水平な成分である摩擦力 R ももつようになる．N, R は，床から物体に作用する実際の力 N' の分力である．これらの分力について，アモントン – クーロンの法則（摩擦の法則）とよばれる経験則を説明する[14]．

物体を引くことによって，抗力 N' が接触面に垂直な方向から傾く角度を θ とする．つまり，抗力 N' と垂直抗力 N のなす角である（図 4.21）．すると，摩擦力 R と垂直抗力 N の比は

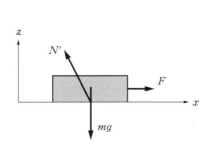

図 4.20 摩擦のある床で物体を引く．

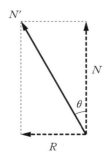

図 4.21 抗力の分力：摩擦力と垂直抗力

---

[13] 重力も本当は物体の各点の質量に作用するが，その合計が重心に作用しているとしてよい．これについては「剛体」で詳しく扱う．

[14] 実際の摩擦力は必ずしもこの法則に従うとは限らず，それほど単純ではない．

$\tan\theta$ となり，物体が静止しているときと，動いているときで，次のような性質をもつ．

$$\frac{R}{N} = \tan\theta \begin{cases} \leq \mu & : \text{静止しているとき} \Rightarrow \theta \text{は変化} \\ = \mu' & : \text{動いているとき} \Rightarrow \theta \text{は一定} \end{cases} \quad (4.46)$$

μ は**静止摩擦係数**，μ' は**動摩擦係数**とよばれる定数で，垂直抗力の大きさや接触面積にはよらず，物体と床の接触面の材質と状態（平滑度，乾燥度など）で決まり，$\mu > \mu'$ である．これらの係数を使うと，摩擦力は，

$$R = \begin{cases} N\tan\theta \leq \mu N & : \text{静止摩擦力} \quad (\text{変化する}) \\ \mu' N & : \text{動摩擦力} \quad (\text{一定}) \end{cases} \quad (4.47)$$

と表せる．静止摩擦力の最大値 μN を**最大静止摩擦力**という．それに対して，動摩擦力は一定である．動摩擦力を R' と表記して，静止摩擦力と区別することもある．

静止している物体を引くと摩擦力 R として静止摩擦力が発生し，引く力に応じて最大静止摩擦力 μN まで大きくなる．それを超えると物体は動き出す．物体が動き始めると摩擦力 R は動摩擦力 $\mu' N$ に切りかわる．$\mu > \mu'$ であるため，動摩擦力は最大静止摩擦力よりも小さくなる．

例題4.9 静止摩擦力

水平な鉄の床の上に質量 m の鉄の物体を置いて，水平方向に徐々に力を強めながら引いた．物体が動き出す直前の力の大きさを求めなさい．物体と床の静止摩擦係数を $\mu = 0.7$ とする．

解 まずは，座標系を決める．例えば，鉛直上向きに z 軸をとり，水平方向には，物体を引く力の向きを正の向きとする x 軸をとる．次に，物体の運動方程式を立てよう（図4.22）．そのために，物体に作用する力をすべて図に描き込む．物体を引く力 F，物体に作用する重力 mg，抗力 N' である．抗力については，x, z 方向の分力である摩擦力 R と垂直抗力 N を描き込む方が便利である．その場合，もとの抗力 N' まで描き込むと重複になるので描き込んではいけない．ここでは mg, F, N, R を大きさとし，それぞれの向きは図に描き込むことにする[15]．

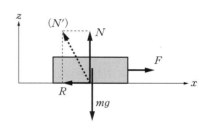

図4.22 物体の運動方程式を立てる．

さて，運動方程式をベクトルで立てるのを省略して，いきなり成分ごとに立ててみる．まず，運動方程式の x 成分について，図中の矢印の向きに従って成分の符号を考えながら式を立てると，

$$m\ddot{x} = F - R \quad [\text{N}] \quad (4.48)$$

となる．次に，運動方程式の z 成分については，

$$m\ddot{z} = N - mg \quad [\text{N}] \quad (4.49)$$

となる．後は，この運動方程式を解けばよいのだが，その前に，この物体の運動について何か特徴がないかを考えてみる．

まずは，z 方向について．物体が静止していても，動き出しても，z 方向には動かないことが予

---

[15] ちなみに，本当の力の向きと逆向きの矢印を描き込んだ場合は，その力については負の答が得られる．大きさが負になることはないので，向きが逆だったということがわかる．

46   4. 運動方程式

想される[16]. したがって,

$$z(t) = \text{const.} \;\; [\text{m}] \;\; \Longleftrightarrow \;\; \dot{z}(t) = 0 \;\; [\text{m/s}] \;\; \Rightarrow \;\; \ddot{z}(t) = 0 \;\; [\text{m/s}^2] \tag{4.50}$$

となる. これを運動方程式の z 成分に代入すると,

$$0 = N - mg \;\; \Longleftrightarrow \;\; N = mg \;\; [\text{N}] \tag{4.51}$$

となる. 運動方程式から $\dot{z}(t), z(t)$ を求める代わりに, それらがあらかじめわかっていることで, 逆に力の方が求まった. この結果から, 垂直抗力は物体を引く力によらず一定であることがわかる.

次に, x 方向について. この問題では, 物体が動き出す直前までの静止している状態を考えればよい. x 方向の位置も変わらないので,

$$x(t) = \text{const.} \;\; [\text{m}] \;\; \Longleftrightarrow \;\; \dot{x}(t) = 0 \;\; [\text{m/s}] \;\; \Rightarrow \;\; \ddot{x}(t) = 0 \;\; [\text{m/s}^2] \tag{4.52}$$

となる. これを運動方程式の x 成分に代入すると,

$$0 = F - R \;\; \Longleftrightarrow \;\; F = R \;\; [\text{N}] \tag{4.53}$$

となる. 引く力 F に応じて静止摩擦力 R が変化するのである.

さて, F を大きくすると, R がやがて最大静止摩擦力 $R = \mu N$ に達する. したがって, 物体を引く力も $F = \mu N$ が最大値である. それを超える力で物体を引くと物体は動き出す. つまり, これが物体が動き出す直前の力である. そこで, この式に $\mu = 0.7$ と $N = mg$ を代入すると,

$$F = \mu N = \underline{0.7\, mg} \;\; [\text{N}] \tag{4.54}$$

となって, 答が求まる. ◆

━━━ **類題 4.5** 静止摩擦力

水平の氷の上に質量 2 kg の鉄の物体を置いて, 水平方向に徐々に力を強めながら引いたところ, 力が 0.6 N を超えたときに物体が動き出した. 物体と氷の静止摩擦係数を求めなさい.

━━━ **例題 4.10** 動摩擦力 ━━━━━━━━━━━━━━━━━━━━━━━

水平な鉄の床の上で, 質量 m の鉄の物体を一定の力で水平に引いて動かしている. 物体が等速度運動をしているとき, 物体を引く力の大きさを求めなさい. 物体と床の動摩擦係数を $\mu' = 0.5$ とする.

━━

解 座標系は, 物体が静止していたときと同じ x, z 軸を使えばよい. 運動方程式を立てるために描く図も同じ図になる. さらに, 図に描き込むべき力も同じである. したがって, 運動方程式も同じになる.

$$\begin{cases} m\ddot{x} = F - R \;\; [\text{N}] \\ m\ddot{z} = N - mg \;\; [\text{N}] \end{cases} \tag{4.55}$$

そして, z 方向の物体の運動の特徴も同じなので,

$$0 = N - mg \;\; \Longleftrightarrow \;\; N = mg \;\; [\text{N}] \tag{4.56}$$

となるのも同じである. しかし, x 方向の物体の運動は違っている. 物体が動いているので, 摩擦力 R は動摩擦力である. したがって,

$$R = \mu' N = \mu' mg \;\; [\text{N}] \tag{4.57}$$

となる.

ここで, 物体が単に動いているという情報だけであれば, これを運動方程式の x 成分に代入して,

$$m\ddot{x} = F - \mu' mg \;\; [\text{N}] \tag{4.58}$$

しか得られない. 式が 1 つだけなので, 求まるのは何か 1 つだけである. したがって, $m, \ddot{x}, F, \mu'$ のうち 3 つは既知でなければならない. m, F, μ' が既知なら, $x(t)$ を未知関数とする微分方程式を解い

━━━━━━━━━━━━━━━━━━━━━━━━

[16] 物体が勝手に飛び跳ねたり, 床にめり込む場合は, 別途考えなければならない.

て，$\dot{x}(t), x(t)$ を求めることができる．この問題では，m, μ' が既知で F を求めるので，$\ddot{x}(t)$ について，x 方向の運動の特徴から情報を引き出す必要がある．それが「（x 方向への）等速度運動」である．

この一文を式で表すと，

$$\dot{x}(t) = \text{const.} \ [\text{m/s}] \iff \ddot{x}(t) = 0 \ [\text{m/s}^2] \tag{4.59}$$

となる．この場合，x 方向の速度と加速度の式が同値である（右から左へも戻れる）．それはさておき，これと動摩擦係数 μ' の値を運動方程式の x 成分に代入すると，

$$0 = F - \mu' mg \iff F = \mu' mg = \underline{0.5\,mg} \ [\text{N}] \tag{4.60}$$

となって，答が求まる．◆

ここで，静止している物体が動き出すときの変化を考えてみる．物体が静止しているとき，例題 4.9 より $F = R$ なので，物体を引く力 F を徐々に大きくすると，それに追従して静止摩擦力 R も大きくなり，やがて最大静止摩擦力 $R = \mu mg$ に達する．そのときの運動方程式は，

$$m\ddot{x} = F - R = F - \mu mg \ (=0) \ [\text{N}] \tag{4.61}$$

である．そして，F が少しでも $R = \mu mg$ を超えた瞬間に，右辺がゼロではなくなる（正の値になる）．つまり，$\ddot{x} > 0$ となって加速度が生じ，物体が動き出す．すると，最大静止摩擦力 $R = \mu mg$ が動摩擦力 $R = \mu' mg$ に変化するので，摩擦力が小さくなる（$\mu > \mu'$ を思い出そう）．このときの運動方程式は例題 4.10 より，

$$m\ddot{x} = F - \mu' mg \ (> 0) \ [\text{N}] \tag{4.62}$$

である．これより，物体が動き出した後は，物体を引く力を弱めても，それが動摩擦力以上であれば加速度が負にならないので，物体は減速せずに動き続ける．

このように，摩擦力が作用する場合，物体が動き出すまでの方が，物体が動いているときよりも大きな力が必要となる．したがって，物体を移動させるときは，物体がいったん動きはじめたら，できれば途中で止まらないように目的の場所まで動かし続ける方が楽なのである．

類題 4.6 **動摩擦力**

水平なコンクリートの上で質量 5.0 kg のゴムを水平に 40 N の力で引いたところ，加速度 0.16 m/s^2 で移動した．コンクリートとゴムの動摩擦係数を求めなさい．

4.4 二体問題

2 つの物体がお互いに力を作用し合うことを**相互作用**という．例えば，太陽と地球は万有引力によってお互いに引き合っている．他にも，物質は原子からできているが，その原子の中では正電荷の原子核と負電荷の電子が電気力でお互いに引き合っている．これらの相互作用は，もちろん作用と反作用の関係にある．

このような 2 つの物体（2 体）の運動を扱う場合も，まずは運動の第二法則である運動方程式をそれぞれの物体について立てればよい．そこから先は，それぞれの運動方程式を別々に扱ってもよい．しかし，その中に含まれる相互作用の力は作用と反作用の関係にある．それを使わないのはもったいない．つまり，4.1 節の運動の第三法則（作用反作用の法則）を適用するのである．作用反作用の法則を介して 2 つの運動方程式を組み合わせることで，2 体の重心運動と相対運動が調べられる．

例題 4.11 2体の運動方程式

質点1と質点2について，質量を m_1, m_2，位置ベクトルを $\vec{r}_1, \vec{r}_2$，質点1に質点2から作用する力を $\vec{F}_{12}$，質点2に質点1から作用する力を $\vec{F}_{21}$ とする．それぞれの質点について運動方程式を立てなさい．

解 図4.23を見ながらそれぞれの質点について運動方程式を立ててみよう．図のどこを見ればよいだろうか？ 運動方程式を立てるときは，どの物体についての運動方程式を立てようとしているのかを，はっきりと意識することである．質点1について運動方程式を立てようとするのであれば，質点1だけを見る．このとき質点2は見ない．質点1に関する $m_1, \vec{r}_1, \vec{F}_{12}$ だけを見る．$\vec{F}_{21}$ はどうするか？「質点1から作用する力」なので質点1に関するものだろうか？ 惑わされてはいけない．質点1の運動方程式には「質点1に作用する力」だけを書く．$\vec{F}_{21}$ は「質点2に作用する力」なので，今は見ない．

そうすると質点1の運動方程式は，

$$m_1 \ddot{\vec{r}}_1 = \vec{F}_{12} \text{（質点1に作用する力）} \quad [\text{N}] \tag{4.63}$$

である．次に，質点2の運動方程式を立てる．今度は質点1は見ないで，質点2だけを見ればよい．

$$m_2 \ddot{\vec{r}}_2 = \vec{F}_{21} \text{（質点2に作用する力）} \quad [\text{N}] \tag{4.64}$$

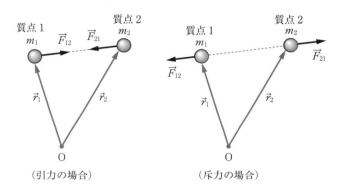

図 4.23 2体の相互作用

例題 4.12 2体の相互作用（作用・反作用）

$\vec{F}_{12}$ と $\vec{F}_{21}$ が作用・反作用の関係にあることを表す式を書きなさい．

解 これらの力が作用・反作用であることを式で表すには，

$$\vec{F}_{12} = -\vec{F}_{21} \iff \vec{F}_{12} + \vec{F}_{21} = \vec{0} \quad [\text{N}] \tag{4.65}$$

と書けばよい．引力の場合でも斥力の場合でも同じ式で表せる．◆

さて，これで運動の第二法則と第三法則を式で表し[17]，準備は整った．後は，それぞれの運動方程式を解いてもよいが，以下では，これらの運動方程式を連立し，さらに作用・反作用の式も使って，質点1と質点2の重心の運動と相対運動を調べることにする．

4.4.1 重心の運動

二体問題の場合は，2個の質点の重心を考えればよい．しかし，ここでは2個の質点にこだわらず，もっと普遍的な例として，複数の質点の重心の求め方も考えてみる．

---

[17] 運動方程式を立てる際に使用した座標系に触れていないが，それは慣性系である．慣性系であることを判定するために，運動の第一法則を使ったことになる．

複数の質点の重心

例題 4.13 1次元における 2 個の質点の重心

質量 m_1, m_2 の 2 個の質点が，x 軸上の x_1, x_2 にあるとする．2 個の質点の重心 x_G を求めなさい．

解 まずは，最も単純な場合を考えてみる．質量が等しく $m_1 = m_2 (= m)$ のとき，重心 x_G は 2 個の質点の真ん中である．これを式で表すと，

$$x_G = \frac{x_1 + x_2}{2} \quad [\mathrm{m}] \tag{4.66}$$

である．つまり，位置座標の平均値である．

次に，$m_1 \neq m_2$ の場合の重心を考える．この場合は，2 個の質点の真ん中にはならない．重心は質量の重い質点の方に寄る．つまり，重心までの距離が短くなる．逆に，軽い方の質点から重心までの距離は長くなる．この距離の比は，質量の比の逆比になる．したがって，

$$(x_G - x_1) : (x_2 - x_G) = m_2 : m_1 \tag{4.67}$$

である．内項と外項の積が等しいことを使って x_G について解くと，

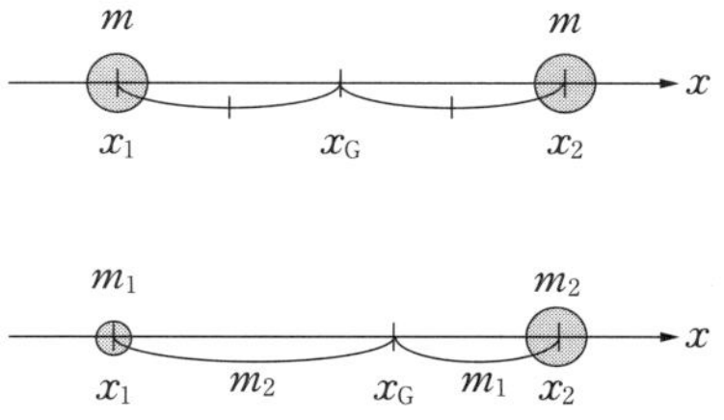

$$m_1(x_G - x_1) = m_2(x_2 - x_G)$$
$$(m_1 + m_2)x_G = m_1 x_1 + m_2 x_2$$

$$x_G = \frac{m_1 x_1 + m_2 x_2}{m_1 + m_2} \quad [\mathrm{m}] \tag{4.68}$$

と求まる[18]．（図 4.24）．◆

図 4.24 2 体の重心

さて，(4.68) の形を見ると，分子はそれぞれの質点の質量を掛けた位置座標の和になっている．先ほどの位置座標の平均と比べると，余分なもの，つまり質量が掛かっている．そして，分母はその余分なものである質量の和になっている．この式の単位を考えると，分母分子の質量は打ち消し合って，長さの単位だけが残る．これは，答である重心が長さの単位をもつことと合っている．単に単位がそろっているだけでなく，実は，位置座標の平均を求めるときに質量を「**重み**」として掛けることには意味がある．ここでいう重みとは，質量という意味ではなく，各質点の位置座標が，答である重心に影響する重みである．

質点の位置座標に，質量を重みとして掛けると，質量が大きいほど，答である重心座標への寄与が増大する．これは，質量が大きいほど，重心の位置がその質点に近づく（影響される）ことに対応しているのである．このように，ある量に重みを掛けて，その重みの総和で割る計算を**加重平均**という．重心は，質量を重みとした座標の加重平均である．

その他の例として，例えばある試験の平均点は，各得点に得点ごとの人数を掛けて，人数の合計で割って求めると，人数を重みとした得点の加重平均といえる．

ところで，話を質点が n 個ある場合に拡張するとどうなるだろうか？ 質量を重みとした加重平均である重心は次のように表せる．

---

[18] 重心は，重力による力のモーメントからも求められる（章末問題 [11.11]）．

$$x_\text{G} = \frac{m_1 x_1 + m_2 x_2 + \cdots + m_n x_n}{m_1 + m_2 + \cdots + m_n} = \frac{\sum_{i=1}^{n} m_i x_i}{\sum_{i=1}^{n} m_i} \quad [\text{m}] \tag{4.69}$$

さらに 3 次元の場合は，(4.69) の x を y に代えれば y 成分の式が得られる．z 成分も同様である（ぜひ，自分で書いてみよう）．それら各成分の 3 つの式は，まとめてベクトルの式で表せる．各ベクトルを

$$\vec{r}_\text{G} = \begin{pmatrix} x_\text{G} \\ y_\text{G} \\ z_\text{G} \end{pmatrix}, \quad \vec{r}_1 = \begin{pmatrix} x_1 \\ y_1 \\ z_1 \end{pmatrix}, \quad \cdots, \quad \vec{r}_n = \begin{pmatrix} x_n \\ y_n \\ z_n \end{pmatrix} \quad [\text{m}] \tag{4.70}$$

とすると，質量を重みとした位置ベクトルの加重平均である重心は次のように表せる．

$$\vec{r}_\text{G} = \frac{m_1 \vec{r}_1 + m_2 \vec{r}_2 + \cdots + m_n \vec{r}_n}{m_1 + m_2 + \cdots + m_n} = \frac{\sum_{i=1}^{n} m_i \vec{r}_i}{\sum_{i=1}^{n} m_i} \quad [\text{m}] \tag{4.71}$$

例題 4.14　太陽と地球の重心

太陽と地球の重心の位置を求めなさい．ただし，太陽の質量は $M = 2.0 \times 10^{30}$ kg，地球の質量は $m = 6.0 \times 10^{24}$ kg，太陽から地球までの距離は $r = 1.5 \times 10^{11}$ m とする（有効数字を 2 桁とした）．

解　太陽と地球を結ぶ線を x 軸とし，太陽の位置を X，地球の位置を x とすると，重心 x_G は，

$$x_\text{G} = \frac{MX + mx}{M + m} \quad [\text{m}] \tag{4.72}$$

である．ここで，太陽の位置を原点にとると $X = 0$，$x = r$ となるので，

$$x_\text{G} = \frac{M \cdot 0 + mr}{M + m} = \frac{6.0 \times 10^{24} \times 1.5 \times 10^{11}}{2.0 \times 10^{30} + 6.0 \times 10^{24}} = \underline{4.5 \times 10^{5}\,\text{m}}$$

と求まる．ちなみに，この距離（新横浜〜京都程度）は太陽の半径のわずか 0.06% である．つまり，太陽と地球の重心は太陽の中にあり，しかも太陽の中心付近に位置する．太陽はすごく重い．◆

類題 4.7　地球と月の重心

地球と月の重心の位置を求めなさい．ただし，地球の質量は $M = 6.0 \times 10^{24}$ kg，月の質量は $m = 7.3 \times 10^{22}$ kg，地球から月までの距離は $r = 3.8 \times 10^{8}$ m とする．

2 体の重心の運動

ここで，話を二体問題に戻すために (4.71) において $n = 2$ とすると，

$$\vec{r}_\text{G} = \frac{m_1 \vec{r}_1 + m_2 \vec{r}_2}{m_1 + m_2} \quad [\text{m}] \tag{4.73}$$

である（図 4.25）．さらに，この両辺を時間 t で微分していくと，

$$\dot{\vec{r}}_\text{G} = \frac{m_1 \dot{\vec{r}}_1 + m_2 \dot{\vec{r}}_2}{m_1 + m_2} \quad [\text{m/s}] \quad 重心の速度 \tag{4.74}$$

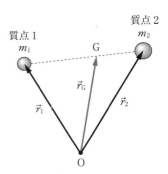

図 4.25　2 体の重心ベクトル

$$\ddot{\vec{r}}_G = \frac{m_1\ddot{\vec{r}}_1 + m_2\ddot{\vec{r}}_2}{m_1 + m_2} \quad [\text{m/s}^2] \quad 重心の加速度 \tag{4.75}$$

となり，重心の速度と加速度も得られる．

ところで，(4.75) の分子に現れた形に見覚えはないだろうか？ そう，運動方程式の左辺（質量 × 加速度）である．そこで，2 体のそれぞれの運動方程式である (4.63)，(4.64) を改めて書いておく．

$$\begin{cases} m_1\ddot{\vec{r}}_1 = \vec{F}_{12} & [\text{N}] \\ m_2\ddot{\vec{r}}_2 = \vec{F}_{21} & [\text{N}] \end{cases} \tag{4.76}$$

これらの式を重心の加速度の式 (4.75) の分子に代入してもよいのだが，ここでは，これらの運動方程式の両辺同士を加えてみる．

$$m_1\ddot{\vec{r}}_1 + m_2\ddot{\vec{r}}_2 = \vec{F}_{12} + \vec{F}_{21} \quad [\text{N}] \tag{4.77}$$

そうすると，(4.75) の分子が得られる．これを (4.75) に代入する代わりに，(4.75) の両辺に $m_1 + m_2$ を掛けた式と合わせると，

$$(m_1 + m_2)\ddot{\vec{r}}_G = m_1\ddot{\vec{r}}_1 + m_2\ddot{\vec{r}}_2 = \vec{F}_{12} + \vec{F}_{21} \quad [\text{N}] \tag{4.78}$$

となる．そして，全質量を $M = m_1 + m_2$ とすると，

$$M\ddot{\vec{r}}_G = \vec{F}_{12} + \vec{F}_{21} \quad [\text{N}] \tag{4.79}$$

と書ける．まるで重心 $\vec{r}_G$ に質量 M の質点があって，それにすべての力が作用しているかのような運動方程式になっている．しかし，実際はそうではない．ところが，そのように考えて運動方程式を立てることができるのである．

さて，右辺は作用と反作用の和になっている．したがって，(4.65) よりゼロ（ベクトル）である．両辺を M で割ることで

$$\ddot{\vec{r}}_G = \vec{0} \quad [\text{m/s}^2] \tag{4.80}$$

となる．結局，重心の加速度はゼロである．さらに時間 t で積分すると，

$$\dot{\vec{r}}_G = \text{const.} \quad [\text{m/s}] \tag{4.81}$$

であることがわかる．以上より，外力が作用しない 2 体の重心は等速度運動をする．

4.4.2 相対運動

2 体の運動を相対運動としてとらえる．これは，2 体のどちらかを基準として他方を観測し，観測対象の運動を捉えるということである．そのために，基準から見た相対的な対象の位置を表すベクトルが必要になる．例えば，質点 1 を基準とし，質点 2 を観測対象とする．図 4.26 のように地球から月を観測することを考えればよい．このとき，質点 1 から見た質点 2 の相対的な位置 $\vec{r}$ は，各質点の位置ベクトル $\vec{r}_1, \vec{r}_2$ を使って

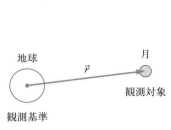

図 4.26 地球から見た月

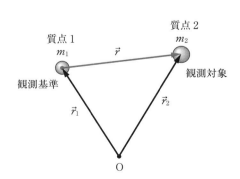

図 4.27 相対位置ベクトル

$$\vec{r} = \vec{r}_2 - \vec{r}_1 \quad [\text{m}] \tag{4.82}$$

と書ける（図 4.27）．そして，両辺を時間 t で微分していくと，

$$\dot{\vec{r}} = \dot{\vec{r}}_2 - \dot{\vec{r}}_1 \quad [\text{m/s}] \quad 相対速度 \tag{4.83}$$

$$\ddot{\vec{r}} = \ddot{\vec{r}}_2 - \ddot{\vec{r}}_1 \quad [\text{m/s}^2] \quad 相対加速度 \tag{4.84}$$

となり，質点 1 から見た質点 2 の相対速度と相対加速度が得られる．

この相対加速度に，2 体の運動方程式 (4.76) から求まる各質点の加速度 $\ddot{\vec{r}}_2 = \vec{F}_{21}/m_2$, $\ddot{\vec{r}}_1 = \vec{F}_{12}/m_1$ を代入すると，

$$\ddot{\vec{r}} = \frac{\vec{F}_{21}}{m_2} - \frac{\vec{F}_{12}}{m_1} \quad [\text{m/s}^2] \tag{4.85}$$

となる．これに (4.65) の $\vec{F}_{12} = -\vec{F}_{21}$ を代入すると，

$$\ddot{\vec{r}} = \frac{\vec{F}_{21}}{m_2} + \frac{\vec{F}_{21}}{m_1} = \left(\frac{1}{m_2} + \frac{1}{m_1}\right)\vec{F}_{21} \quad [\text{m/s}^2] \tag{4.86}$$

$$\frac{1}{\frac{1}{m_2} + \frac{1}{m_1}}\ddot{\vec{r}} = \vec{F}_{21} \quad [\text{N}] \tag{4.87}$$

となる．最後の式は運動方程式の形になっていることがわかるだろうか．

相対加速度 $\ddot{\vec{r}}$ に掛かる係数を，

$$\mu = \frac{1}{\frac{1}{m_2} + \frac{1}{m_1}} = \frac{m_1 m_2}{m_1 + m_2} \quad [\text{kg}] \tag{4.88}$$

とおくと，μ は質量の次元をもち，**換算質量**とよばれる．ここで，$\vec{F}_{21}$ は観測対象としている質点 2 に作用する力であり，観測対象が質点 2 だけである今は $\vec{F}$ と書けば十分である．また，その力は，万有引力にしろ電気力にしろ，一般に 2 体間の距離 r の関数となるので $\vec{F}(r)$ と書ける．

以上のおきかえにより，

$$\mu\ddot{\vec{r}} = \vec{F}(r) \quad [\text{N}] \tag{4.89}$$

と書ける．これが基準点から見た観測対象の相対運動を表す運動方程式である（図 4.28）．質点 1 のある位置を座標原点として，あたかも質点 2 の位置にある質量 μ の質点に力 $\vec{F}(r)$ が作用しているかのごとく，運動方程式を立てればよい．

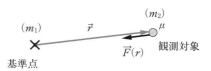

図 4.28 相対運動の運動方程式

このとき，力 $\vec{F}(r)$ は基準点の方向（引力の場合は基準点に向って，斥力の場合は基準点とは逆向き）に作用する．このように基準点（中心）の方向に作用する力を**中心力**とよぶ．

例題 4.15 太陽と地球の換算質量

太陽と地球の換算質量を求めなさい．ただし，太陽の質量は $M = 2.0 \times 10^{30}$ kg，地球の質量は $m = 6.0 \times 10^{24}$ kg とする．

解 換算質量の定義式 (4.88) より，

$$\mu = \frac{mM}{m+M} = \frac{6.0 \times 10^{24} \times 2.0 \times 10^{30}}{6.0 \times 10^{24} + 2.0 \times 10^{30}} = \underline{6.0 \times 10^{24}\,\text{kg}}$$

と求まる. ◆

　地動説の立場に立って太陽から地球を見ると，地球と同じ質量の天体が（地球の位置で）運動していることになる．逆に天動説の立場に立って地球から太陽を見ると，地球と同じ質量の天体が（太陽の位置で）運動していることになる．前者は極めて平凡に感じるだろう．はたして後者はどのように感じるだろうか？　直感とは合わないかもしれないが，質量が極端に小さい方を基準にとって相対運動を考えるとこのようになるのである.

類題 4.8 **地球と月の換算質量**
　地球と月の換算質量を求めなさい．ただし，地球の質量は $M = 6.0 \times 10^{24}\,\text{kg}$，月の質量は $m = 7.3 \times 10^{22}\,\text{kg}$ とする.

太陽が2個もある？

　我々の太陽系には太陽（恒星）は1つしかないが，宇宙には2個以上の恒星が組になっている場合がある．このような系を連星（重星）とよび，銀河系にある恒星の半数程度は連星系であると考えられている．このような連星の観測によって，恒星の質量や半径や密度などが求まる．なかには，連星の片方（伴星とよぶ）が中性子星やブラックホールであるために可視光では（ほとんど）見えない場合もある．後者の例として，はくちょう座 X‐1 がある．3個以上の恒星からなる連星系もある．地球から最も近い 4.2 光年にあるケンタウルス座 α 星は3重連星，51 光年彼方のふたご座のカストルは6重連星である.

● 第4章のまとめ ●

- 力学の基本法則は，次の3つの法則からなる.
　第一法則　慣性の法則
　第二法則　運動方程式
　第三法則　作用反作用の法則
　これをニュートンの運動法則という.
- 物体1と物体2の間の作用・反作用を式で表すと，次のように書ける.
$$\vec{F}_{12} = -\vec{F}_{21} \quad \text{または} \quad \vec{F}_{12} + \vec{F}_{21} = \vec{0}$$
- 位置 $\vec{r}(t)$ にある質量 m の物体に作用する力を $\vec{F}_i\,(i = 1, \cdots, n)$ とすると，その物体の運動方程式は次のように書ける.
$$m\ddot{\vec{r}}(t) = \vec{F}_1(t) + \vec{F}_2(t) + \cdots + \vec{F}_n(t) = \sum_{i=1}^{n} \vec{F}_i(t)$$
- 物体に作用する摩擦力は，
　物体が静止している場合
　　静止摩擦力といい，最大静止摩擦力まで変化する．垂直抗力に対する最大静止摩擦力の比を，静止摩擦係数という.
　物体が動いている場合
　　動摩擦力といい，一定である．垂直抗力に対する動摩擦力の比を，動摩擦係数という.

54   4. 運動方程式

- 二体問題では，重心運動と相対運動に分けて考えることができる.
- 重心 $\vec{r}_G$ は，質量 m_1, m_2 を重みとした位置ベクトル $\vec{r}_1, \vec{r}_2$ の加重平均である.

$$\vec{r}_G = \frac{m_1 \vec{r}_1 + m_2 \vec{r}_2}{m_1 + m_2}$$

- 外力が作用しないときの2体の重心は等速度運動，つまり等速直線運動をする.
- 相対運動では，2体の質量 m_1, m_2 を換算質量 μ でおきかえる.

$$\mu = \frac{1}{\dfrac{1}{m_2} + \dfrac{1}{m_1}} = \frac{m_1 m_2}{m_1 + m_2}$$

運動方程式は，相対位置を $\vec{r}$ として，基準点の方向に中心力 $\vec{F}(r)$ が作用すると考えて立てる.

$$\mu \ddot{\vec{r}} = \vec{F}(r)$$

───────────── 章 末 問 題 ─────────────

[4.1] 質量 m の小物体（つまり質点と見なしてよい）に4つの力

$$\vec{F}_1 = \begin{pmatrix} 1.2 \\ 2.8 \\ -3.1 \end{pmatrix}, \quad \vec{F}_2 = \begin{pmatrix} -3.5 \\ 1.7 \\ 2.3 \end{pmatrix}, \quad \vec{F}_3 = \begin{pmatrix} -2.7 \\ -3.6 \\ 1.4 \end{pmatrix}, \quad \vec{F}_4 \quad [\text{N}]$$

が作用して位置 $\vec{r}$ に静止している.
(a) 小物体について運動方程式を立てなさい.
(b) 小物体が静止していることを式で表しなさい.
(c) $\vec{F}_4$ を求めなさい.

4.2節

[4.2] 水平から角度 θ だけ傾いた平らで滑らかな（つまり摩擦を無視できる）斜面の上に，質量 m の小物体を置いて静かに放した. 小物体を放した位置を座標原点とし，斜面に沿う下向きの x 軸と，斜面に垂直な上向きの z 軸を用いることにする.
(a) 小物体について運動方程式の x 成分を書きなさい.
(b) 小物体に作用する垂直抗力を N として，小物体について運動方程式の z 成分を書きなさい.
(c) $\theta = 30°$ のとき，3.0秒後の小物体の速さと移動距離を求めなさい.

4.2節, 4.3.1項

[4.3] 例題 4.4 について，
(a) $v_0 = 0$, $x_0 > 0$ として，t を横軸，$\dot{x}(t), x(t)$ をそれぞれ縦軸にしたグラフを描きなさい.
(b) $v_0 > 0$, $x_0 > 0$ として，t を横軸，$\dot{x}(t), x(t)$ をそれぞれ縦軸にしたグラフを描きなさい.
(c) この小物体の運動を何というか答えなさい.

4.3.1項

[4.4] 例題 4.8 について，
(a) $v_0 = 0$ として，t を横軸，$\dot{z}(t), z(t)$ をそれぞれ縦軸にしたグラフを描きなさい.
(b) $v_0 > 0$ として，t を横軸，$\dot{z}(t), z(t)$ をそれぞれ縦軸にしたグラフを描きなさい.
(c) 小物体の最高到達点が $2h$ となる初速度 v_0 を求めなさい.

4.3.1項

[4.5] 【音速を超えるスカイダイビング】2012年10月14日に，ある男性が大気球[19]で高度 39 km

────────────────────

[19] 熱気球ではなく，水素やヘリウムなどを充填して，旅客機の飛行高度の4倍ほどの高高度まで上昇する.

の成層圏からスカイダイビングをして，落下中に音速[20] を超える時速 1340 km（372 m/s）を達成した．空気抵抗を無視できるものとして，

(a) この速さに達するまでの降下時間を求めなさい．

(b) この速さに達するまでの降下距離を求めなさい．

4.3.1項

[**4.6**] 水平で粗い床の上に静止している質量 m の物体を，水平から角度 θ の斜め右上の向きに大きさ F の力で徐々に強く引く．水平右向きの x 軸，鉛直上向きの z 軸を用い，物体に作用する垂直抗力を N，静止摩擦力を R，物体と斜面の間の静止摩擦係数を μ とする．

(a) 物体について運動方程式の x 成分を書きなさい．

(b) 物体について運動方程式の z 成分を書きなさい．

(c) 垂直抗力 N を求めなさい．

(d) 物体を動かすために必要な力が最小になる θ を求めなさい．ただし，$\mu = 1/\sqrt{3}\,(= 0.58)$ とする．

4.3.2項

[**4.7**] 水平面からの傾斜角が θ の粗い斜面上で，質量 m の物体に斜面に沿って下向きの初速 v_0 を与えたところ，斜面を減速しながら滑り降りて静止した．斜面に沿う下向きの x 軸と，斜面に垂直な上向きの z 軸を用いることにする．また，物体に作用する垂直抗力を N，動摩擦力を R，斜面と物体の間の動摩擦係数を μ' とする．

(a) 斜面を滑り降りる物体について運動方程式の x 成分を書きなさい．

(b) 斜面を滑り降りる物体について運動方程式の z 成分を書きなさい．

(c) $\theta = 25°$ のとき，μ' の満たすべき条件を求めなさい．

(d) $\theta = 25°$, $m = 200$ g, $v_0 = 1.2$ m/s, $\mu' = 0.48$ のとき，物体が静止するまでの時間と，移動距離を求めなさい．

4.3.2項

[**4.8**] xyz 直交座標系の $(5.0, 1.8, -1.5)$ に質量 $2m$ の質点 1 が，$(-1.2, -0.5, 3.2)$ に質量 $3m$ の質点 2 がある．質点 1 と 2 の重心の位置を求めなさい． **4.4.1項**

[**4.9**] 太陽と木星の重心の位置を求めなさい．また，太陽と木星の換算質量を求めなさい．ただし，太陽の質量は $M = 2.0 \times 10^{30}$ kg，木星の質量は $m = 1.9 \times 10^{27}$ kg，太陽から木星までの平均距離は $r = 7.8 \times 10^{11}$ m とする． **4.4.1項**, **4.4.2項**

[**4.10**] 質量 m の質点 1 と質量 $3m$ の質点 2 が，長さ r の糸でつながって運動している．糸はたるむことなく，その張力は T で，質点 1 から見た質点 2 は等速円運動であった．質点 1 から見た質点 2 の角速度を求めなさい． **4.4.2項**

[**4.11**] 質点 1 と 2 の質量を m_1, m_2 とし，質点 1 から見た質点 2 の相対位置を表すベクトルを $\vec{r}$ とする．この 2 体の重心 $\vec{r}_\mathrm{G}$ から見た質点 1 と 2 のそれぞれの位置を $\vec{r}$ を用いて表しなさい．

4.4.1項, **4.4.2項**

---

[20] 例えば，気温 14 ℃ での音速は 340 m/s である（成層圏の気温はもっと低い）．

5. 振動現象

【学習目標】
・ばねに付けた質点の運動方程式を立てられるようになる．
・単振動の特殊解と一般解について理解する．
・強制振動の特殊解と一般解について理解する．
・減衰振動について理解する．

【キーワード】
ばね，復元力，フックの法則，振幅，周期，単振動，特殊解，一般解，強制振動，共振，固有振動，減衰振動，過減衰，臨界減衰

◆ 振動する物体 ◆

物体が振動する現象としては，吊り橋のゆれ，交通量が多い陸橋の振動，地震による建物のゆれなどがある．これらの振動現象に共通しているのは，物体の形状の変化を元に戻そうとする復元力がはたらくことであるが，一般にいろいろな振幅や周期，さまざまな方向への振動の重ね合わせになっていて，複雑な場合が多い．例えば，建物の耐震性をシミュレーションによって評価しようとすれば，建物の構造をモデル化する必要がある．壁や床や柱や梁などの構造物が，ゆれに対してどのように変形し，どのような復元力が生じるのかを把握しなければならない．それらの部分の組み合わせとして，全体の振動を調べることになる．各部分の構造物を単純化すると，復元力をもつばねに質量としての質点をつけたものになる．これが最も単純なモデルだということもできる．したがって，まずはこれをよく理解しておく必要がある．

5.1 ばね（弾性体）

ばねを伸ばしたり縮めたりすると，元の長さに戻ろうする復元力が生じる．このように元の形状に戻る物体を**弾性体**という．しかし，ばねをあまり伸ばしすぎると，伸びきって元の長さに戻らなくなる．ばねに限らず，元の形状に戻る範囲の変形を**弾性変形**，戻らない変形を**塑性変形**という．

ばねを水平な床に置いて左端を固定し，右端に質量 m の質点を取りつける．水平右向きの x 軸を用いて，質点の位置を x と表すことにする．ばねが自然長[†1]のときの質点の位置を x_0 とする．また，床とばねや質点との間の摩擦は無視できるとする（図 5.1）．

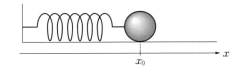

図 5.1 左端を固定した自然長のばね

質点を右に移動させてばねを伸ばすと，ばねには変形に応じた復元力 F が左向きに生じる（図 5.2）．逆に，質点を左に移動させてばねを縮めると，ばねの復元力は右向きに生じる（図 5.3）．この復元力が質点に作用する．ばねの変形（伸縮）量は，質点の自然長からの変位 $x - x_0$ で表せる．したがって，変形量に依存する復元力 F も x の関数となる．これらの量を

[†1] ばねに力が作用せず，伸縮していないときの長さ．

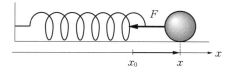
図 5.2 伸ばしたばね

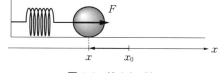
図 5.3 縮めたばね

x 軸に対する向きに応じた符号も考慮してまとめると，

変形量	復元力	
$x - x_0 > 0$ [m] （伸び）	$F(x) < 0$ [N]	(5.1)
$x - x_0 < 0$ [m] （縮み）	$F(x) > 0$ [N]	(5.2)

となる．正の変形量は伸びに，負の変形量は縮みに対応する．復元力 $F(x)$ は，変形の向きとは逆向きになるので，その符号は変形量と逆符号になっている．

さて，質点に作用する復元力の大きさは変形量の大きさに比例する．これを**フックの法則**とよぶ．復元力 $F(x)$ と変形量 $x - x_0$ が逆符号になることに注意し，比例係数を k としてフックの法則を式で表すと，

$$F(x) = -k(x - x_0) \quad [\text{N}] \tag{5.3}$$

となる．この関係式は，ばねが伸びているときと縮んでいるときのどちらにも対応している[†2]．k [N/m] は**ばね定数**とよばれる．これが大きいほどばねの復元力が大きくなるので，k はばねの強さを表している．

5.2 単振動（ばねにつけた質点の運動）

5.2.1 単振動の運動方程式

摩擦の無視できる水平な床に，ばね定数 k のばねを置いて左端を壁に固定し，右端に質量 m の質点を取りつける（図 5.4）．この質点の運動を考える．質点が単振動をすることは想像できるかもしれないが，力学として扱うには，まず運動方程式を立てなければならない．

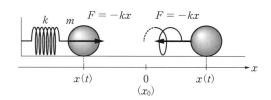
図 5.4 ばねにつけた質点

水平右向きを正とする x 軸を用いることにし[†3]，時刻 t における質点の位置を $x(t)$ とする．座標原点はどこにしてもよいので，ばねが自然長のときの質点の位置 x_0 を原点にする．こうすると $x_0 = 0$ となるので，この後の式が簡単になる．

質点に作用する x 方向の力は，ばねの復元力 $F(x) = -k(x - x_0) = -kx$ だけである．ばねが伸びていようが，縮んでいようが，さらに x 軸が逆向きであろうが，復元力はこの形になる（納得がいかない場合は，前節に戻ってよく考えること）．

重力は鉛直方向に作用するので，x 成分はない．床からの摩擦力は質点に対して x 方向に作用するが，摩擦は無視できる場合を考えている．以上より，運動方程式の x 成分は，

$$m\ddot{x}(t) = F(x) = -kx(t) \quad [\text{N}] \tag{5.4}$$

となる．

[†2] ちなみに，逆向きの x 軸を選んでも，この関係式は同じ形になる．
[†3] ここではばねが伸びる向きを選択したが，逆向きでも結果は同じになる．

運動方程式を立てたので，次はこれを解く．両辺を m で割ると，

$$\ddot{x}(t) = -\frac{k}{m}x(t) \quad [\mathrm{m/s^2}] \tag{5.5}$$

となるので，この両辺を t で積分すると，

$$\dot{x}(t) = -\frac{k}{m}\int x(t)\,dt \quad [\mathrm{m/s}] \tag{5.6}$$

となる．

さて，ここで困ったことになる．運動方程式を解くというのは，未知関数である $\dot{x}(t), x(t)$ を求めるということである．ところが，左辺の $\dot{x}(t)$ を求めるために，右辺で未知関数 $x(t)$ を積分しなければならないというジレンマに陥る．これでは解けない．単純に積分するだけでは解けないので，ここでは，やや強引な方法で解く（というより，解を見つける）ことにする．

5.2.2　単振動の特殊解

まず，微分方程式 (5.5) を満たす $x(t)$ を強引に推理してみる．手がかりは，「微分を2回行った結果が，元の関数の負の定数倍（$-k/m$ 倍）になる」ことである．このような解 $x(t)$ は，

$$\begin{cases} \text{推理1:} & \sin か \cos だろう． \\ \text{推理2:} & 2階微分だから（積分）定数2個（例えば c_1, c_2）を含むだろう． \end{cases}$$

最初に，推理1を掘り下げてみる．例えば，

$$x(t) = \sin t \tag{5.7}$$

としてみる．これを t で2回続けて微分すると，

$$\ddot{x}(t) = -\sin t = -x(t) \tag{5.8}$$

となる．$\sin$ を2回続けて微分することで右辺に負符号が出てくる．しかし，定数倍としては k/m 倍ではなく1倍である．微分方程式 (5.5) のように，右辺の定数倍の部分に k/m が出てくるようにしたい．そのためには，少し工夫が必要である．

ここで，合成関数の微分を思い出そう．$x(t)$ が合成関数であれば，合成関数になっている部分をさらに微分して，それを答に掛けることになる．

$\sin$ の微分を2回行う際に，合成関数の部分も微分を2回行うことになるので，その結果の積が k/m になればよい．したがって，1回分は $\sqrt{k/m}$ である．そこで，

$$x(t) = \sin\sqrt{\frac{k}{m}}\,t \tag{5.9}$$

としてみる．下線部が合成関数の部分になっている．これを t で2回続けて微分すると，

$$\dot{x}(t) = \sqrt{\frac{k}{m}}\cos\sqrt{\frac{k}{m}}\,t \tag{5.10}$$

$$\ddot{x}(t) = -\frac{k}{m}\underline{\sin\sqrt{\frac{k}{m}}\,t} = -\frac{k}{m}\underline{\underline{x(t)}} \tag{5.11}$$

となる．$\sin$ を2回続けて微分することで負符号が生じ，$\sin$ の中身（位相部分）の合成関数を2回続けて微分することで定数倍 k/m が出てきた．そして，右辺の二重下線部分を元の $x(t)$ に戻せるので，微分方程式 (5.5) の形になる．つまり，(5.9) は微分方程式 (5.5) の解であるといえる．

このように，他にも解があるかもしれないが，とにかく1つの解となっているものを**特殊解**とよぶ．もちろん，特殊解を1つ求めただけでは，すべての解を求めたことにはならない．これに対して，すべての解を含んでいるものを**一般解**とよぶ．最終目標は一般解を求めることである．しかし，とりあえず特殊解を1つ見つけた．$\cos$ の方も同様に推理を掘り下げると，

$$x(t) = \cos\sqrt{\frac{k}{m}}t \tag{5.12}$$

が特殊解であることがわかる.

5.2.3　単振動の一般解

　特殊解を2個見つけたが，他にもまだ解があるかもしれない．実際，特殊解を定数倍したものも解になる．例えば A を定数として，

$$x(t) = A\sin\sqrt{\frac{k}{m}}t \quad [\mathrm{m}] \tag{5.13}$$

も解である．$x(t)$ を A 倍すれば，$\ddot{x}(t)$ も A 倍になり，微分方程式 (5.5) の両辺が A 倍になるだけなので，やはり解であることがわかる．また，特殊解の和，つまり (5.9) と (5.12) の和をとると，

$$x(t) = \sin\sqrt{\frac{k}{m}}t + \cos\sqrt{\frac{k}{m}}t \quad [\mathrm{m}] \tag{5.14}$$

となるが，これも解になる．単に和をとるだけでなく，それぞれを定数倍して和をとると，

$$x(t) = c_1\sin\sqrt{\frac{k}{m}}t + c_2\cos\sqrt{\frac{k}{m}}t \quad [\mathrm{m}] \tag{5.15}$$

という形になるが，これも解になる．いろいろな定数 c_1, c_2 を選ぶことで，さまざまな解を表せる．ところで，この解の形は推理2に当てはまる．

　ここで，唐突だが結論を述べると，この (5.15) は，微分方程式 (5.5) の一般解である．なぜなら，まず (5.15) は微分方程式 (5.5) を満たす．さらに，積分定数にあたる未定定数2個を含み，その組合せを選択することですべての解が表現できているからである．

　はたしてこの結論に納得できただろうか？　いきなりの結論とその説明には納得できないかもしれない．特に，推理2は必要条件であって十分条件ではない．つまり，一般解は定数2個を含む必要があるが，逆に，定数を2個含めば一般解であることは示されていない．これにはモヤモヤ感が残るかもしれない．しかし，それを大切に覚えておいて，微分方程式を学ぶためのモチベーション（動機づけ）にしてほしいと思う．

　(5.15) はさらに，A, α を未定定数として，

$$x(t) = A\cos\left(\sqrt{\frac{k}{m}}t + \alpha\right) \quad [\mathrm{m}] \tag{5.16}$$

と書き直すこともできる．また，

$$x(t) = A\sin\left(\sqrt{\frac{k}{m}}t + \alpha\right) \quad [\mathrm{m}] \tag{5.17}$$

という形にもなる．(5.15), (5.16), (5.17) はどれも等価である．この確認は章末問題 [5.3]とするので，そこで導いてみてほしい．本来は，微分方程式を解いて求めた結果を使いたいところであるが，とりあえず今は，この結果を覚えよう．

　ここでは，(5.16) を一般解として採用することにして，まとめておく．

$$\ddot{x}(t) = -\frac{k}{m}x(t) \text{ の一般解は,}$$

$$x(t) = A\cos\left(\sqrt{\frac{k}{m}}t + \alpha\right) \tag{5.18}$$

ここで，$\sqrt{k/m} = \omega_0$ とおくと，

$$\ddot{x}(t) = -\omega_0^2 x(t) \text{ の一般解は,}$$
$$x(t) = A\cos(\omega_0 t + \alpha) \tag{5.19}$$

と書ける．この $x(t)$ は**単振動の式**である．こちらをしっかり覚えて，使えるようにしよう．この式で $\alpha = 0$ としたものが，第 2 章の例題 2.1 の振り子の運動を表す (2.11) になる．

そこで説明したように，A は**振幅**，ω_0 は角振動数である．そして，α は $t = 0$ のときの位相なので，**初期位相**とよばれる．

単振動の周期 T_0 は，振り子の例題 2.1 で調べた (2.12) の関係より，

$$T_0 = \frac{2\pi}{\omega_0} = 2\pi\sqrt{\frac{m}{k}} \quad [\text{s}] \tag{5.20}$$

と求まる．これより，周期 T_0 を短く（長く）するには，

・ばねを強く（弱く）するか，
・質点の質量を小さく（大きく）する．

ばねを強く（弱く）するのは，ばね定数 k を大きく（小さく）するのと同じである．ばねが強いほど，質点の動きが速くなり周期が短くなる．また，質量が小さい質点ほど動きやすくなり，やはり周期が短くなる．

例題 5.1 水平方向の単振動

ばね定数 k のばねを水平にして一端を固定し，他端に質量 m の質点をつけた．水平方向に x 軸をとり，ばねの伸びる向きを正とする．ばねが自然長のときの質点の位置を座標原点とし，時刻 t における質点の位置を $x(t)$ とする（図 5.5）．質点を $x = -a$ まで押し，$t = 0$ にそっと放したとき，$\dot{x}(t)$ と $x(t)$ を求めなさい．ただし，床と質点の間の摩擦は無視できるものとする．

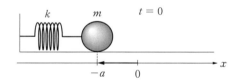

図 5.5 水平方向の単振動

解 座標は設定されているので，まずは質点について x 方向の運動方程式を立てると，

$$m\ddot{x}(t) = -k\{x(t) - x_0\} = -kx(t) \quad [\text{N}] \tag{5.21}$$

となる．x_0 は自然長のときの質点の位置であるが，この例題では，そこを原点にしている．次は，この運動方程式を解くのであるが，残念ながら微分方程式の解法を知らなければ単純な積分では解けない．そこで，この式を変形して $\omega_0^2 = k/m$ でおきかえた式，

$$\ddot{x}(t) = -\frac{k}{m}x(t) = -\omega_0^2 x(t) \quad [\text{m/s}^2] \tag{5.22}$$

の一般解が（式の形はいくつかあるが，そのうちの 1 つとして），

$$x(t) = A\cos(\omega_0 t + \alpha) \quad [\text{m}] \tag{5.23}$$

と表せることを思い出そう ((5.19) を参照)．これより，質点の速度は，

$$\dot{x}(t) = -A\omega_0 \sin(\omega_0 t + \alpha) \quad [\text{m/s}] \tag{5.24}$$

となる．

もしこれ以上の情報がなければ，未定係数 A, α は求まらない．これで終わりである．しかし，「質点を $x = -a$ まで押し，$t = 0$ にそっと放した」という初期条件が与えられている．これを式で表すと，

$$\begin{cases} \dot{x}(0) = 0 \quad [\text{m/s}] \quad (t=0 \text{にそっと放した} \rightarrow \text{初速度ゼロ}) \\ x(0) = -a \quad [\text{m}] \quad (x=-a \text{まで押し} \rightarrow \text{初期位置} -a) \end{cases} \quad (5.25)$$

と書ける．一般解から求めた速度 $\dot{x}(t)$ と位置 $x(t)$ に $t=0$ を代入すると，

$$\begin{cases} \dot{x}(0) = -A\omega_0 \sin(\omega_0 \cdot 0 + \alpha) = -A\omega_0 \sin\alpha \quad [\text{m/s}] \\ x(0) = A\cos(\omega_0 \cdot 0 + \alpha) = A\cos\alpha \quad [\text{m}] \end{cases} \quad (5.26)$$

となるので，これを初期条件の式と比べると，

$$\begin{cases} -A\omega_0 \sin\alpha = 0 \quad [\text{m/s}] \\ A\cos\alpha = -a \quad [\text{m}] \end{cases} \quad (5.27)$$

となって，未知数 A, α の2個についての連立方程式が得られる．

第1式の右辺がゼロなので，こちらから手をつけるのが簡単である．しかし，いきなり $\sin\alpha = 0$ としてはいけない．A, ω_0 で両辺を割るには，これらがゼロでないことを確認しなければならない．まず，$A=0$ だと，第2式から $a=0$ となってしまい，「$-a$まで押した」という題意と合わなくなる（押していないことになる）．そこで，$A \neq 0$ であることがわかる．次に，$\omega_0 = \sqrt{k/m} = 0$ だと，$k=0$ となってしまい，復元力のないばねとなり（そんなものは，ばねとはいえない），これも題意に反するので $\omega_0 \neq 0$ である．以上より，第1式の両辺を $A\omega_0$ で割ると，

$$\sin\alpha = 0 \iff \alpha = 0, \pi, \cdots \quad (5.28)$$

となる．ここでは，$\alpha = 0$ を選んで[†4]，第2式に代入すると，

$$A\cos\alpha = A\cos 0 = A = -a \quad [\text{m}] \quad (5.29)$$

となる．

求まった A, α を $\dot{x}(t), x(t)$ に代入すると，

$$\begin{cases} \dot{x}(t) = a\omega_0 \sin\omega_0 t \quad [\text{m/s}] \\ x(t) = -a\cos\omega_0 t \quad [\text{m}] \end{cases} \quad (5.30)$$

となる．質点は振幅 a の単振動をする．これが答だが，質点の動きが想像できるだろうか？　手を放した後の質点の振動が目に浮かぶ場合は，これで終了である．そうでない場合は，図5.6のようなグラフを描いて質点の動きを把握しよう．

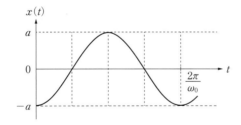 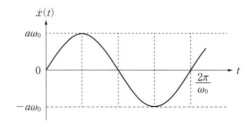

図 5.6　質点の位置 $x(t)$ と速度 $\dot{x}(t)$

まず，質点は位置 $-a$ から速度 0 で動き始める．そして，周期の 1/4 のときに原点を通過して，最高の速さ $a\omega_0$ に達する．その後，減速しながら周期の 2/4 のときに位置 a に到達して速度が 0 となって止まり，次の瞬間に反対向きに戻り始める．そして，負の向きに速さを増加させて，周期の 3/4 のときに原点を最高の速さ $a\omega_0$ で通過する．その後，減速しながら周期の 4/4 ($t=2\pi/\omega_0$) のときに初期位置 $-a$ に戻ってきて止まる．◆

類題 5.1　水平方向の単振動

ばね定数 1.5 N/m のばねを水平にして一端を固定し，他端につけた質量 200 g の質点を引いてばねを自然長から 5.0 cm 伸ばし，そっと放した．ばねの自然長からの縮みがはじめて 2.5 cm と 5.0 cm

---

[†4] $\alpha = \pi$ を選んだ場合も (5.30) と同じ結果になる．章末問題 [5.6] で確認すること．

になる時間を求めなさい．

例題 5.2 鉛直方向の単振動（吊したばね）

ばね定数 k のばねの上端を天井に固定し，下端に質量 m の質点をつけて吊した．鉛直下向きに x 軸をとり，ばねが自然長のときの質点の位置を座標原点として，時刻 t における質点の位置を $x(t)$ とする（図 5.7）．質点の運動を求めなさい．

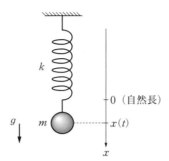

図 5.7 鉛直方向の単振動

解 この例題でも座標はすでに設定されているので，第一にすべきことは，質点について x 方向の運動方程式を立てることである．質点に作用する力は，図 5.8 のように下向きの重力 mg とばねの復元力 $F(x)$ である．図 5.8 には，ばねが伸びているときを想定して上向きの復元力を描いてある．重力は x 軸の正の向きなので，その x 成分は正になる．復元力はどうだろうか？ 図 5.8 には $F(x) = -kx$ と書いてある．これを見て，x 軸の負の向きだからマイナスがついていると思ったら大間違いである（そう思ってしまった人は，もう一度 5.1 節を復習すること）．質点が原点より上に移動して，復元力が下向き，つまり x 軸の正の向き

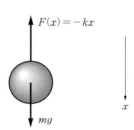

図 5.8 質点に作用する力

になっても $F(x) = -kx$ である．復元力は，質点がどこにあっても，ばねが伸びていても縮んでいても，また座標軸の向きがどちら向きでも，$F(x) = -kx$ である．結局，運動方程式の x 成分は，

$$m\ddot{x}(t) = -kx(t) + mg \quad [\text{N}] \tag{5.31}$$

となる．これで，運動方程式（の x 成分）を立てることができた．

次は，この運動方程式を解く．両辺を m で割ると，

$$\ddot{x}(t) = -\frac{k}{m}x(t) + g \quad [\text{m/s}^2] \tag{5.32}$$

という微分方程式を解くことになる．これは，単振動の運動方程式を解くときの微分方程式 (5.5) に定数項 g がついた形である．余分な定数項があるので，単振動の一般解 (5.18) は使えない．ここであきらめてしまえば，微分方程式の解法を修得するまではお預けである．しかし，もう少し食らいついてみる．

右辺が単項式なら，単振動の (5.5) と形は同じになるので，

$$\ddot{x}(t) = -\frac{k}{m}\left\{x(t) - \frac{mg}{k}\right\} \quad [\text{m/s}^2] \tag{5.33}$$

としてみる．さらに，右辺の括弧の中を強引に

$$X(t) = x(t) - \frac{mg}{k} \quad [\text{m}] \tag{5.34}$$

とおいてみると，

$$\ddot{x}(t) = -\frac{k}{m}X(t) \quad [\text{m/s}^2] \tag{5.35}$$

となり，形としては (5.5) に近づいてきた．左辺の $\ddot{x}(t)$ が $\ddot{X}(t)$ であれば，(5.5) の x が X になっただけで，全く同じ形の式になる … と思いついたら，逆に $\ddot{X}(t)$ がどうなるのかを調べてみる手がある．

$X(t)$ の 2 階微分は，

$$\ddot{X}(t) = \frac{d^2 X(t)}{dt^2} = \frac{d^2}{dt^2}\left\{x(t) - \frac{mg}{k}\right\} = \ddot{x}(t) \quad [\mathrm{m/s^2}] \tag{5.36}$$

である．そう，実は $\ddot{X}(t) = \ddot{x}(t)$ である．したがって，

$$\ddot{X}(t) = -\frac{k}{m}X(t) \quad [\mathrm{m/s^2}] \tag{5.37}$$

である．これで (5.5) と同じ形になった．この一般解は，

$$X(t) = A\cos(\omega_0 t + \alpha) \quad [\mathrm{m}] \tag{5.38}$$

と書ける ((5.19) を参照)．さらに，求めたいのは $x(t)$ なので，

$$X(t) = x(t) - \frac{mg}{k} = A\cos(\omega_0 t + \alpha) \quad [\mathrm{m}] \tag{5.39}$$

$$x(t) = \underline{A\cos(\omega_0 t + \alpha) + \frac{mg}{k}} \quad [\mathrm{m}] \tag{5.40}$$

となる．これで答が求まった．この式から質点の運動を想像できれば，ここで終了である．想像できない場合は，グラフを描かなければならない．

質点の位置 $x(t)$ の時間変化を表すグラフは，自然長の位置から mg/k だけずれたところを振動の中心とする，振幅 A の余弦 (cos) 曲線となる (図 5.9)．ところで，この振動の中心は何を表しているのだろうか？

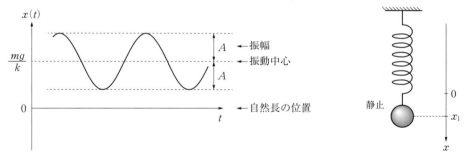

図 5.9 質点の位置 $x(t)$ 　　　　　図 5.10 振動中心について

ここで，やや唐突だが，質点が静止している場合を考えてみる (図 5.10)．静止していても運動方程式は，

$$m\ddot{x} = -kx + mg \quad [\mathrm{N}] \tag{5.41}$$

である．この場合，これを解かなくても，質点が「静止」しているという条件が使える．質点が $x = x_1$ で静止しているとすると，

$$x = x_1 \; [\mathrm{m}] \iff \dot{x} = 0 \; [\mathrm{m/s}] \Rightarrow \ddot{x} = 0 \; [\mathrm{m/s^2}] \tag{5.42}$$

となる．これら ($x = x_1$ と $\ddot{x} = 0$) を運動方程式に代入すると，

$$m \cdot 0 = -kx_1 + mg \quad [\mathrm{N}] \tag{5.43}$$

である．これを $kx_1 = mg$ として「つり合いの式」ということがあるが，基本は運動方程式なのである．

話を戻して，これを解くと，

$$x_1 = \frac{mg}{k} \quad [\mathrm{m}] \tag{5.44}$$

となる．もうお気づきだろう，これは振動中心である．つまり，重力とばねの力がつり合う位置 x_1 が振動の中心なのである．◆

64   5. 振動現象

類題 5.2 鉛直方向の単振動（吊したばね）

ばね定数 $2.45\,\mathrm{N/cm}$ のばねの上端を天井に固定し，下端に質量 $500\,\mathrm{g}$ の質点をつけて吊した．質点を下に引いて，自然長からのばねの伸びが $3.5\,\mathrm{cm}$ になったところで静かに放した．質点が最高点に到達するときのばねの伸縮を求めなさい．

単振動の一般解（別解）

ここで，単振動の運動方程式に対応する微分方程式の一般解を求める別の方法を示しておく．まず，定数 p を含む指数関数 $x(t) = e^{pt}$ が，

$$\ddot{x}(t) = -\omega_0^2 x(t) \quad [\mathrm{m/s^2}] \tag{5.45}$$

を満たすと仮定してみる．この $x(t)$ が微分方程式を満たすならば，特殊解を見つけたことになる．ただし，複素数の解も許すことにする．$x(t) = e^{pt}$ を微分方程式に代入すると，

$$\frac{d}{dt}\left(\frac{d}{dt}e^{pt}\right) = \frac{d}{dt}(pe^{pt}) = p^2 e^{pt} = -\omega_0^2 e^{pt} \quad [\mathrm{s^{-2}}] \tag{5.46}$$

$$(p^2 + \omega_0^2)e^{pt} = 0 \quad [\mathrm{s^{-2}}] \tag{5.47}$$

となる．すべての t に対してこの式が成り立つためには，t によって変化する e^{pt} に掛かる係数の部分がゼロでなければならない．したがって，

$$p^2 + \omega_0^2 = 0 \quad [\mathrm{s^{-2}}] \tag{5.48}$$

$$p = \pm i\omega_0 \quad [\mathrm{s^{-1}}] \tag{5.49}$$

これより，$x(t) = e^{+i\omega_0 t}$ と $x(t) = e^{-i\omega_0 t}$ は特殊解である．質点の位置を表す $x(t)$ に虚数単位 i が含まれるのは合点がいかないかもしれない．このように複素数も含めて考えるのは気持ちのよいものではないが，もう少し我慢して，先に進んでみよう．

さて，得られた特殊解を定数倍したものも，やはり解になる．そして，その定数にも複素数が許されることになる．それらを $A + iB$, $C + iD$ とする．気持ち悪さが増したが，もう少し辛抱しながら，2つの特殊解を定数倍したものをさらに足すと，

$$x(t) = (A + iB)e^{i\omega_0 t} + (C + iD)e^{-i\omega_0 t} \quad [\mathrm{m}] \tag{5.50}$$

となる．これも解である．ここまで虚数を含むのを許してきたが，もう我慢の限界である．質点の位置 $x(t)$ は，やはり実数でなければならない．未定係数 A, B, C, D をうまく選んで虚部をゼロにすることができれば，$x(t)$ を実数にすることができる．ところが，$x(t)$ には $e^{\pm i\omega_0 t}$ が含まれているので，実部と虚部の区別がつかない．ここで必要になるのが，

$$e^{i\theta} = \cos\theta + i\sin\theta \tag{5.51}$$

である．これを**オイラーの公式**という．この公式は $e^{i\theta}$ をテイラー（マクローリン）展開すれば証明できる．それについては省略するが，公式の意味は，複素数を実軸と虚軸を用いて表す複素平面で考えると理解しやすい（図 5.11）．

複素数 $a + ib$ は，実部 a を実軸（x 軸）上に，虚部 b を虚軸（y 軸）上に分けて表現することができる．この xy 平面を**複素平面（複素数平面）**といい，$a + ib$ は複素平面上の1点 (a, b) として表現される．この点と原点を結ぶ線分が x 軸となす角が θ（**偏角**という）である．また，この線分の長さが複素数の大きさ $r = \sqrt{a^2 + b^2}$ である[5]．この複素平面上で大きさが1である複素数について考えると，オイラーの公式の意味が見えるだろう（図 5.12）．

話を元に戻すと，オイラーの公式より $e^{\pm i\omega_0 t}$ は，

$$e^{+i\omega_0 t} = \cos\omega_0 t + i\sin\omega_0 t \tag{5.52}$$

$$e^{-i\omega_0 t} = \cos(-\omega_0 t) + i\sin(-\omega_0 t)$$

$$= \cos\omega_0 t - i\sin\omega_0 t \tag{5.53}$$

である．これを $x(t)$ の式に代入して，実部と虚部に整理すると，

$$x(t) = (A + iB)(\cos\omega_0 + i\sin\omega_0) + (C + iD)(\cos\omega_0 t - i\sin\omega_0 t)$$

$$= \cdots$$

---

[5] 複素数 x の大きさ（絶対値 $|x|$）は，複素数 $x = a + ib$ とその**複素共役** $\bar{x} = a - ib$ の積の平方根 $\sqrt{x\bar{x}}$ で定義されるので，$|x| = \sqrt{x\bar{x}} = \sqrt{a^2 + b^2}$ となる．

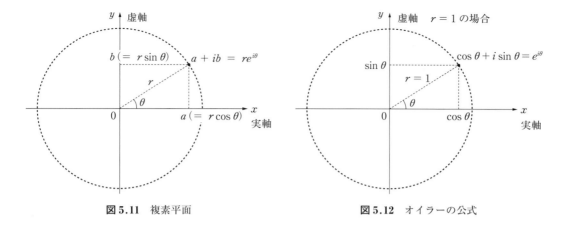

図 5.11 複素平面　　　　　　　　　**図 5.12** オイラーの公式

$$= \{(A+C)\cos\omega_0 t + (-B+D)\sin\omega_0 t\} + i\{(B+D)\cos\omega_0 t + (A-C)\sin\omega_0 t\} \quad [\mathrm{m}] \tag{5.54}$$

となる．これを実部だけにするには，虚数単位 i が掛かっている後半の中括弧内が，任意の t に対してゼロになればよい．つまり，sin, cos の係数がゼロになるように $B = -D$ かつ $A = C$ を選べばよい．すると，

$$x(t) = 2C\cos\omega_0 t + 2D\sin\omega_0 t \quad [\mathrm{m}] \tag{5.55}$$

となる．さらに，$c_1 = 2C$, $c_2 = 2D$ とおきなおすと，

$$x(t) = c_1 \cos\omega_0 t + c_2 \sin\omega_0 t \quad [\mathrm{m}] \tag{5.56}$$

が得られる．$\omega_0 = \sqrt{k/m}$ であることに注意すると，これは先に求めた単振動の一般解の (5.15) と同じである．

5.3 強制振動

身の回りのいろいろな振動現象では，外力が撃力[†6]として物体に作用して振動を引き起こすだけでなく，物体が振動している間も物体をゆする外力が継続して作用し続けることがある．例えば，地震によって建物がゆれると，壁や柱の復元力で建物が振動するが，地面から建物に作用する外力は地震が止むまで継続する．そして，地面のゆれに応じて建物の振動状態が変わる．また，走行している自動車の車体は，エンジンの振動や地面の凹凸に応じた外力を受けて振動する．自動車の速度によって外力の強度や周期が変わり，車体の振動状態も変化する．

このように，振動を起こす物体に周期的な外力を加えてゆすることを**強制振動**という．物体の振動は，作用する外力の強度や周期などに応じて変化する．外力の作用の仕方によっては振動が激しくなり，物体が壊れることもある．したがって，強制振動を受ける製品を設計するには，振動に耐える部品を採用するだけでなく，予想される外力に対して物体が激しい振動を起こさないように，部品の材質や配置を考える必要もある．

しかし，建物や乗物などの構造は一般に複雑である．そこで，実際には物体の構造をいくつかの部分に分けてモデル化することが必要になる．その基礎となる最も単純なモデルは，ばねにつけた質点の系（システム）である．まずは，この系の強制振動に対する挙動を理解しよう．

ここで，外力の変化も一般には単純ではなく，そのモデル化が必要である．最も単純なモデルとして，時間変化が正弦関数（sin）に従う外力

[†6] 瞬間的に作用する力のこと．

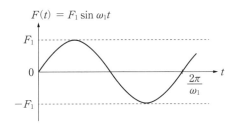

図 5.13 質点に作用する外力のモデル

$$F(t) = F_1 \sin \omega_1 t \quad [\text{N}] \tag{5.57}$$

を考えることにする（図 5.13）．ここでは，外力の振幅を F_1，角振動数を ω_1 とした．この外力の周期は $2\pi/\omega_1$ である．

5.3.1 強制振動の運動方程式

強制振動のモデルとして，摩擦の無視できる水平な床に，ばね定数 k のばねを置いて左端を壁に固定し，右端に質量 m の質点を取りつけ，この質点になんらかの方法で (5.57) の外力 $F(t)$ を作用させる場合を考える（図 5.14）．

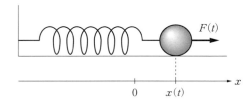

図 5.14 ばねにつけた質点の強制振動

例題 5.3 強制振動のモデルの運動方程式

この強制振動のモデルについて，運動方程式を立てなさい．ただし，ばねが伸びる向きを正とする x 軸を用い，時刻 t での質点の位置を $x(t)$ とし，自然長での質点の位置を座標原点とする．

解 質点に作用する x 方向の力はばねの復元力 $-kx(t)$ と外力 $F(t)$ なので，運動方程式は次のようになる．

$$m\ddot{x}(t) = -kx(t) + F_1 \sin \omega_1 t \quad [\text{N}] \tag{5.58}$$

◆

この運動方程式は，単振動の式よりも項が 1 つ多い．これを解くにあたって，とりあえず x を含んだ項を左辺に移項する．

$$m\ddot{x}(t) + kx(t) = F_1 \sin \omega_1 t \quad [\text{N}] \tag{5.59}$$

さらに，単振動の式の場合と同じおきかえ $\omega_0^2 = k/m$ をするために，両辺を m で割って，ついでに $f_1 = F_1/m$ のおきかえも行うと，

$$\ddot{x}(t) + \omega_0^2 x(t) = f_1 \sin \omega_1 t \quad [\text{m/s}^2] \tag{5.60}$$

となる．f_1 へのおきかえは，ただ単に式を見やすくしただけである．

さて，この微分方程式を解きたいところであるが，ここでも解を「強引に」見つけることにする．(5.60) の解を見つける方針は，単振動のときと同様である．

1. まず，特殊解を見つける（トライ&エラーで泥臭く）
2. 定数を 2 個含む一般解を得る

という2段階の手順を踏むことにしよう．

5.3.2 強制振動の特殊解

まずは，(5.60)の特殊解を何か見つけなければならない．

例題 5.4 強制振動の運動方程式を満たす特殊解

(5.60)を満たす特殊解を見つけなさい．

解 (5.60)の特殊解を予想する手がかりとして，右辺の$\sin\omega_1 t$に注目してみる．さすがに$x(t) = \sin\omega_1 t$では無理があるので（確認してみよう），少し自由度をもたせるために未定係数A_1をつけて，

$$x(t) = A_1 \sin\omega_1 t \quad [\mathrm{m}] \tag{5.61}$$

としてみる．(5.60)の左辺には$x(t)$の他に$\ddot{x}(t)$が出てくるが，

$$(\dot{x}(t) = A_1 \omega_1 \cos\omega_1 t \quad [\mathrm{m/s}])$$
$$\ddot{x}(t) = -A_1 \omega_1^2 \sin\omega_1 t \quad [\mathrm{m/s^2}] \tag{5.62}$$

となるので，これも$\sin\omega_1 t$を含む．これはうまくいくかもしれない．そこで，$x(t)$と$\ddot{x}(t)$を(5.60)に代入してみると，

$$-A_1 \omega_1^2 \sin\omega_1 t + \omega_0^2 A_1 \sin\omega_1 t = f_1 \sin\omega_1 t \quad [\mathrm{m/s^2}] \tag{5.63}$$

となる．全項を右辺にまとめて$\sin\omega_1 t$でくくると，

$$0 = (A_1 \omega_1^2 - \omega_0^2 A_1 + f_1) \sin\omega_1 t \quad [\mathrm{m/s^2}] \tag{5.64}$$

となる．

ここで慌てて，両辺を$\sin\omega_1 t$で割ってはいけない．なぜなら，tの値によっては$\sin\omega_1 t = 0$となるからである．しかし，これを逆手に取れば，この式は$\sin\omega_1 t \neq 0$のときでも成り立つ必要がある．したがって，どのようなtに対しても常に成り立つには，$\sin\omega_1 t$の係数が，

$$A_1 \omega_1^2 - \omega_0^2 A_1 + f_1 = 0 \quad [\mathrm{m/s^2}] \tag{5.65}$$

でなければならない．これを未定係数A_1について整理すると，

$$A_1 = \frac{f_1}{\omega_0^2 - \omega_1^2} \quad [\mathrm{m}] \tag{5.66}$$

であればよいことになる．以上より，

$$x(t) = A_1 \sin\omega_1 t = \frac{f_1}{\omega_0^2 - \omega_1^2} \sin\omega_1 t \quad [\mathrm{m}] \tag{5.67}$$

は(5.60)の特殊解である．このグラフは図5.15のようになる（ただし，$A_1 < 0$の場合は上下が反転する）．

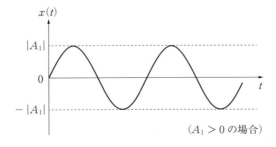

図 5.15 強制振動の特殊解のグラフ
（$A_1 > 0$の場合）

5.3.3 固有振動

(5.67)は特殊解なので，他にも解があるかもしれない．つまり，まだ一般解が求まった訳

ではない．しかし，特殊解ということは，ある条件下で強制振動を行うと，質点がこの解に従った運動をすることがあるということである．その運動を理解しておくことには意味がある．そこで，一般解を求める前に，得られた特殊解をとりあえず吟味しておく．

例題 5.5 強制振動の特殊解の振幅

(5.67) の振幅は外力の角振動数 ω_1 によって変化する．そこで，振幅を ω_1 を変数とする関数と考えて，そのグラフを描きなさい．

解 まず，この特殊解から質点の振幅が $|A_1|$ であることがわかる[†7]．

$$|A_1| = \left|\frac{f_1}{\omega_0{}^2 - \omega_1{}^2}\right| \quad [\text{m}] \tag{5.68}$$

これより，振幅 $|A_1|$ は $\omega_1 = 0$ で $f_1/\omega_0{}^2$ になる．そして，$\omega_1 = \omega_0$ で無限大になる．さらに，$\omega_1 \to \infty$ でゼロに漸近する．これらより，図 5.16 のような大まかなグラフを描くことができる．

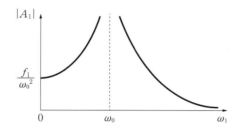

図 5.16 強制振動の特殊解の振幅

◆

さて，このグラフを見ると，角振動数 ω_1 をゼロから大きくしていくと（外力によるゆさぶりを激しくしていくと），質点の振幅が次第に大きくなることがわかる．そして，$\omega_1 = \omega_0$ で質点の振幅が無限大になる．このとき質点は大きく振動し，ばね等の系の強度が足りなければ壊れることになる．この現象を**共振**という．ある振動系を，それが単振動するときと同じ角振動数で外からゆすると，振動が増幅されて共振が起こる．

外力の角振動数 ω_1 が ω_0 を超えてさらに大きくなると，逆に質点の振幅は小さくなっていく．ω_1 が極端に大きくなると（外力によるゆさぶりが極端に激しくなると），質点は激しく振動するかと思いきや，むしろ振幅がゼロに近づいていくのである．

外力がないときの質点の単振動の角振動数 ω_0 に対応する振動数 ν_0 は，周期 T_0 の逆数であることから，

$$\nu_0 = \frac{1}{T_0} = \frac{\omega_0}{2\pi} \quad [\text{Hz}] \tag{5.69}$$

である．質点の単振動を**固有振動**ともいうので，この振動数 ν_0 は**固有振動数**とよばれる．この例では質点とばねを組み合わせた単純な系を扱っているが，もっと複雑な構造物も，単振動にあたる自由振動[†8]をする．これも固有振動といい，その振動数を固有振動数とよぶ．

自動車，ロケット，建物，橋などの「ものづくり」において，構造物の固有振動数を知ることは重要である．構造物が共振を起こすと強度不足の部分が壊れてしまう．その対策として，強度を上げることも大切であるが，そもそも共振を起こさないようにする方が得策である．そのためには，構造物

[†7] A_1 は負の値をとる場合もあるので絶対値をつけた．
[†8] 外力がない場合の振動のこと．

の固有振動数が，想定される外力の振動数に一致しないように設計しなければならない．そして，実際に試作品の振動試験を行うことによって，あるいはシミュレーションによって，共振が起こらないことを確認しなければならない．共振が起こるようであれば，構造物の質量分布や材料の剛性などを再検討して，設計をしなおすのである．

類題 5.3 固有振動

一端が固定され，他端に質量 20 g の質点がついたばねの固有振動数が 30 Hz のとき，ばね定数を求めなさい．

5.3.4 強制振動の一般解

特殊解を吟味することで強制振動の特徴を把握できた．次の手順は，「定数を 2 個含む一般解を得る」ことである．単振動の場合は，特殊解を 2 個見つけて，それらを組み合わせて一般解を導いたが，強制振動の特殊解はまだ 1 つしか見つけていない．今回は，特殊解をもう 1 つ見つける代わりに，5.2.3 項で求めた単振動の一般解を利用する．強制振動の微分方程式 (5.60) に，単振動の微分方程式 (5.5) が含まれていることを利用するのである．

はじめに，強制振動の微分方程式を改めて書いておくと，

$$\ddot{x}(t) + \omega_0^2 x(t) = f_1 \sin \omega_1 t \quad [\text{m/s}^2] \tag{5.60}$$

であった．まず，5.3.2 項で求めたこの微分方程式の特殊解は，

$$x_1(t) = \frac{f_1}{\omega_0^2 - \omega_1^2} \sin \omega_1 t \quad [\text{m}] \tag{5.70}$$

である．これは (5.60) を満たす．次に，(5.60) の右辺を 0 とおいたものを考える．つまり，外力 $F(t) = 0$ の場合である．

$$\ddot{x}(t) + \omega_0^2 x(t) = 0 \quad [\text{m/s}^2] \tag{5.71}$$

これは単振動の微分方程式と同じ形なので，一般解は例えば，

$$x_2(t) = A \cos(\omega_0 t + \alpha) \quad [\text{m}] \tag{5.72}$$

である．

ここで，唐突ではあるが，$x_1(t)$ と $x_2(t)$ の和をとる．

$$x(t) = x_1(t) + x_2(t) \quad [\text{m}] \tag{5.73}$$

実は，この $x(t)$ は強制振動の微分方程式 (5.60) を満たす．それを確かめるために，$x(t)$ を (5.60) の左辺に代入すると，

$$\begin{aligned}
\ddot{x}(t) + \omega_0^2 x(t) &= \{\ddot{x}_1(t) + \ddot{x}_2(t)\} + \omega_0^2 \{x_1(t) + x_2(t)\} \\
&\quad (x_1 \text{ を含む部分と，} x_2 \text{ を含む部分に分けると，}) \\
&= \{\ddot{x}_1(t) + \omega_0^2 x_1(t)\} + \{\ddot{x}_2(t) + \omega_0^2 x_2(t)\} \\
&\quad (x_1 \text{ は } (5.60) \text{ を，} x_2 \text{ は } (5.71) \text{ を満たすので，}) \\
&= f_1 \sin \omega_1 t + 0 \\
&= f_1 \sin \omega_1 t \quad [\text{m/s}^2]
\end{aligned} \tag{5.74}$$

となって，(5.60) の右辺が得られる．

したがって，$x(t)$ は確かに強制振動の微分方程式 (5.60) を満たす．さらに，$x(t)$ は未定係数 A と α の 2 個を（$x_2(t)$ の中に）含んでいる．これらにより，$x(t)$ は強制振動の微分方程式 (5.60) の一般解といえる．

すっきりとは納得がいかないかもしれない．しかし，2 階の微分方程式の一般解は 2 個の未定係数を含むはずで，それが求まった．結局，強制振動に対する質点の運動を表す一般解は，

$$x(t) = x_1(t) + x_2(t)$$

$$= \frac{f_1}{\omega_0{}^2 - \omega_1{}^2} \sin \omega_1 t + A \cos (\omega_0 t + \alpha) \quad [\text{m}] \tag{5.75}$$

である．$x(t)$ は，強制振動の外力の角振動数 ω_1 と，固有振動に対応する角振動数 ω_0 の2種類の振動の成分を含む解となっている．

実際の「ものづくり」のための試験機

　物体（供試体）が強制振動に対してどのような反応（応答）を示すかを実際に実験するための振動試験機には，小型部品を試験する卓上型から，実際の住宅を試験できる大型のものまである．供試体の主要な部位に加速度センサーを取りつけて各部位の振動を測定する．供試体をゆする加振方式には，正弦波加振とランダム加振がある．前者は，5.3節で扱った正弦波的に時間変化する外力を供試体にかける．正弦波の振動数を掃引して（連続的に変化させて）データをとることもある．これに対し，後者は振動数をランダムに変化させて加振する．一般に，前者の方が厳しい試験である．なぜならば，同じ振動数またはその近辺での加振時間が長くなり，共振が起こると供試体が損傷する可能性があるからである．一方，後者の加振では振動数が短い時間で変化していくので，共振が起こっても比較的短時間ですむ．

　実際の大型の振動装置としては，例えば，財団法人鉄道総合技術研究所には，鉄道車両なども載せられる最大積載量50トンの7m×5mのテーブルを，最大±1m水平に2次元加振できるものがある．また，国立研究開発法人土木研究所には，最大積載量300トンの8m×8mのテーブルを，最大で水平に±60cm，鉛直に±30cmまで3次元的に加振できる装置がある．この試験機は戸建て住宅を載せて地震の振動を再現することも可能である．その他にも，橋脚，免振橋，橋梁基礎，コンクリートダムなどの試験が行われる．

5.4　減衰振動

　ばねは身の回りのどのようなところに使われているだろうか？　例えば，扉の上には扉が自然に閉まるようにばね機構がついている．また，自動車やオートバイの車軸の支持機構には，走行中の路面変化による衝撃を和らげるためのばねがついている．

　しかし，ただ単にばねがついているだけでは，自動車の場合はでこぼこ道を通過した後に上下のゆれが続くことになる．これでは大変気分が悪い．実際には摩擦や空気抵抗があるため，このような振動が永久に続くことはない．このように徐々に収まる振動を**減衰振動**という．

　ここで，押しても引いても開く扉を考えてみる．扉を開けて手を放すと，ばね機構によって扉は開閉を繰り返し，減衰振動をして最後には閉まる．このとき，扉に作用する抵抗力の度合いによって減衰の仕方が変わる．抵抗力が小さいと，扉の振動はなかなか減衰せずに何度も開閉することになる．これでは，指などを挟んだりする危険もある．逆に抵抗力が極端に大きいと，開けた扉は開閉を繰り返さない代わりにゆっくりと閉まることになり，冷暖房が効いている時期は省エネルギーの観点から好ましくない．うまく抵抗力を調整して，安全かつ最短時間で扉が閉まるようにしたいところである．

5.4.1　減衰振動の運動方程式

　減衰振動について考えるためのモデルとして，ここでもばねについた質点を扱うことにしよう．ばねについた質点が，図5.17のように液体（または気体）の充填された円筒に入っているとする．液体としてはオイルのようなものを想像すればよい．円筒と質点の間の摩擦力は

ここでは考えないことにする（例えば，抵抗力に比べて無視できるものとする）．質点が速度 v で運動していると[†9]，それと逆向きの抵抗力 R を液体から受ける．一般に，速さが増すほど抵抗力は大きくなる．ここでは，抵抗力の大きさが速さに比例する場合を扱うことにする[†10]．比例係数を b とし，向きも考えると，$R = -bv$ と書ける．

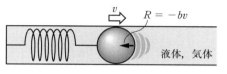

図 5.17　抵抗力

例題 5.6　減衰振動モデルの運動方程式

この減衰振動のモデルについて，運動方程式を立てなさい．ただし，ばねが伸びる向きを正とする x 軸を用い，時刻 t での質点の位置を $x(t)$ とし，ばね定数を k，自然長での質点の位置を座標原点とする．

解　質点には，速さに比例する抵抗力 R とばねの復元力 F の両方が作用する（図 5.18）．質量 m の質点の運動方程式は，

$$m\ddot{x}(t) = F + R = -kx(t) - bv(t) \quad [\text{N}] \tag{5.76}$$

となる．

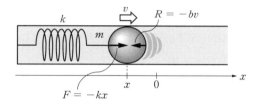

図 5.18　減衰振動

◆

さて，この微分方程式には，未知関数として $x(t)$ と $v(t)$ の 2 つが含まれているが，式は 1 つしかない．これでは解けない… と心配することはない．なぜなら，$v(t) = \dot{x}(t)$ なので，未知関数は実は $x(t)$ 1 つである．$v(t)$ をおきかえるついでに，すべての項を左辺にまとめて，全体を m で割ると，

$$\ddot{x}(t) + \frac{b}{m}\dot{x}(t) + \frac{k}{m}x(t) = 0 \quad [\text{m/s}^2]$$

となる．式の取り扱いを簡便にするために，次のおきかえをする．

$$2\gamma = \frac{b}{m}, \quad \omega_0 = \sqrt{\frac{k}{m}} \quad [\text{s}^{-1}] \tag{5.77}$$

1 つ目のおきかえの係数「2」については深く考えなくてもよい．2 つ目は単振動のときにも使ったおきかえである．これらを使うと，

$$\ddot{x}(t) + 2\gamma\dot{x}(t) + \omega_0^2 x(t) = 0 \quad [\text{m/s}^2] \tag{5.78}$$

となる．この微分方程式を解けば，質点の減衰振動を表す解が求まる．

まずは，単振動の一般解の求め方の別解（64 頁）と同様に，特殊解として $x(t) = e^{pt}$ という解をもつと仮定してみる[†11]．これを代入すると，

[†9]　速度なので向きも考える．つまり，v は符号も考慮すること．
[†10]　速さの自乗に比例する場合などもある．
[†11]　単位を考えると，$x(t) = Ae^{pt}$ として，A [m] とすべきである．つまり，e^{pt} は無次元である．しかし，ここでは $x(t) = e^{pt}$ [m] として扱う．

72 5. 振 動 現 象

$$\frac{d^2}{dt^2}e^{pt} + 2\gamma\frac{d}{dt}e^{pt} + \omega_0{}^2e^{pt} = 0 \quad [\mathrm{m/s^2}]$$

$$p^2e^{pt} + 2\gamma pe^{pt} + \omega_0{}^2e^{pt} = 0 \quad [\mathrm{m/s^2}]$$

$$(p^2 + 2\gamma p + \omega_0{}^2)e^{pt} = 0 \quad [\mathrm{m/s^2}] \tag{5.79}$$

となる．これが常に（すべての t に対して）成り立つには，

$$p^2 + 2\gamma p + \omega_0{}^2 = 0 \quad [\mathrm{s^{-2}}] \tag{5.80}$$

であればよい．これは p に関する 2 次方程式なので，解の公式より，

$$p = \frac{-2\gamma \pm \sqrt{4\gamma^2 - 4\omega_0{}^2}}{2} = -\gamma \pm \sqrt{\gamma^2 - \omega_0{}^2} \quad [\mathrm{s^{-1}}] \tag{5.81}$$

と求まる．これで根号の符号に応じて，(5.82) のように特殊解が 2 つ求まった．

$$x(t) = e^{pt} = \begin{cases} e^{-\gamma t + \sqrt{\gamma^2 - \omega_0{}^2}\,t} & [\mathrm{m}] \\ e^{-\gamma t - \sqrt{\gamma^2 - \omega_0{}^2}\,t} & [\mathrm{m}] \end{cases} \tag{5.82}$$

ここで，根号の中身の正負によって，この解を実数解として扱うか，複素数解として扱うかの場合分けが必要となる．m, k を定数と見なす[12] と ω_0 は定数と見なせるので，根号の中身の正負は γ の大きさに依存することになる．その γ は m と b で決まるが，m を定数と見なしているので，要するに b（抵抗力の大きさを決める比例係数）に応じて場合分けをすればよいことになる．

5.4.2 減衰振動

まず，$\gamma < \omega_0$ の場合を考える．これは，k を含む ω_0 に対して，b を含む γ が小さいので，ばねの復元力に比べて抵抗力が小さい場合になる．

さて，$\gamma < \omega_0$ の場合 $\sqrt{\gamma^2 - \omega_0{}^2}$ は虚数である．それを明確にするために，実数 $\beta = \sqrt{\omega_0{}^2 - \gamma^2}$ を用いて，

$$\sqrt{\gamma^2 - \omega_0{}^2} = \sqrt{-(\omega_0{}^2 - \gamma^2)} = \sqrt{-1}\sqrt{\omega_0{}^2 - \gamma^2} = i\beta \quad [\mathrm{s^{-1}}]$$

と表すことにする．これを使うと，特殊解に含まれる p は，

$$p = -\gamma \pm \sqrt{\gamma^2 - \omega_0{}^2} = -\gamma \pm i\beta \quad [\mathrm{s^{-1}}]$$

と書ける．したがって，2 つの特殊解は次のようになる．

$$x(t) = e^{pt} = e^{(-\gamma \pm i\beta)t} = \begin{cases} e^{-\gamma t + i\beta t} & [\mathrm{m}] \\ e^{-\gamma t - i\beta t} & [\mathrm{m}] \end{cases} \tag{5.83}$$

これらの解を定数倍したものも，やはりそれぞれに解である．解が複素数なので，定数も複素数を許すことにする．64 頁の別解ではそれらを $A + iB$, $C + iD$ としたが，ここでは趣向を変えてみる．複素数の定数をオイラーの公式のように指数関数の形で $\alpha e^{i\delta}$ と表すことにし，もう 1 つの定数として $\alpha e^{-i\delta}$ を選ぶことにする[13]．特殊解の 2 つにそれぞれの定数を掛けて，さらに足し合わせたものも解になるので，

---

[12]　質点とばねについては，ある決まったものを扱っていると見なすということ．

[13]　64 頁の別解では，複素定数に含まれる未定係数は A, B, C, D の 4 つであったが，今回は α, δ の 2 つである．したがって，$A + iB$, $C + iD$ は独立な 2 つの複素定数であるのに対して，$\alpha e^{i\delta}$, $\alpha e^{-i\delta}$ の 2 つは独立ではなく，従属関係にある．つまり，今回は，はじめに選択した複素定数の自由度が減っていることになる．しかし，別解では，最後に虚部を消すために $A = -C$, $B = D$ として，C, D の 2 つだけを残した．これは，最終的には $A + iB\,(= -C + iD)$, $C + iD$ という従属関係にある複素定数を選んだことに対応し，結果的には今回と同じことになる．今回も 2 つ目の複素定数を $\alpha' e^{-i\delta'}$ としてもよい．この場合は，別解と同様に虚部を消す必要が出てくる．今回のような複素定数の選び方は経験に基づく技巧であるが，知っておいて損はない．

$$\begin{align}
x(t) &= \alpha e^{i\delta}e^{-\gamma t+i\beta t} + \alpha e^{-i\delta}e^{-\gamma t-i\beta t} \\
&= \alpha e^{-\gamma t}(e^{i\beta t}e^{i\delta} + e^{-i\beta t}e^{-i\delta}) \\
&= \alpha e^{-\gamma t}\{e^{i(\beta t+\delta)} + e^{-i(\beta t+\delta)}\} \quad [\text{m}] \tag{5.84}
\end{align}$$

となり，これも解である．ここで，オイラーの公式 (5.51) を使うと[†14]，

$$\begin{align}
x(t) &= \alpha e^{-\gamma t}\{\cos(\beta t+\delta) + i\sin(\beta t+\delta) + \cos(\beta t+\delta) - i\sin(\beta t+\delta)\} \\
&= 2\alpha e^{-\gamma t}\cos(\beta t+\delta) \\
&= A e^{-\gamma t}\cos(\beta t+\delta) \\
&= A e^{-\gamma t}\cos(\sqrt{\omega_0^2-\gamma^2}\,t+\delta) \quad [\text{m}] \tag{5.85}
\end{align}$$

となる．定数は $A = 2\alpha$ とおきかえた．この解は，2階の微分方程式 (5.78) の解であり，2個の積分定数に対応する未定係数 A と δ を含むので，一般解である．

この一般解 $x(t)$ は，どのような振舞をするのだろうか．(5.85) について，例として $A=1, \delta=0$ の場合のグラフを描いてみる．縦軸は質点の変位，横軸は単振動の場合の周期を単位とした時間である．

$\gamma/\omega_0 = 0.2$ ($\gamma = 0.2\omega_0$) の場合のグラフ（図 5.19）を見ると，4 周期目辺りで振動が収まっている．振動する曲線を挟む上下の曲線は，(5.85) の指数関数 $e^{-\gamma t}$ である．この部分が振動を表す cos 関数に掛かることで減衰が表現される．また，振動の周期は単振動のときより若干ながら長くなっている．

$\gamma/\omega_0 = 0.0, 0.1, 0.2, 0.4$ の場合のグラフ（図 5.20）を見ると，γ/ω_0 が大きいほど抵抗力が増し，減衰が強まることがわかる．また，周期も少しずつ長くなる．この γ/ω_0 は**減衰比**

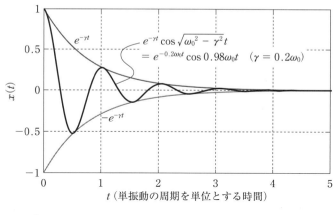

図 5.19 減衰振動 ($\gamma/\omega_0 = 0.2$ の場合)

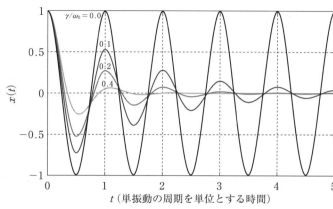

図 5.20 減衰振動 ($\gamma/\omega_0 = 0.0, 0.1, 0.2, 0.4$ の場合)

[†14] オイラーの公式を変形した $\dfrac{e^{i\theta}+e^{-i\theta}}{2} = \cos\theta$ もよく使われる．ここではこれを使ってもよい．

とよばれる．ちなみに，$\gamma/\omega_0 = 0.0$ となるのは，$b = 0$ で抵抗がない場合である．つまり，単振動の場合である．

5.4.3 過減衰

次に，$\gamma > \omega_0$ の場合を考える．これは，k を含む ω_0 に対して，b を含む γ が大きい場合なので，ばねの復元力に比べて抵抗力が大きい場合になる．

さて，(5.82) の減衰振動の2つの特殊解は，

$$x(t) = e^{pt} = \begin{cases} e^{(-\gamma+\sqrt{\gamma^2-\omega_0^2})t} & [\mathrm{m}] \\ e^{(-\gamma-\sqrt{\gamma^2-\omega_0^2})t} & [\mathrm{m}] \end{cases} \tag{5.86}$$

であった．$\gamma > \omega_0$ の場合 $\sqrt{\gamma^2 - \omega_0^2}$ は実数なので，指数関数 e の指数部は実数である．したがって，実数関数としての指数関数を考えればよい．

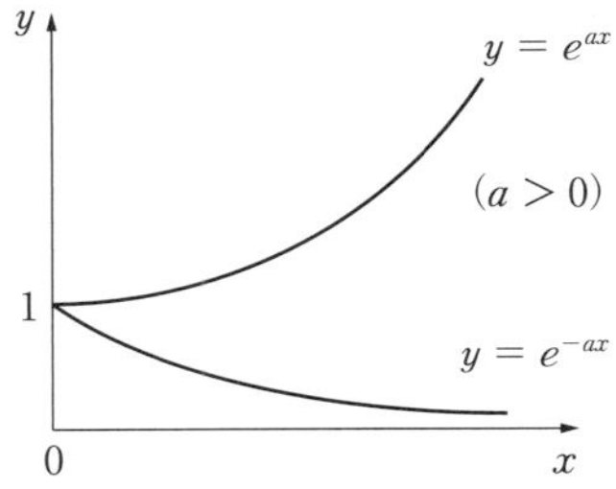

指数関数が増加関数と減少関数のどちらになるかは，指数部の符号で決まる（図 5.21）．そこで，指数部の t の係数である $-\gamma \pm \sqrt{\gamma^2 - \omega_0^2}$ の符号を考えよう．$-\gamma - \sqrt{\gamma^2 - \omega_0^2}$ は明らかに負であるが，$-\gamma + \sqrt{\gamma^2 - \omega_0^2}$ も負である[15]．そこで，指数部が負であることを明示するために，

$$\begin{cases} a_1 = \gamma - \sqrt{\gamma^2 - \omega_0^2} & [\mathrm{s}^{-1}] \\ a_2 = \gamma + \sqrt{\gamma^2 - \omega_0^2} & [\mathrm{s}^{-1}] \end{cases} \tag{5.87}$$

とおいた正の定数 a_1, a_2 を使って，

$$x(t) = \begin{cases} e^{(-\gamma+\sqrt{\gamma^2-\omega_0^2})t} = e^{-(\gamma-\sqrt{\gamma^2-\omega_0^2})t} = e^{-a_1 t} & [\mathrm{m}] \\ e^{(-\gamma-\sqrt{\gamma^2-\omega_0^2})t} = e^{-(\gamma+\sqrt{\gamma^2-\omega_0^2})t} = e^{-a_2 t} & [\mathrm{m}] \end{cases} \tag{5.88}$$

図 5.21 指数関数 $y = e^{\pm ax}$

と書きなおしておく．どちらも減少関数であるが，時間 t が無限大にならないとゼロに収束しない．このように，ある現象や変化が指数部が負の指数関数で表されるとき，「指数関数的に減少する」と表現することがある．これは，減少はするものの，なかなかゼロにならないことを指す．

さて，この2つの特殊解のそれぞれを定数倍して（それらの定数を A_1, A_2 とする），さらに和をとると，一般解が得られる．

$$x(t) = A_1 e^{-a_1 t} + A_2 e^{-a_2 t} \tag{5.89}$$
$$= A_1 e^{-(\gamma-\sqrt{\gamma^2-\omega_0^2})t} + A_2 e^{-(\gamma+\sqrt{\gamma^2-\omega_0^2})t} \quad [\mathrm{m}] \tag{5.90}$$

この解も指数関数的に減少するが，もう少し吟味すると，まず，$a_1 < a_2$ である[16]．したがって $e^{-a_1 t} > e^{-a_2 t}$ $(1/e^{a_1 t} > 1/e^{a_2 t})$ である．これは，図 5.22 のように1項目の $e^{-a_1 t}$ は2項目の $e^{-a_2 t}$ に比べてなかなかゼロに近づかないことを意味する．つまり，振幅 $x(t)$ はどのような γ を選んでも1項目の影響でなかなかゼロにならないのである[17]（図 5.23）．例えば，ばね機構がついた扉は抵抗力が強い（$\gamma > \omega_0$）と，なかなか最後まで閉まらないのである．このような減衰振動を**過減衰**という．

---

[15]　まず，$\gamma^2 - \omega_0^2 < \gamma^2$ である（左辺は右辺から ω_0^2 を引いた分小さい）．したがって，$\sqrt{\gamma^2 - \omega_0^2} < \gamma$ となるので，$-\gamma + \sqrt{\gamma^2 - \omega_0^2} < 0$ である．

[16]　$a_1 = \gamma - \sqrt{\gamma^2 - \omega_0^2}$ より a_1 は γ より小さく，$a_2 = \gamma + \sqrt{\gamma^2 - \omega_0^2}$ より a_2 は γ より大きい．

[17]　特殊な初速度を選ぶと $A_1 = 0$ となって1項目が消えるので，過減衰でも早く振幅が収束するが，それ以外の初速度では $A_1 = 0$ とならない．

5.4 減衰振動　75

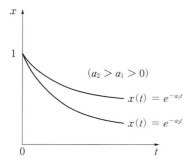

図 5.22　指数部の係数の大小

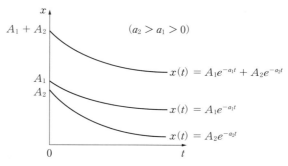

図 5.23　過減衰

5.4.4　臨界減衰

最後に，$\gamma = \omega_0$ の場合を考える．k を含む ω_0 と b を含む γ が等しいため，ばねの復元力に比べて小さくも大きくもない，<u>ほどよい抵抗力</u>になる．

まず，(5.82) の減衰振動の 2 つの特殊解に $\gamma = \omega_0$ を代入すると，

$$x(t) = e^{pt} = e^{(-\gamma \pm \sqrt{\gamma^2 - \omega_0^2})t} = e^{-\gamma t} \tag{5.91}$$

となり，特殊解が 1 つだけになることがわかる．A を定数として，この特殊解を定数倍した $x(t) = Ae^{-\gamma t}$ も解である．しかし，残念ながら積分定数にあたる未定係数が 1 つなので，これは 2 階の微分方程式である (5.78) の一般解とはいえない．

そこで，一般解を得る技法として**定数変化法**を用いる．この方法は，未定係数 A を定数ではなく t の関数 $A(t)$ と見なし，元の微分方程式を満たす $A(t)$ を求めるというものである．微分方程式 (5.78) で $\gamma = \omega_0$ とした

$$\ddot{x}(t) + 2\gamma \dot{x}(t) + \gamma^2 x(t) = 0 \quad [\mathrm{m/s^2}] \tag{5.92}$$

に，$x(t) = A(t)e^{-\gamma t}$ を代入する．先に $\dot{x}(t), \ddot{x}(t)$ を求めておくと，

$$\begin{aligned}\dot{x}(t) &= \dot{A}(t)e^{-\gamma t} + A(t)(-\gamma)e^{-\gamma t} \\ &= \{\dot{A}(t) - \gamma A(t)\}e^{-\gamma t} \quad [\mathrm{m/s}]\end{aligned} \tag{5.93}$$

$$\begin{aligned}\ddot{x}(t) &= \ddot{A}(t)e^{-\gamma t} + \dot{A}(t)(-\gamma)e^{-\gamma t} + \dot{A}(t)(-\gamma)e^{-\gamma t} + A(t)\gamma^2 e^{-\gamma t} \\ &= \{\ddot{A}(t) - 2\gamma \dot{A}(t) + \gamma^2 A(t)\}e^{-\gamma t} \quad [\mathrm{m/s^2}]\end{aligned} \tag{5.94}$$

である．$x(t), \dot{x}(t), \ddot{x}(t)$ を微分方程式に代入して整理すると，$\dot{A}(t), A(t)$ の項が消えて

$$\{\ddot{A}(t) \underline{\underline{- 2\gamma \dot{A}(t)}} + \underline{\gamma^2 A(t)} + \underline{\underline{2\gamma \dot{A}(t)}} - 2\gamma^2 A(t) + \underline{\gamma^2 A(t)}\}e^{-\gamma t} = 0 \quad [\mathrm{m/s^2}]$$

$$\ddot{A}(t)e^{-\gamma t} = 0 \quad [\mathrm{m/s^2}]$$

$$\ddot{A}(t) = 0 \quad [\mathrm{m/s^2}] \tag{5.95}$$

となる．これを t で不定積分する．α, β を積分定数として，

$$\dot{A}(t) = \alpha \quad [\mathrm{m/s}]$$

$$A(t) = \alpha t + \beta \quad [\mathrm{m}] \tag{5.96}$$

と求まる．

これより，

$$x(t) = A(t)e^{-\gamma t} = (\alpha t + \beta)e^{-\gamma t} \quad [\mathrm{m}] \tag{5.97}$$

となる．この解は α, β という未定係数 2 つを含むので，一般解といえる．

例題 5.7 臨界減衰の一般解の未定係数

$t = 0$ における質点の位置を x_0，速度を v_0 とする．この初期条件に対する α, β を求めなさい．

解 まず，初期条件を式で表すと，

$$x(0) = x_0 \quad [\text{m}] \tag{5.98}$$

$$\dot{x}(0) = v_0 \quad [\text{m/s}] \tag{5.99}$$

である．次に，質点の速度 $\dot{x}(t)$ を求めておくと，

$$\begin{aligned}
\dot{x}(t) &= \frac{d}{dt}\{(\alpha t + \beta)e^{-\gamma t}\} \\
&= \alpha e^{-\gamma t} + (\alpha t + \beta)(-\gamma)e^{-\gamma t} \\
&= (\alpha - \alpha\gamma t - \beta\gamma)e^{-\gamma t} \quad [\text{m/s}]
\end{aligned} \tag{5.100}$$

である．続いて，$x(t), \dot{x}(t)$ に $t = 0$ を代入して，初期条件と比べると，

$$\begin{cases} x(0) = (\alpha \cdot 0 + \beta)e^{-\gamma \cdot 0} = \beta = x_0 \quad [\text{m}] \\ \dot{x}(0) = (\alpha - \alpha\gamma \cdot 0 - \beta\gamma)e^{-\gamma \cdot 0} = \alpha - \beta\gamma = v_0 \quad [\text{m/s}] \end{cases} \tag{5.101}$$

となる．これらを整理すると，

$$\begin{cases} \alpha = v_0 + x_0\gamma \quad [\text{m/s}] \\ \beta = x_0 \quad [\text{m}] \end{cases} \tag{5.102}$$

である．◆

例題 5.7 の初期条件では，結局，

$$x(t) = \{(v_0 + x_0\gamma)t + x_0\}e^{-\gamma t} \quad [\text{m}] \tag{5.103}$$

となる．このグラフを描いてみると，単振動の場合の 1 周期分の時間が経つと，振動がほぼ収まることがわかる．このような減衰振動を**臨界減衰**（または**臨界制動**）という．

例として，質点を $x = 1$ から初速ゼロで放す場合，つまり $x_0 = 1, v_0 = 0$ とすると，質点の位置は

$$x(t) = (\gamma t + 1)e^{-\gamma t} \quad [\text{m}] \tag{5.104}$$

となり，図 5.24 の $\gamma = \omega_0$ の曲線のように減衰する．図 5.24 には $\gamma/\omega_0 > 1$ の過減衰の例も合わせて示してある．このように適度に抵抗をつけて臨界減衰をさせると，質点の振幅 $x(t)$ は最も早く $x = 0$ に収束する．例えば，臨界減衰をするばね機構がついた扉は，何度も振動することなく，しかも最も早く閉まる．理想的な閉まり方である．

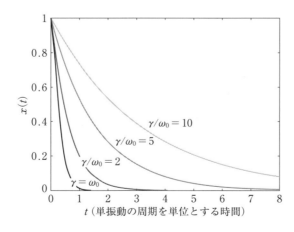

図 5.24 過減衰と臨界減衰

類題 5.4 臨界減衰

ばねの一端が固定され，他端に質量 500 g の質点が取りつけられている．質点には，速さ 1.0 m/s で抵抗力 2.0 N が作用する．この質点を振動させると臨界減衰が起こるとき，ばね定数を求めなさい．

● 第 5 章のまとめ ●

- ばね定数 k のばねの復元力 $F(x)$ は，伸縮 $x - x_0$ に比例する．

$$F(x) = -k(x - x_0)$$

これをフックの法則という．

- 単振動をする質点の運動方程式が，

$$m\ddot{x} = -kx$$

で表されるとき，一般解は，

$$x(t) = A \cos\left(\sqrt{\frac{k}{m}}\, t + \alpha\right) = A \cos\left(\omega_0 t + \alpha\right)$$

である．ここで，$\omega_0 = \sqrt{k/m}$ は角振動数である．単振動の周期は，

$$T_0 = \frac{2\pi}{\omega_0} = 2\pi\sqrt{\frac{m}{k}}$$

であり，質点の質量とばねの強さ（ばね定数）で決まる．単振動を固有振動ともいい，その振動数を固有振動数という．

- 振動を起こす物体に周期的な外力を加えてゆすることを強制振動という．外力の振動数が固有振動数に等しいと共振が起こる．

- 振動する物体に抵抗力が作用する場合は減衰振動になる．抵抗力が大きくて減衰比 γ/ω_0 が 1 より大きい場合は過減衰となって，なかなか振動が収まらない．減衰比がちょうど 1 のほどよい抵抗力では臨界減衰となって，単振動の 1 周期分程度で振動が収まる．

────────────── **章 末 問 題** ──────────────

[5.1] (5.12) が単振動の特殊解であることを示しなさい． 5.2.2項

[5.2] (5.15) が単振動の運動方程式を満たすことを示しなさい． 5.2.3項

[5.3] 単振動の一般解について，(5.15) と (5.16) が等価であることを示しなさい． 5.2.3項

[5.4] ばね定数 $k = 20.0$ N/m のばねを水平にして一端を固定し，他端に質量 $m = 100$ g の質点をつけて，単振動をさせたときの周期を求めなさい． 5.2.3項

[5.5] 前問のばねおよび質点を取りかえたところ，周期が 2 倍になった．ばね定数は $k' = 10.0$ N/m であった．質点の質量 m' を求めなさい． 5.2.3項

[5.6] 例題 5.1 において，$\alpha = \pi$ を選択した場合の質点の速度 $\dot{x}(t)$ と位置 $x(t)$ の式を求めなさい． 5.2.3項

[5.7] 例題 5.2 において，ばねが自然長の状態から質点を静かに放した場合の質点の速度 $\dot{x}(t)$ と位置 $x(t)$ の式を求めなさい． 5.2.3項

[5.8] 強制振動の運動方程式から得られる微分方程式 (5.60) について，$x(t) = \sin\omega_1 t$ が特殊解にならないことを示しなさい． 5.3.1項

[5.9] 初速が 0 で，初期位置が 1 の場合の過減衰（$\gamma > \omega_0$）の解を求めなさい． 5.4.3項

[5.10] 初速が 0 で，初期位置が x_0 の臨界減衰（$\gamma = \omega_0$）について，単振動（$\gamma = 0$）の場合の 1 周期分の時間が経ったときの質点の位置を求めなさい． 5.4.4項

6. 運動量

【学習目標】
・運動量という，運動の勢いを表す物理量を理解する．
・運動量と運動方程式の関係を理解する．
・運動方程式から運動量保存則が導出できることを理解する．
・運動方程式から運動量の変化と力積の関係が導出できることを理解する．

【キーワード】
運動量，運動方程式，運動量保存則，運動量の変化，力積

◆ 運動の勢い ◆

運動する物体には勢いがある．それをどのように表せばよいか．例えば，こちらに向って歩いてくる相撲取りにぶつかると，たいていはよろけてしまうだろう．しかし，よちよち歩きの赤ちゃんがぶつかってきても（不意を突かれなければ）受け止めることができるだろう．相撲取りと赤ちゃんでは，たとえ歩く速さが同じでも「運動の勢い」が違うのである．それは体重，正確にいうと，質量の違いである（図 6.1）．

それでは，プロ野球の投手が投げたボールを捕球したとしよう．剛速球だったが，ミットを構えているだけで運よくそこにバチンとボールが入った．手はヒリヒリである．次に，小学生が同じボールを投げてきた．パンという軽いミットの音がして楽々捕球できた．同じ質量のボールでも，ミットの音でわかるように「運動の勢い」が違う．それはボールの速さの違いである（図 6.2）．このように，実感を伴う量である「運動の勢い」は，物体の質量と速さで決まる量である．物理学では，これを運動量として扱う．

図 6.1　運動の勢い（質量の違い）　　図 6.2　運動の勢い（速さの違い）

6.1 運動量

物理学では，物体の運動の勢いを**運動量** p として[†1]，物体の質量 m と速さ v の積で表す．

$$p = mv \quad [\text{kg·m/s}] \quad (6.1)$$

これが運動量の定義であるが，正確には運動量の大きさの定義である．ここで，v を速度とすると，これは 1 次元の運動量といえるようになる．つまり，v の正負によって p の正負も決まるので，その正負によって運動量の向き（運動の向き）まで示すことになる．

[†1] 運動量（momentum）には m を使いたいところであるが，質量（mass）を m で表すのが慣例のため，p を使うことが多い．

3次元の運動をする質量 m の物体の運動の勢いを表す運動量は，物体の速度 $\vec{v} = (v_x, v_y, v_z)$ と同じ向きのベクトル量 $\vec{p}$ として

$$\vec{p} = m\vec{v} = \begin{pmatrix} mv_x \\ mv_y \\ mv_z \end{pmatrix} \ [\mathrm{kg \cdot m/s}] \tag{6.2}$$

と定義できる．この定義によって，$\vec{p}$ の大きさは運動の勢いを，$\vec{p}$ の向きは運動量の向き（運動の向き）を表すことになる．さらに，速度ベクトル $\vec{v}$ は物体の位置ベクトル $\vec{r}$ を使って $\dot{\vec{r}}$ と表せるので，

$$\vec{p} = m\vec{v} = m\dot{\vec{r}} \ [\mathrm{kg \cdot m/s}] \tag{6.3}$$

と書くこともできる．

6.2 運動方程式と運動量

物体の運動は，一般に時々刻々変化する．したがって，運動の勢いである運動量 $\vec{p}$ も時々刻々変化するので，時間の関数として $\vec{p}(t)$ と書ける．

$\vec{p}(t)$ の時間変化を調べるにはどのようにすればよいか．例えば，速度 $\vec{v}(t)$ の時間変化を表す加速度 $\vec{a}(t)$ を求めるには，速度 $\vec{v}(t)$ を時間微分すればよいことを思い出そう．$\vec{a}(t) = \dot{\vec{v}}(t)$ である．逆にいうと，ある量を時間で微分するということは，ある量の時間変化（単位時間当たりの変化）を求めるということなのである．

運動量 $\vec{p}(t)$ の時間変化を求めるには，運動量 $\vec{p}(t)$ を時間微分すればよい．(6.3) の両辺を時間 t で微分すると，

$$\dot{\vec{p}} = m\dot{\vec{v}} = m\ddot{\vec{r}} \ [\mathrm{kg \cdot m/s^2}] \tag{6.4}$$

である．最後の $m\ddot{\vec{r}}$ は!? どこかで見たことがないだろうか…．そう，運動方程式 (4.5) の左辺（物体の質量と加速度の積）である．今，物体の運動の勢いについて考えているのであるが，もちろん，その物体についての運動方程式も成り立つ．つまり，物体に作用している外力を $\vec{F}$ として

$$\dot{\vec{p}} \ (= m\ddot{\vec{r}}) = \vec{F} \ [\mathrm{N}] \tag{6.5}$$

も成り立つ．

さて，この式は何を語っているのだろうか？ この式は，「運動量 $\vec{p}$ の（時間）変化は，外力 $\vec{F}$ に等しい」と解釈できる．しかし，原因があって結果が生じるという因果律にならうと，この式はむしろ右から左に読むべきである．「外力が原因で，運動量が変化するという結果が生じる」ことを表しているのである[†2]．

6.2.1 運動量保存

これまで，運動の第二法則である運動方程式を使って物体の運動を扱ってきた．その結果，物体の速度や位置を求めることができた．ここでは新たに，運動量が運動方程式と関係していることがわかった．これは，運動方程式から，物体の運動の勢いである運動量について調べることもできることを意味している．

---

†2 運動量の時間変化率が力であるとする解釈もある．

例題 6.1 質点が 1 個で外力が作用しない場合

質量 m の質点が位置 $\vec{r}$ にある．質点に外力が作用しない場合について，質点の運動量 $\vec{p}$ の変化を調べなさい（図 6.3）．

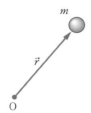

図 6.3　運動量（質点1個，外力なし）

解　まず，質点についての運動方程式を立てると，外力がないので，
$$m\ddot{\vec{r}} = \vec{0} \quad [\text{N}] \tag{6.6}$$
である．これまではこの微分方程式を解いていたが，ここでは運動量を調べたいので，そちらにもっていく必要がある．そこで，この運動方程式の左辺が (6.4) のように運動量を使って表せることを思い出そう．

左辺を $\vec{p}$ でおきかえると，
$$\dot{\vec{p}} = \vec{0} \quad [\text{kg·m/s}^2] \tag{6.7}$$
となる[†3]．この式の両辺を時間 t で積分すると，微分が 1 つ戻って
$$\vec{p} = \text{const.}（定ベクトル） \quad [\text{kg·m/s}] \tag{6.8}$$
となる．定ベクトルとは，各成分がすべて定数のベクトルである．これより，<u>運動量 $\vec{p}$ は時間変化しない</u>ことがわかった．◆

この結果を整理しておくと，前提条件として外力が作用しない場合，運動量 $\vec{p}$ は**保存**される（一定に保たれる）ことがわかる．これを**運動量保存（則）**という．運動量 $\vec{p} = m\vec{v}$ が一定ということは，速度 $\vec{v}$ が一定であり，等速直線運動をするということである．慣性の法則に従うという言い方もできる．

この章のここまでで，新しく出てきたものは運動量の定義だけである．これは定義なので，覚えるしかない．しかし，これさえ覚えておけば，運動量保存（則）は運動方程式から導くことができる．つまり，新しい事柄は何もないのである．運動量保存則は確かに便利な法則であり，重要な法則の 1 つではあるが，力学の基本法則である運動方程式から導かれるということは，ニュートンの運動法則を基本法則とする体系では，基本法則ではない（基本法則に加える必要がない）ことを理解しよう．ただし，いちいち導かなくても（つまり，運動方程式からはじめなくても）運動量保存則が成り立つことが明らかな場合は，そこからはじめてもよい．例えば，この例題のように外力が作用しない質点の場合などである．しかし，これとは条件が異なる状況で，運動量保存則が成り立つことに確信をもてない場合は，運動方程式から着実にはじめることをお勧めする．

6.2.2　力　積

質点 1 個に外力が作用している場合を考えよう．

[†3]　[N] と [kg·m/s²] は同じ単位．

例題 6.2　質点が1個で外力が作用する場合

質量 m の質点が位置 $\vec{r}$ にある．質点に外力 $\vec{F}(t)$ が作用する場合について，質点の運動量 $\vec{p}$ の変化を調べなさい（図 6.4）．

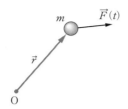

図 6.4　運動量（質点1個，外力あり）

解　まず，質点についての運動方程式を立てると，

$$m\ddot{\vec{r}} = \vec{F}(t) \quad [\text{N}] \tag{6.9}$$

である．$\vec{F}(t)$ の具体的な関数がわかれば，この微分方程式を解くこともできるが，ここでは運動量を調べたいので，そちらにもっていく．

(6.4) を使って，左辺を $\dot{\vec{p}}(t)$ でおきかえると[†4]，

$$\dot{\vec{p}}(t) = \vec{F}(t) \quad [\text{N}] \tag{6.10}$$

となる．この式の両辺を時間 t で積分するのであるが，ここでは時間 t で t_a から t_b まで定積分をすることにする．

$$\int_{t_a}^{t_b} \dot{\vec{p}}(t)\,dt = \int_{t_a}^{t_b} \vec{F}(t)\,dt \quad [\text{N·s}] \tag{6.11}$$

左辺の積分は，$\vec{p}(t)$ を微分したものを積分するので，結局 $\vec{p}(t)$ に戻り，

$$\int_{t_a}^{t_b} \dot{\vec{p}}(t)\,dt \left(= \int_{t_a}^{t_b} \frac{d\vec{p}(t)}{dt}\,dt \right) = \left[\vec{p}(t)\right]_{t_a}^{t_b} = \vec{p}(t_b) - \vec{p}(t_a) \quad [\text{kg·m/s}] \tag{6.12}$$

となる[†5]．この $\vec{p}(t_b) - \vec{p}(t_a)$ は運動量の変化なので $\Delta\vec{p}$ とおくと，

$$\underline{\Delta\vec{p} = \vec{p}(t_b) - \vec{p}(t_a) = \int_{t_a}^{t_b} \vec{F}(t)\,dt} \quad [\text{kg·m/s}] \tag{6.13}$$

となる．右辺の積分は $\vec{F}(t)$ によって変わってくる．◆

$\vec{F}(t)$ の具体的な関数の形がわかれば，それを時間で積分することによって運動量の変化が求まる．この積分はベクトルで表示されているが，成分ごとにそれぞれの積分を実行すればよい．このような力 $\vec{F}(t)$ の時間積分を**力積**という．外力が作用する場合，運動量はこの力積の分だけ変化する．つまり，運動量は保存しない．

類題 6.1　質点に時間に比例する外力が作用する場合

x 軸上を移動できる質量 500 g の質点が原点に静止している．この質点に，時間に比例する外力 $F(t) = f_0 t$ が $t = 0$ から 10 秒間だけ作用した．$f_0 = 0.18\,\text{N/s}$ とするとき，質点の速度変化を求めなさい．

6.2.3　全運動量

複数の物体があれば，相互に力を及ぼし合う．これを**相互作用**という．例えば，質量をもつ物体には万有引力がはたらく．また，物体が電気を帯びていれば，電気力（クーロン力）とし

[†4] $\vec{p}(t)$ は $\vec{p}$ と同じ．(t) をつけるのは，時間の関数であることを強調しているだけ．

[†5] [N·s] と [kg·m/s] は同じ単位．

て引力や斥力がはたらく．これらの相互作用は，作用・反作用の関係にある．つまり，運動の第三法則が成り立つ．このとき，各物体の運動量，そして，その合計である全運動量はどうなるのであろうか．それを考えてみる．

例題6.3 相互作用する2個の質点に外力が作用しない場合

質量 m_1 の質点1が位置 $\vec{r}_1$ に，質量 m_2 の質点2が位置 $\vec{r}_2$ にある（図6.5）．お互いの質点は力を及ぼし合っている（相互作用している）．どちらの質点にも外力が作用しない場合について，各質点の運動量 $\vec{p}_1$ と $\vec{p}_2$ の合計の変化を調べなさい．

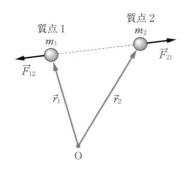

図 6.5 運動量（質点2個，相互作用あり，外力なし）

解 各質点についての運動方程式を立てる．まず，質点1について運動方程式を立てる．このとき，質点2は見ない（無いものとする）．質点1に質点2から作用する力を $\vec{F}_{12}$ とすると，

$$m_1 \ddot{\vec{r}}_1 = \vec{F}_{12} \quad [\text{N}] \tag{6.14}$$

となる．次に，質点2について運動方程式を立てる．このとき，質点1は見ない（無いものとする）．質点2に質点1から作用する力を $\vec{F}_{21}$ とすると，

$$m_2 \ddot{\vec{r}}_2 = \vec{F}_{21} \quad [\text{N}] \tag{6.15}$$

となる．これで運動方程式を立てた．つまり，運動の第二法則を使った[†6]．

さらに，相互作用をする物体については，運動の第三法則を使うことができる．$\vec{F}_{12}$ と $\vec{F}_{21}$ は作用・反作用の関係にある．この関係を式で表すと，

$$\vec{F}_{12} = -\vec{F}_{21} \quad [\text{N}] \quad \text{または} \quad \vec{F}_{12} + \vec{F}_{21} = \vec{0} \quad [\text{N}] \tag{6.16}$$

と書ける．

さて，ここまでは前章の二体問題と同じである．ここでは，運動量について調べたいので，(6.4)を使って，運動方程式(6.14)，(6.15)の左辺を運動量の時間微分 $\dot{\vec{p}}_1, \dot{\vec{p}}_2$ でおきかえると，

$$\begin{cases} \dot{\vec{p}}_1 = \vec{F}_{12} \quad [\text{N}] \\ \dot{\vec{p}}_2 = \vec{F}_{21} \quad [\text{N}] \end{cases} \tag{6.17}$$

となる．ここで，両辺の和をとると，

$$\dot{\vec{p}}_1 + \dot{\vec{p}}_2 = \vec{F}_{12} + \vec{F}_{21} \quad [\text{N}] \tag{6.18}$$

となるが，$\vec{F}_{12}$ と $\vec{F}_{21}$ は作用・反作用の関係にあるので，右辺に(6.16)を使うと

$$\dot{\vec{p}}_1 + \dot{\vec{p}}_2 = \vec{0} \quad [\text{N}] \tag{6.19}$$

となる．左辺は運動量を微分してから和をとっているが，微分と和の順序を入れかえて，運動量の和をとってから微分をしても同じなので，

$$\frac{d}{dt}(\vec{p}_1 + \vec{p}_2) = \vec{0} \quad [\text{N}(= \text{kg} \cdot \text{m/s}^2)] \tag{6.20}$$

としてもよい．この両辺を時間 t で積分すると，

[†6] 運動の第一法則は，座標系を決めるときに，それが慣性座標系であることを確認するために使う（使った）ことになる．

$$\vec{p}_1 + \vec{p}_2 = \text{const.（定ベクトル）} \quad [\text{kg·m/s}] \tag{6.21}$$

が得られる．◆

　このように，**外力が作用しない場合**，2個の質点の運動量の合計（全運動量）は保存する．これも**運動量保存（則）**である．質点が3個以上になっても，どの質点にも外力が作用していない場合は，この例と同様に運動量保存が成り立つ．ただし，個々の質点には相互作用による力が作用して力積が生じ，それぞれの運動量は変化する（保存しない）．保存するのは，複数の質点からなる系全体の運動量である．

類題 6.2　宇宙空間での観測装置の放出

　速さ 8000 m/s，質量 800 kg（観測装置を除く）の宇宙探査機が，質量 50.0 g の観測装置を前方に速さ 8200 m/s（宇宙探査機から見ると 200 m/s）で放出した．宇宙探査機の速さの変化を求めなさい．

例題 6.4　相互作用する 2 個の質点に外力が作用する場合

　質量 m_1 の質点 1 が位置 $\vec{r}_1$ に，質量 m_2 の質点 2 が位置 $\vec{r}_2$ にある（図 6.6）．お互いの質点は力を及ぼし合っている（相互作用している）．各質点に z 軸方向の外力 $\vec{F}_1, \vec{F}_2$ が作用する場合について，各質点の運動量 $\vec{p}_1$ と $\vec{p}_2$ の x 成分の合計の変化を調べなさい．

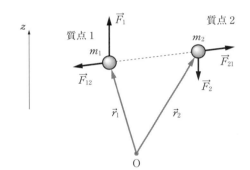

図 6.6　運動量（質点 2 個，相互作用あり，外力あり）

解　ここでも，質点 1 に質点 2 から作用する力を $\vec{F}_{12}$，質点 2 に質点 1 から作用する力を $\vec{F}_{21}$ とする．各質点についての運動方程式を立てると，

$$\begin{cases} m_1 \ddot{\vec{r}}_1 = \vec{F}_1 + \vec{F}_{12} & [\text{N}] \\ m_2 \ddot{\vec{r}}_2 = \vec{F}_2 + \vec{F}_{21} & [\text{N}] \end{cases} \tag{6.22}$$

となる．ここで，$\vec{F}_{12}$ と $\vec{F}_{21}$ は作用・反作用の関係にあるので，

$$\vec{F}_{12} = -\vec{F}_{21} \quad [\text{N}] \quad \text{または} \quad \vec{F}_{12} + \vec{F}_{21} = \vec{0} \quad [\text{N}] \tag{6.23}$$

と書ける．この関係式を使うために，運動方程式の両辺の和をとると，

$$m_1 \ddot{\vec{r}}_1 + m_2 \ddot{\vec{r}}_2 = \vec{F}_1 + \vec{F}_2 + \vec{F}_{12} + \vec{F}_{21} \tag{6.24}$$

となり，作用・反作用の関係にある $\vec{F}_{12}$ と $\vec{F}_{21}$ の和が消える．さらに，運動量について調べるために，(6.4) を使って左辺を $\dot{\vec{p}}_1, \dot{\vec{p}}_2$ でおきかえると，

$$\dot{\vec{p}}_1 + \dot{\vec{p}}_2 = \vec{F}_1 + \vec{F}_2 \quad [\text{N}] \tag{6.25}$$

$$\frac{d}{dt}(\vec{p}_1 + \vec{p}_2) = \vec{F}_1 + \vec{F}_2 \quad [\text{N}] \tag{6.26}$$

となる．左辺の微分と和の順序の入れかえも行った．

　両辺を時間 t で積分して，さらに先に進むには，外力の具体的な内容を知らなければならない．そこで，ベクトルで考えるのはここまでにして，ここからはベクトルの各成分ごとに考えることにする．

84   6. 運 動 量

$$\frac{d}{dt}\begin{pmatrix} p_{1x} + p_{2x} \\ p_{1y} + p_{2y} \\ p_{1z} + p_{2z} \end{pmatrix} = \begin{pmatrix} 0 \\ 0 \\ F_{1z} + F_{2z} \end{pmatrix} \text{ [N]} \tag{6.27}$$

題意より，外力 $\vec{F_1}, \vec{F_2}$ は z 成分しかもたない．x 成分を抜き出すと，

$$\frac{d}{dt}(p_{1x} + p_{2x}) = 0 \quad [\text{N} \, (= \text{kg·m/s}^2)] \tag{6.28}$$

である．この式の両辺を時間 t で積分すると，

$$p_{1x} + p_{2x} = \text{const.（定数）} \quad [\text{kg·m/s}] \tag{6.29}$$

となり，2 個の質点の運動量の合計（全運動量）の x 成分（$p_{1x} + p_{2x}$）は変化しない．y 成分も同様である．z 成分に関しては，全運動量の z 成分（$p_{1z} + p_{2z}$）は，力の合計の z 成分（$F_{1z} + F_{2z}$）の時間積分で求まる力積の分だけ変化する．

このように，外力が作用しても，その合計のある成分がゼロになる場合，全運動量の対応する成分は保存する．これも**運動量保存（則）**である．このことは，3 個以上の質点に対しても成り立つ．

以上のように，ひと口に運動量保存則といっても，それが適用できる範囲は前提条件によって異なってくる．運動量保存則がどこまで成立するのかに注意し，それがそれほど自明でない場合は運動方程式から導く方が無難である．◆

類題6.3 落下する2物体

高さ 20.0 m の 2 棟の建物 A, B が 12.0 m 離れて建っている．A, B のそれぞれから質量 200 g と 300 g の粘土を，同時にお互いに向けて水平に速さ 5.0 m/s で打ち出したところ，落下中に合体して地面に落下した．落下点を求めなさい．

● 第6章のまとめ ●

- 運動の勢いと向きを表す運動量 $\vec{p}$ は，質量と速度の積である．
$$\vec{p} = m\vec{v} = m\dot{\vec{r}} \quad [\text{kg·m/s}]$$
- 運動量の時間変化は外力によって生じる．
$$\dot{\vec{p}} \, (= m\ddot{\vec{r}}) = \vec{F} \quad [\text{kg·m/s}^2]$$
- 運動量保存則は，運動方程式と作用反作用の法則から導ける．
- 外力が作用していない物体の運動量は保存する．
- 外力が作用する物体の運動量は，外力を時間で積分した力積の分だけ変化する．
$$\Delta\vec{p} = \vec{p}(t_b) - \vec{p}(t_a) = \int_{t_a}^{t_b} \vec{F}(t)\, dt \quad [\text{kg·m/s}]$$
- 複数の物体は，お互いに相互作用をするが，外力が作用していなければ全運動量は保存する．
- 物体に作用する外力（の合計）のある成分がゼロであれば，（全）運動量の対応する成分は保存する．

―――――――――――――――― 章 末 問 題 ――――――――――――――――

[6.1] 時速 15 km で走っている質量 60 kg の人の運動量を求めなさい． 6.1節

[6.2] 北西に向って走行している 1.8 トンの自動車がある．速度の北向き成分が時速 36 km のとき，運動量の大きさを求めなさい． 6.1節

[6.3] 静止状態から自由落下をして時間 t_1 が経過したときの質量 m の物体の運動量の大きさは，

初速 v_0 で真上に投げ上げて時間 $3t_1$ が経過したときの質量 $2m$ の物体の運動量の大きさの何倍であるかを答えなさい．ただし，重力加速度の大きさを g とし，$v_0 = gt_1$ であったとする．　6.1節

[6.4]　質量 m の物体が重力中で放物運動をしている．鉛直上向きを z 軸とするとき，この物体の x, y 方向の運動量がどうなるかを説明しなさい．　6.2.1項

[6.5]　水平で滑らかな床の上に静止していた質量 $1.8\,\mathrm{kg}$ の物体に，$F(t) = f_0 t^2$ の水平な力を同じ向きに $t = 0$ から $t = t_1$ まで作用させたところ，速さが $3.2\,\mathrm{m/s}$ になった．t_1 を求めなさい．ただし，$f_0 = 0.64$ [N/s] である．　6.2.2項

[6.6]　x 軸上を運動する物体に，図 6.7 のような外力 $F(t)$ が x 方向に作用した．この外力による力積を求め，物体の運動量の変化を求めなさい．　6.2.2項

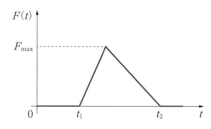

図 6.7　物体に作用する外力の時間変化

[6.7]　質量が m_1, m_2, m_3 の 3 個の物体が，それぞれ位置 $\vec{r}_1, \vec{r}_2, \vec{r}_3$ にある．どの物体にも外力は作用していないが，相互作用はしている．相互作用の力を $\vec{F}_{12}, \vec{F}_{13}, \vec{F}_{21}, \vec{F}_{23}, \vec{F}_{31}, \vec{F}_{32}$ とするとき，全運動量が保存することを示しなさい．　6.2.3項

[6.8]　宇宙空間で宇宙船（探査船と母船）が同一直線上に同じ向きに飛行している．質量が 1.00 トンで時速 $190\,\mathrm{km}$ の探査船に，質量が 9.00 トンで時速 $200\,\mathrm{km}$ の母船が後ろから追いついてドッキングした．ドッキング後の速さを求めなさい．　6.2.3項

[6.9]　水平で滑らかな xy 平面上を，質量 $m, 2m$ の物体がそれぞれ速度 (v_0, v_0)，$(-2v_0, 3v_0)$ で運動してきて，ある点で合体して 1 つの物体になった．合体後の速度を求めなさい．　6.2.3項

[6.10]*　宇宙空間をイオンエンジン[†7]で航行する宇宙船がある．静止していた宇宙船が，イオンエンジンによって Xe（キセノン）を電場で $30\,\mathrm{km/s}$ まで加速して噴射すると，$8.5\,\mathrm{mN}$ の推進力で動き出した．このとき，1 秒間に噴射される Xe の質量を求めなさい．ただし，宇宙船全体の質量の変化は無視できるものとする．　6.2.3項

---

†7　イオンを電場で加速して噴射することで推進力を得るエンジンのこと．小惑星探査機「はやぶさ」，「はやぶさ2」などに使われている．

7. 仕事と力学的エネルギー

【学習目標】

- ・物理量としての仕事を理解する.
- ・仕事を積分によって求める方法を修得する.
- ・積分は微小量の足し算であることを改めて確認する.
- ・力学的エネルギーと仕事の関係を理解する.
- ・力学的エネルギー保存を運動方程式から導けるようにする.
- ・力学的エネルギーの増減と仕事の関係を運動方程式から導けるようにする.

【キーワード】

仕事, 力, 移動距離, 内積, 微小変位, 微小量の足し算, 積分, 線積分, 力学的エネルギー, 位置エネルギー, 運動エネルギー, 重力, ばねの復元力, 外力, 運動方程式, 力学的エネルギー保存則

◆ 仕事とエネルギー ◆

日常会話で「今日の仕事は大変だった」などということがある. この場合, 仕事量に見合うだけの成果が得られることもあれば, 仕事量は同じなのに成果が振るわないこともある. 物理学でも「仕事」という単語を使うが, 日常語とは少し違う意味で使う. 何が違うのだろうか. 物理量としての「仕事」はどのように定義され, どのように求めるのだろうか. 仕事量の大小は何によって決まるのだろうか.

エネルギーも日常会話でよく使う. エネルギーによって物を動かしたりすることができる. 「エネルギーは, 仕事をする能力である」といえる. 化石エネルギーや再生可能エネルギーという言葉もよく耳にする. これらは, 我々の生活に活用されるエネルギーについて, それを生み出す源となるものを基準にしてエネルギーを区別する場合の用語である. 科学的には, エネルギーはさらにさまざまな形態に分類される. 運動エネルギー, 位置エネルギー, 熱エネルギー, 電気エネルギー, 化学エネルギー, 光エネルギー, 核エネルギーなどである. これらのエネルギーは蓄積したり, 仕事に使ったりすることができるが, その際にエネルギーが別の形態に変換されることがある. エネルギーが意図した仕事以外のエネルギーに変換されると, その分はどこかに逃げてしまい, 仕事としては損をしたことになるが, エネルギーの全体量は保たれている. いろいろなエネルギーの中で, 物体の運動に関連する運動エネルギーと位置エネルギーをまとめて力学的エネルギーとよぶ.

7.1 力と仕事

物理学でいうところの「仕事」をするのは, 物体に作用している「力」である. もちろん, その力を出しているのは人や機械かもしれないが, 「力」を主語にして, 「力が物体に仕事をした」と表現する. 誰が（何が）力を出しているのかは意識しないのである.

まずは簡単のために, 物体に作用する力が一定で, さらに物体が直線的に移動する場合を考える. 水平な床の上に置いた物体に綱をつけ, その綱と水平面がなす角を θ に保つように一定の力 $\vec{F}$ で引いたとする（図 7.1）. この力 $\vec{F}$ が物体にする仕事 W を求めよう. 物体には床からの摩擦力が作用するかもしれないが, その摩擦力がする仕事を知りたければ, $\vec{F}$ とは別

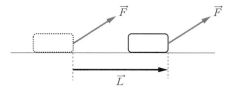
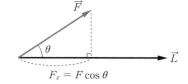

図 7.1　一定の力による仕事　　　　図 7.2　一定の力による仕事の求め方

に求めればよいので，ここでは考えなくてよい．

さて，物体が床に沿って水平方向に距離 L だけ移動した場合を考える．移動の向きも合わせて，物体の変位を $\vec{L}$ で表すことにする．力 $\vec{F}$ が仕事をするのであるが，$\vec{F}$ を床に垂直な成分 F_z と，物体が移動する方向に平行な成分 F_x に分けて考えると，物体の移動に直接関わっているのは F_x の方である†1．つまり，力 $\vec{F}$ が仕事をするといっても，有効な力の成分は F_x だけである．これが大きいほど，多くの仕事 W をしたことになる．仕事の大きさに影響するもう 1 つの要因は，物体の移動距離 L である．これが長いほど，やはり多くの仕事をしたことになる．このように，移動方向に平行な力の成分 $F_x = F\cos\theta$ と移動距離 L の積で，仕事 W が求まる（図 7.2）．

$$W = F_x \cdot L = FL\cos\theta \quad [\mathrm{N \cdot m}] \tag{7.1}$$

この式は，$\vec{F}$ と $\vec{L}$ の大きさと $\cos\theta$ の積である．そして，θ は $\vec{F}$ と $\vec{L}$ のなす角である．したがって，この式は $\vec{F}$ と $\vec{L}$ の内積に他ならない．

$$W = \vec{F} \cdot \vec{L} \quad [\mathrm{N \cdot m}] \tag{7.2}$$

これが，力 $\vec{F}$ によって物体が $\vec{L}$ だけ変位したときに，力が物体にした仕事 W である．**仕事は力のベクトルと変位ベクトルの内積で求まる．**

7.2　積分による仕事の求め方

一般に，物体に作用する力は一定ではないし，物体が直線的に移動するとも限らない．その場合の仕事はどうすれば求められるのであろうか．

位置 $\vec{r}$ にある物体に力 $\vec{F}(\vec{r})$ が作用する場合を考えよう．ここで，$\vec{F}(\vec{r})$ は $\vec{r}$ の関数であり，物体の位置によって変化する．物体がある経路を点 A から点 B まで移動する間に，力 $\vec{F}(\vec{r})$ が物体にする仕事 W を求める（図 7.3）．

さて，どこから手をつければよいのだろうか？　物体はまっすぐに移動しないし，力も変化する．仕事は簡単には求まりそうもない．全体を眺めていても，いきなり答えに到達することはできそうにない．「木を見て森を見ず」というが，逆に全体の森を見ていても捉えどころがない場合は，個々の木を 1 本ずつ見るしかない．欲張って全体を見るのはやめて，小さな一部分だけに注目してみる．つまり，物体がある短い区間を移動することを考えてみる．そうすれば，移動は直線的なものと近似できるし，力の変化も無視できる（変化しないものと近似できる）．そこで，点 A から点 B までの経路を N 個の小区間に分割してみる（例えば，100 分割したと想定しよう）．そして，物体が i 番目の小区間を移動するときに，力が物体にする仕事

---

†1　物体と床の間に摩擦がある場合は，物体を持ち上げる方向に作用する F_z には，摩擦力を弱めて物体を移動しやすくする効果はある．しかし，摩擦が無視できる場合はその効果すらない．

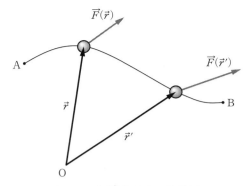
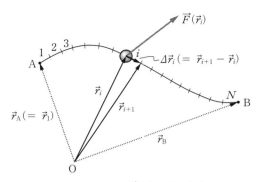

図 7.3　力 $\vec{F}(\vec{r})$ がする仕事 W 　　　図 7.4　小区間で力 $\vec{F}(\vec{r}_i)$ がする仕事 ΔW_i

ΔW_i を考える（図 7.4）．

ここで，i 番目の小区間の左右の分割点の位置をそれぞれ $\vec{r}_i, \vec{r}_{i+1}$ としよう．そうすると，i 番目の小区間の変位ベクトル $\Delta \vec{r}_i$ は，

$$\Delta \vec{r}_i = \vec{r}_{i+1} - \vec{r}_i \quad [\mathrm{m}] \tag{7.3}$$

と表せる．

経路は一般に曲線なので，小区間とはいえども $\Delta \vec{r}_i$ とのずれが気になるかもしれない（図 7.5）．そのときは，分割数 N を大きくして小区間をさらに短くすればよい（例えば，1000 分割に変更する）．そうすると，小区間の経路を直線と見なすことができるようになり，$\Delta \vec{r}_i$ とのずれは気にならなくなる（無視できるようになる）．また，物体が i 番目の小区間を移動するとき，力は $\vec{F}(\vec{r}_i)$ から $\vec{F}(\vec{r}_{i+1})$ に変化するが，その変化も無視できるようになる．つまり，物体が i 番目の小区間上にあるときに作用する力は，$\vec{F}(\vec{r}_i)$ のまま一定であると見なせるようになる．

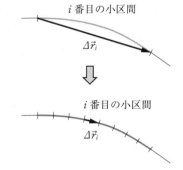

図 7.5　小区間の細分化

そうすると，物体が i 番目の小区間をほぼ直線的に $\Delta \vec{r}_i$ だけ移動する間に，ほぼ一定の力 $\vec{F}(\vec{r}_i)$ が物体にする仕事は，(7.2) を使って次のように表せる．

$$\Delta W_i = \vec{F}(\vec{r}_i) \cdot \Delta \vec{r}_i \quad [\mathrm{N \cdot m}] \tag{7.4}$$

ここまでは i 番目の小区間のみを考えたが，i を 1 から N までのどれに変えても，つまりどの小区間で考えても，仕事 ΔW_i は同じ形になる．したがって，点 A から点 B までに力 $\vec{F}(\vec{r})$ が物体にする仕事 W は，次のように ΔW_i を $i = 1$ から N まですべて足し上げればよい．

$$W = \sum_{i=1}^{N} \Delta W_i = \sum_{i=1}^{N} \vec{F}(\vec{r}_i) \cdot \Delta \vec{r}_i \quad [\mathrm{N \cdot m}] \tag{7.5}$$

これで仕事が求まった…といいたいところであるが，これはまだ近似にすぎない．この近似の精度を上げるには，分割をもっと細かくしなければならない．つまり，分割数 N を 1 万，1 億，…と大きくすればよい．こうなると人が求める限界を超えてしまうが，計算機を使えば何とかなるだろう．ここまでやっても，経路と変位ベクトルのずれや，小区間において力を一定と見なすことにまだ抵抗を感じるのであれば，分割数 N を 1 兆，1 京，…とさらに大きくすればよい．いっそのこと N を無限大にすれば，近似による誤差はゼロに収束する．つまり，正確な仕事 W が求まる．

N を無限大にするとどうなるだろうか．まず，各小区間が無限小の微小区間になる．その他，次のようなおきかえが生じる．

・N：有限の分割数　→　∞：無限の分割数（微小区間に分割）
・$\vec{r}_i$：とびとびの位置　→　$\vec{r}$：連続的な位置

- $\Delta\vec{r_i}$：有限の変位　　→　$d\vec{r}$：微小変位（微小区間）
- ΔW_i：有限の仕事　　→　dW：微小な仕事
- $\sum_{i=1}^{N}$：有限の足し算　　→　$\int_A^B$：微小量の足し算（積分）

このおきかえによって (7.4) は，物体が位置 $\vec{r}$ から $d\vec{r}$ だけ微小変位をする間に力 $\vec{F}(\vec{r})$ がする仕事

$$dW = \vec{F}(\vec{r})\cdot d\vec{r}\quad [\text{N·m}] \tag{7.6}$$

になる（図 7.6）．そして，(7.5) は微小な仕事 dW の足し算になる．微小量の足し算は積分である．したがって，

$$W = \int_A^B dW = \int_{\vec{r}_A}^{\vec{r}_B} \vec{F}(\vec{r})\cdot d\vec{r}\quad [\text{N·m}] \tag{7.7}$$

となる．

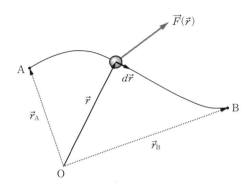

図 7.6 微小区間で力 $\vec{F}(\vec{r})$ がする仕事 dW

このように，仕事は一般に積分を用いて求める．経路に沿って積分を行うので，**線積分**とよばれる．この式は，図と共に理解しよう．式を丸暗記しても使いものにならない．丸暗記では，実例をこの式に対応させられない．ところで，この積分にはベクトルが使われているが，どのような積分をするのだろうか？ 心配は無用である．この式に実例を当てはめれば，皆さんがご存知の積分になる．

例題 7.1 自由落下する質点に重力がする仕事

質量 m の質点が，鉛直上向きを正とする z 軸の z_1 から z_0 まで（$z_1 > z_0$）自由落下する間に，重力がする仕事 W を積分を使って求めなさい（図 7.7）．

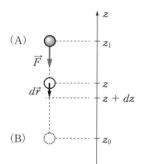

図 7.7 自由落下する質点に重力がする仕事

解 この例は，質点に作用する重力が一定で，しかも質点の移動も直線的なので，仕事を求めるのに積分を使うまでもないが（仕事 W は，重力 mg と移動距離 $z_1 - z_0$ の積である），この簡単な例を用いて，積分で仕事を求める練習をする．

まずは，「森」を見ずに「木」を見る．つまり，微小区間を見る．この場合の微小区間は，z 軸上の質点の座標 z から $z + dz$ までであり，1次元で扱えば十分なのであるが，あえてベクトルを使うと質点の位置 $\vec{r}$ と微小変位 $d\vec{r}$ は，

$$\vec{r} = \begin{pmatrix} x \\ y \\ z \end{pmatrix}, \quad d\vec{r} = \begin{pmatrix} dx \\ dy \\ dz \end{pmatrix} = \begin{pmatrix} 0 \\ 0 \\ dz \end{pmatrix} \ [\mathrm{m}] \tag{7.8}$$

と書ける．質点は x, y 方向には移動しないので，この x, y は定数であり，$dx = dy = 0$ である．ここで，$d\vec{r}$ の z 成分を $-dz$ としてはいけない．dz が正の値をとると思うのは勘違いである．dz の正負は質点の変位の向きによって決まる．この例題の場合，質点が z 軸の負の向きに移動するので $dz < 0$ である．これに負符号をつけた $-dz$ は正になり，$d\vec{r}$ が質点の動きとは逆の上向きの変位を表していることになってしまう．

次に，この微小区間 $d\vec{r}$ の間に，重力 $\vec{F}(\vec{r})$ が質点にする微小な仕事 dW を求める．重力は鉛直下向きなので，

$$\vec{F}(\vec{r}) = \begin{pmatrix} 0 \\ 0 \\ F_z \end{pmatrix} = \begin{pmatrix} 0 \\ 0 \\ -mg \end{pmatrix} \ [\mathrm{N}] \tag{7.9}$$

と表せる．重力は z 軸の負の向きなので，その z 成分が負になるように，重力の大きさ mg の前に負符号が必要である．これらのベクトルを使うと，微小な仕事は (7.6) より，以下のようになる．

$$dW = \vec{F}(\vec{r}) \cdot d\vec{r} = 0 \cdot 0 + 0 \cdot 0 + (-mg)\, dz = -mg\, dz \ [\mathrm{N \cdot m}] \tag{7.10}$$

さて，いよいよ「森」を見る．微小な仕事 dW を (7.7) に代入して，$\vec{r}_\mathrm{A}$ から $\vec{r}_\mathrm{B}$ まで足し上げると（微小量の足し算は積分である），

$$W = \int_\mathrm{A}^\mathrm{B} dW = \int_{\vec{r}_\mathrm{A}}^{\vec{r}_\mathrm{B}} \vec{F}(\vec{r}) \cdot d\vec{r} = \int_{z_1}^{z_0} (-mg)\, dz \ [\mathrm{N \cdot m}] \tag{7.11}$$

となる．積分の始点 A と終点 B の位置ベクトル $\vec{r}_\mathrm{A}, \vec{r}_\mathrm{B}$ の z 成分の z_1, z_0 が，最後の積分変数 z の積分の範囲になる．結局，見慣れた1次元の積分である．なお，先ほどは質点の移動の向きから $dz < 0$ であると判断したが，積分の式を見るだけでも dz の正負がわかる．積分範囲の増減の向きが dz の正負に対応するのである．ここでは積分変数 z の積分範囲が z_1 から z_0 へと減少するので，微小変位 dz が負であることがわかる．話を戻して，この積分を続けると，

$$W = \int_{z_1}^{z_0} (-mg)\, dz = -mg[z]_{z_1}^{z_0} = \underline{mg(z_1 - z_0)} \ [\mathrm{N \cdot m}] \tag{7.12}$$

となり，予想通りの結果が得られる．ここでは，この結果よりも，積分で仕事を求める方法を理解することが重要である．◆

類題 7.1 **自由落下する質点に重力がする仕事**

静止していた質量 20 g の物体が自由落下する 5.0 s の間に重力がする仕事 W を求めなさい．

例題 7.2 **ばねの復元力が質点にする仕事** ━━━━━━

ばね定数 k のばねを水平に置いて一端を壁に固定し，他端に質点をつける．質点と床の間の摩擦は無視できるものとする．ばねが伸びる向きを正とする水平な x 軸をとり，質点の位置を x，ばねが自然長のときの質点の位置を座標原点とする（図 7.8）．質点を $-x_0 (< 0)$ まで押して放した場合にばねの復元力が質点にする仕事について，質点が原点に戻るまでの第 1 区間の仕事 W_1 と，質点が原点から x_0 に移動するまでの第 2 区間の仕事 W_2 に分けて求めなさい．

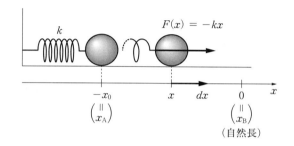

図 7.8 ばねの復元力が質点にする仕事

解 ばねの復元力は質点の位置によって変化する．したがって，この仕事を求めるには積分が必須である．まず，微小区間として質点の位置 x からの微小変位 dx を考える．この例題も 1 次元で扱えるが，あえてベクトルを使うと，質点の位置 $\vec{r}$ と微小変位 $d\vec{r}$ は次のように書ける．

$$\vec{r} = \begin{pmatrix} x \\ y \\ z \end{pmatrix}, \quad d\vec{r} = \begin{pmatrix} dx \\ dy \\ dz \end{pmatrix} = \begin{pmatrix} dx \\ 0 \\ 0 \end{pmatrix} \text{ [m]} \tag{7.13}$$

次に，この微小区間 $d\vec{r}$ の間に，ばねの復元力 $\vec{F}(\vec{r})$ が質点にする微小な仕事 dW を求める．ばねの復元力は x 成分の $F(x) = -kx$ のみで，

$$\vec{F}(\vec{r}) = \begin{pmatrix} F(x) \\ 0 \\ 0 \end{pmatrix} = \begin{pmatrix} -kx \\ 0 \\ 0 \end{pmatrix} \text{ [N]} \tag{7.14}$$

と表せるので，微小な仕事は (7.6) より，

$$dW = \vec{F}(\vec{r}) \cdot d\vec{r} = -kx\, dx + 0 \cdot 0 + 0 \cdot 0 = -kx\, dx \text{ [N·m]} \tag{7.15}$$

となる．これを (7.7) に代入して $\vec{r}_A$ から $\vec{r}_B$ まで足し上げると（微小量の足し算なので積分になる），ばねの復元力による仕事は

$$W = \int_A^B dW = \int_{\vec{r}_A}^{\vec{r}_B} \vec{F}(\vec{r}) \cdot d\vec{r} = \int_{x_A}^{x_B} (-kx)\, dx \text{ [N·m]} \tag{7.16}$$

のように積分変数が x の積分となる．ここで x_A, x_B は $\vec{r}_A, \vec{r}_B$ の x 成分であり，積分変数 x の積分範囲である．

仕事 W_1 に対する積分範囲（第 1 区間）は $x_A = -x_0$，$x_B = 0$ なので

$$W_1 = \int_{-x_0}^{0} (-kx)\, dx = -k \left[\frac{1}{2}x^2 \right]_{-x_0}^{0} = \frac{1}{2}kx_0^2 \text{ [N·m]} \tag{7.17}$$

と求まる．仕事 W_2 に対する積分範囲（第 2 区間）は $x_A = 0$，$x_B = x_0$ なので

$$W_2 = \int_{0}^{x_0} (-kx)\, dx = -k \left[\frac{1}{2}x^2 \right]_{0}^{x_0} = -\frac{1}{2}kx_0^2 \text{ [N·m]} \tag{7.18}$$

となる．積分による仕事の求め方は理解できたであろうか？ ◆

ところで，W_1 は正に，W_2 は負になった．これは何を意味するのだろうか？ ばねの復元力が仕事 W_1 をする場合，質点の変位と力の向きがそろっているので，それらの内積で求まる仕事は正になる．このとき，変位の向きに力が作用して質点は加速される．それに対して，

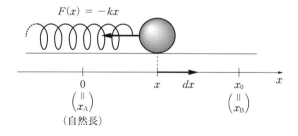

図 7.9 仕事が負になる場合

92　7．仕事と力学的エネルギー

ばねの復元力が仕事 W_2 をする場合，質点には変位とは逆向きの力が作用し，それらの内積で求まる仕事は負になる（図7.9）．このとき，変位を妨げる向きに力が作用して質点は減速される．

類題7.2　ばねの復元力が質点にする仕事（続き）

ばねの復元力が質点にする仕事を，質点が x_0 から原点に再び戻ってくるまでの第3区間の仕事 W_3 と，原点から $-x_0$ に戻るまでの第4区間の仕事 W_4 に分けて求めなさい．また，W_1, W_2, W_3, W_4 の合計を求めなさい．

7.3　力学的エネルギーの基本事項

運動している物体は，他の物体を動かしたりすることができる．したがって，エネルギーをもっている．これを**運動エネルギー**という．具体的には，速度 $\vec{v}$ で運動している質量 m の物体の運動エネルギー K は[2]，

$$K(v) = \frac{1}{2}mv^2 \left(= \frac{1}{2}m\vec{v}^2 \right) \quad [\mathrm{J}\,(= \mathrm{kg \cdot m^2/s^2})] \tag{7.19}$$

と表される（図7.10）．**ベクトルの自乗**（2乗）は同じベクトル同士の内積を表す．$\vec{v}^2 = \vec{v} \cdot \vec{v} = |\vec{v}||\vec{v}|\cos 0 = v^2$ となり，そのベクトルの大きさの自乗を表すことになる．K は速さ v の関数である．物体が速いほど運動エネルギーは大きい．ところで，なぜこれが運動エネルギーを表すのか？　その答は運動方程式にある．これ

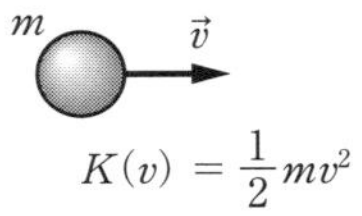

図7.10　運動エネルギー

は運動方程式から導けるのである．そのことについては後ほど触れる．とりあえず，この式はよく使う基本中の基本なので覚えておこう．エネルギーの単位は〔J〕（**ジュール**）である．

物体がある位置にあると，仕事をする能力をもっていることがある．例えば，高い位置にある物体は，重力によってそこから落下して運動する可能性がある．また，ばねに押しつけられた物体は，ばねの復元力でそこから押し返されて運動する可能性がある．前者は重力が介在し，後者はばねの復元力が介在するが，どちらの場合もそれらの力によって物体が動けば，さらに別の物体を動かすことができる．これは，はじめの物体が仕事をする能力（可能性）を秘めていることを意味する．つまり，仕事をするために必要なエネルギーを潜在的にもっているのである．これを**位置エネルギー**[3]という．位置 $\vec{r}$ にある物体の位置エネルギーを $U(\vec{r})$ と表すことにする．

重力が介在する位置エネルギー $U_{重力}$ は，鉛直上向きを正とする z 軸において物体が位置 z にあるとき，

$$U_{重力}(z) = mgz \quad [\mathrm{J}] \tag{7.20}$$

と表せる．ただし，これ単独では意味をなさない[4]．位置エネルギーは，ある基準点での位置エネルギーとの差にこそ意味がある．したがって，位置エネルギーを語るには基準点の明言が必須である．図7.11のように基準点を z_0 とすると，基準点での位置エネルギーとの差は高低差を使って次のように表せる．

---

[2]　運動エネルギーは Kinetic Energy というので，その頭文字 K を使うことにする．

[3]　位置エネルギーは Potential（潜在的な，可能性がある）Energy ともいう．

[4]　例えば，原点 $z = 0$ では $U_{重力}(0) = 0\,\mathrm{J}$ となるが，これは位置エネルギーが「ない」という意味ではない．$U_{重力} = 10\,\mathrm{J}$ と比べると位置エネルギーが $10\,\mathrm{J}$ だけ低く，$U_{重力} = -5\,\mathrm{J}$ と比べると $5\,\mathrm{J}$ だけ高いことになる．このように相対値に意味がある．

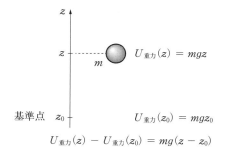

図 7.11 位置エネルギー（重力の場合）

$$U_{重力}(z) - U_{重力}(z_0) = mg(z - z_0) \quad [\text{J}] \quad (7.21)$$

また，ばねの復元力（弾性力）が介在する位置エネルギー $U_{弾性}$ は，図 7.12 のようにばねの伸縮を x，自然長となる $x = 0$ を基準点として[†5]，

$$U_{弾性}(x) = \frac{1}{2}kx^2 \quad [\text{J}] \quad (7.22)$$

と表せる．これを**弾性エネルギー**とよぶこともある．このエネルギーは伸縮したばねに蓄えられる．

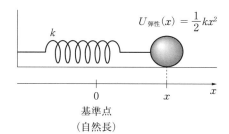

図 7.12 位置エネルギー（ばねの場合）

どちらの位置エネルギーも単位は [J] である．これらの式の形も運動方程式から導くことができるが，とりあえずは基本事項として覚えておこう．暗記は推奨しないが，これらは頻繁に使うので覚えた方が早い．最低限の覚えるべき事項だと観念して，しっかり覚えよう．

7.4 仕事と力学的エネルギー

前節では，物体は重力によって落下運動をする可能性があり，それは，物体が重力に関わる位置エネルギーをもっているという解釈につながることを述べた．これはさらに，物体が落下運動によって運動エネルギーを得ることをも意味する．その他にも，物体が落下する間に重力が仕事をすることにもなる．これらの力学的エネルギーと仕事は，どのような関係になっているのだろうか．

7.4.1 重力の場合

まずは，重力について力学的エネルギーと仕事の関係を整理しておこう．

[†5] 重力の場合は任意の点を基準点としてよいが，ばねの復元力の場合は，自然長のばねに溜まっている位置エネルギーをゼロ（この場合は本当に「ない」）と考えるのが自然なので，普通は自然長の位置を基準点とする．

例題 7.3　重力に関する力学的エネルギーと仕事

質量 m の質点が，鉛直上向きを正とする z 軸の $z = h$ から初速 0 で自由落下し，位置エネルギーの基準点である $z = 0$ に達するまでについて，質点の位置エネルギー U，運動エネルギー K，重力が質点にする仕事 W を考える（図 7.13）．落下途中の質点の位置を z，基準点での質点の速さを v とするとき，以下の表の空欄を埋めなさい．ただし，W については，質点が $z = h$ から $z = 0$ まで落下する間に重力が質点にする仕事を求めなさい．

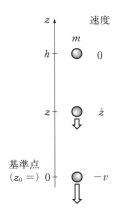

図 7.13　自由落下する物体

表 7.1　自由落下する質点の力学的エネルギーと重力がする仕事

位置 [m]	速度 [m/s]	U [J]	W [N·m]	K [J]	$U + K$ [J]
h	0	(1)		0	(6)
z	$\dot{z}$	(2)	(3)	(4)	(7)
0	$-v$	0		(5)	(8)

解　まず，位置エネルギー U は (7.21) より，質点の位置 h, z に対して (1) $\underline{mgh}$，(2) $\underline{mgz}$ である．そして，質点が直線的に距離 h だけ落下する間に，質点の移動と同じ向きの重力 mg がする仕事 W は (3) $\underline{mgh}$ である．さらに，質点の運動エネルギー K は (7.19) より，質点の位置 $z, 0$ に対して (4) $\underline{\frac{1}{2}m\dot{z}^2}$，(5) $\underline{\frac{1}{2}mv^2}$ である．最後に，力学的エネルギー $U + K$ は質点の位置 $h, z, 0$ に対して (6) $\underline{mgh}$，(7) $\underline{mgz + \frac{1}{2}m\dot{z}^2}$，(8) $\underline{\frac{1}{2}mv^2}$ である．◆

さて，完成した表を見て何か気がつかないだろうか？　まず，表の (1) と (3) が同じ mgh なのに，前者はエネルギーの単位 [J] で，後者は仕事の単位 [N·m] であることに気がつく．実は，これら 2 つの単位は等価で，仕事の単位にも [J] が使えるのである（仕事とエネルギーが等価に扱えることは以下の考察で納得してほしい）．この他には，このままでは気づかないかもしれないが，もう少し手間をかけると，さらに次の 2 つのことが見えてくる．

1 つ目は，表の (5) の基準点に到達した質点の運動エネルギーである．速さ v は，運動方程式を立てて，それを解けば求まる．ここでは，第 4 章の例題 4.8 の結果を再利用しよう．今は自由落下を扱っているので，(4.42) に初速度として $v_0 = 0$ を代入すると，

$$\begin{cases} \dot{z}(t) = -gt \quad [\text{m/s}] \\ z(t) = -\frac{1}{2}gt^2 + h \quad [\text{m}] \end{cases} \quad (7.23)$$

が得られる．ここで，質点が基準点に到達する時刻を t_1 とすると，

$$\begin{cases} \dot{z}(t_1) = -gt_1 = -v \quad [\text{m/s}] \\ z(t_1) = -\dfrac{1}{2}gt_1^2 + h = 0 \quad [\text{m}] \end{cases} \quad (7.24)$$

である．第 2 式から $t_1 = \pm\sqrt{2h/g}$ となるが，自由落下開始後の時刻に対応する正の方を第 1 式に代入すると $v = \sqrt{2gh}$ が求まる．これを表の (5) の $(1/2)mv^2$ に代入すると mgh となる．実は，基準点における運動エネルギーである (5) も (1) や (3) と同じになるのである．これは次のように解釈できる（図 7.14）．

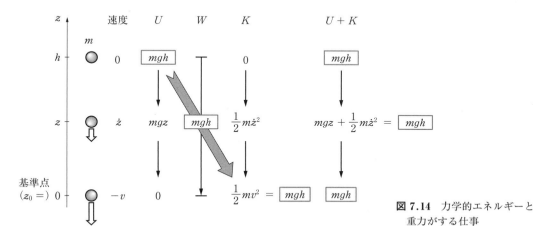

図 7.14 力学的エネルギーと重力がする仕事

- はじめ，基準点より高い所にある質点は重力による正の位置エネルギー $U = mgh$ をもっているが，運動エネルギー K はゼロである．その位置エネルギーをもとにして，重力によって仕事をされる可能性をもっている状態にある．
- 次に，質点は落下しながら重力によって仕事 W をされる．その結果，運動エネルギー K は増加するが，位置エネルギー U は減少する．つまり，仕事 W を介して U が K に変換されていく．
- 最後に基準点に到達したとき，質点の位置エネルギー U は使い果たされてゼロになるが，それに見合う仕事 $W = mgh$ をされて，その分だけ運動エネルギー $K (= (1/2)mv^2) = mgh$ を得た状態になる．

正の位置エネルギーをもっている物体は仕事をされる．そして，仕事を介して位置エネルギーが運動エネルギーに変換されるのである．

2 つ目は，力学的エネルギー $U + K$ についてである．先ほど求めた自由落下の (7.23) の $z, \dot{z}$ を表の (7) の式に代入すると，

$$U + K = mgz + \frac{1}{2}m\dot{z}^2 = mg\left(-\frac{1}{2}gt^2 + h\right) + \frac{1}{2}m(-gt)^2 = mgh \quad [\text{J}] \quad (7.25)$$

となる．結局，$U + K$ は表の (6) 〜 (8) のすべてが mgh であって，常に一定であることがわかる（図 7.14）．この例に限らず，位置エネルギーに関与する力の他に外力が作用しない場合，力学的エネルギーは保存する．

$$U + K = \text{一定} \quad (7.26)$$

これを **力学的エネルギー保存(則)** という．この例題では一定値が mgh であるが，一般には初期条件によって決まる．

さて，この例題では位置エネルギーをもっている状態から話をはじめたが，そもそも質点はどのようにしてその位置エネルギーを得たのだろうか．質点が基準点にあるときの位置エネルギーはゼロなので，そこから高さ h まで移動させることを考えてみる．この場合，質点が勝手に高い所に移動することはないので，手に質点を乗せて手から離れないように持ち上げることにする（図 7.15）．質点には重力が作用するので，上向きの外力を手から加える必要がある．この外力が重力に逆らって仕事 mgh をすることによって，それに等しい位置エネルギー mgh を質点が得るのである[†6]．

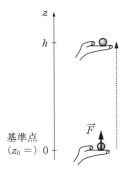

図 7.15 重力に逆らって仕事をする．

類題 7.3　バンジージャンプ

質量 60 kg の人がバンジージャンプをした．命綱のゴムが伸びはじめるまでの 30 m の降下で，重力がした仕事を求めなさい．また，30 m 降下したときのこの人の時速を求めなさい．

7.4.2　ばねの復元力の場合

ばねの復元力による仕事と力学的エネルギーを考える．

例題 7.4　ばねの復元力による仕事と力学的エネルギー

例題 7.2 の水平に置いたばねにつけられた質点がばねの復元力によってされる仕事と，質点の力学的エネルギーについて，第 1 区間，第 2 区間に分けて説明しなさい（図 7.16）．

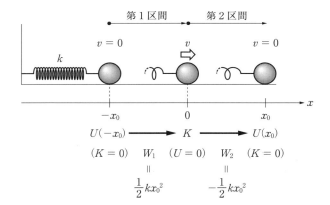

図 7.16 ばねの復元力による仕事と力学的エネルギー

解　例題 7.2 の第 1 区間では，質点はばねの復元力によって進行方向に押されて正の仕事をされる．ばねの復元力によって仕事をされるということは，質点がもともと $-x_0$ にあるときに，ばねの復元力による位置エネルギー $U(-x_0)$ が（収縮したばねに）蓄えられていたからである．このとき，質点の

[†6] 原点で質点に上向きの初速を与え，その後は質点が高さ h に到達するまで重力とつり合う大きさ mg の外力を上向きに作用させ続ければ，質点は一定の速度で上昇し，外力 mg がする仕事は移動距離 h を掛けて mgh になる．はじめに与えた運動エネルギーは変化しないので，重力に逆らって外力がしたこの仕事 mgh が質点の位置エネルギーになる．この説明で納得できればそれでよい．初速を与えるところや，高さ h でも運動エネルギーをもつことが（はじめと同じ運動エネルギーなので，差し引いて考えれば問題ないのだが）腑に落ちないというのであれば，章末問題 [7.7] を解いてみるとよい．外力をうまく調整すると，質点が高さ h に到達した瞬間に速度がゼロになるようにすることができる．そうすると，その瞬間の質点の力学的エネルギーは，運動エネルギーがゼロで，重力に逆らって外力が質点にした仕事が位置エネルギーとして質点に蓄えられた状態になる．また，外力が一定である必要がないこともわかる．

運動エネルギーはゼロである.

　その後,ばねの収縮が戻ることによって,ばねに蓄えられていた位置エネルギーは減る.それとは逆に,ばねの復元力によって仕事をされる質点の運動エネルギーは増える.

　質点が原点まで戻ってくると,ばねが自然長になって(伸縮がなくなって)位置エネルギーもゼロになるが,ばねの復元力によってされた仕事 $W_1 = (1/2)kx_0{}^2$ に等しい運動エネルギー $K\,(=W_1)$ をもつことになる.これは,位置エネルギー $U(-x_0)$ が正の仕事を介して運動エネルギー K に変換されたと解釈できる.床と質点の間の摩擦や空気抵抗が無視できるとすると,エネルギーは他には逃げずに,位置エネルギーがすべて運動エネルギーになるので,

$$U(-x_0) \;=\; K \;=\; W_1 \;=\; \frac{1}{2}kx_0{}^2 \quad [\mathrm{J}] \tag{7.27}$$

であることがわかる.

　次に,第2区間に移る.ばねの復元力が質点の進行方向と逆向きにはたらいて,負の仕事をされることで質点は減速し,運動エネルギーが減る.それとは逆に,ばねが伸びることで,ばねの復元力による位置エネルギーがばねに蓄えられていく.

　質点は x_0 まで到達した所で止まり,運動エネルギーがゼロになる.質点が原点でもっていた運動エネルギー $K = (1/2)kx_0{}^2$ は,負の仕事 $W_2 = -(1/2)kx_0{}^2$ によってゼロになるのである.運動エネルギーが減った分は,質点が x_0 にあるときのばねの復元力による位置エネルギー $U(x_0)$ としてばねに蓄えられる.これは,運動エネルギー K が負の仕事を介して位置エネルギー $U(x_0)$ に変換されたと解釈できる.

　摩擦や空気抵抗が無視できる場合,運動エネルギーはすべて位置エネルギーになる.つまり,

$$U(x_0) \;=\; K \;=\; \frac{1}{2}kx_0{}^2 \quad [\mathrm{J}] \tag{7.28}$$

となるのである. ◆

　質点が $-x_0, x_0$ にある場合をまとめると,ばねの伸縮が x のときにばねに蓄えられている位置エネルギー $U(x)$ は,x の正負によらず次のように書ける.

$$U(x) \;=\; \frac{1}{2}kx^2 \quad [\mathrm{J}] \tag{7.29}$$

7.5　運動方程式と力学的エネルギー

　ここまで,実例をもとにして仕事と力学的エネルギーの関係を考察した.しかし,まだ運動の基本法則を使った説明をしていない.例えば,運動方程式を使って力学的エネルギーが保存することや,仕事と力学的エネルギーの関係を説明できるのだろうか.それができなければ基本法則とはいえない.もちろん「できる」.ただし,簡単な小道具が必要である.

例題 7.5　小道具の導出

z を t の関数 $z(t)$ とするとき,$\dfrac{d}{dt}z^2$, $\dfrac{d}{dt}\dot{z}^2$ を求めなさい.

解　z を時刻 t の物体の座標と思ってもよい.さて,まずはよくある間違いについて説明する.

$$\frac{d}{dt}z^2 \neq 2z, \qquad \frac{d}{dt}\dot{z}^2 \neq 2\dot{z}$$

これらの式の不等号を等号にすると,どちらも誤答になる.仮に問題が変更されて

$$\frac{d}{dz}z^2 = 2z, \quad \frac{d}{d\dot{z}}\dot{z}^2 = 2\dot{z}$$

であれば正しい．変更箇所がわかるだろうか．微分変数が t から $z, \dot{z}$ に変わっているのである．しかし，求めたいのは $z, \dot{z}$ ではなく，t での微分である…．実は，これらは合成関数 $f(z(t)) = z^2$, $g(\dot{z}(t)) = \dot{z}^2$ の微分である[†7]．したがって，次のようにすれば正しい結果が得られる．

$$\frac{d}{dt}z^2 \left(= \frac{d}{dt}f(z(t)) = \frac{df}{dz}\frac{dz}{dt}\right) = \left(\frac{d}{dz}z^2\right)\frac{dz}{dt} = \underline{2z\dot{z}} \tag{7.30}$$

$$\frac{d}{dt}\dot{z}^2 \left(= \frac{d}{dt}g(\dot{z}(t)) = \frac{dg}{d\dot{z}}\frac{d\dot{z}}{dt}\right) = \left(\frac{d}{d\dot{z}}\dot{z}^2\right)\frac{d\dot{z}}{dt} = \underline{2\dot{z}\ddot{z}} \tag{7.31}$$

◆

さて，これらを小道具として使えるように，次のように変形しておく．

$$z\dot{z} = \frac{d}{dt}\left(\frac{1}{2}z^2\right) \tag{7.32}$$

$$\dot{z}\ddot{z} = \frac{d}{dt}\left(\frac{1}{2}\dot{z}^2\right) \tag{7.33}$$

この小道具を知っていると，物体の運動を扱っているときに，位置 z と速度 $\dot{z}$ の積を見つけたら位置の自乗を半分にしたものの微分(7.32)に，速度 $\dot{z}$ と加速度 $\ddot{z}$ の積を見つけたら速度の自乗を半分にしたものの微分(7.33)におきかえることができる．

類題7.4 小道具（x 成分）

x を t の関数 $x(t)$ とするとき，$x\dot{x}$ を x^2 を含む式に，$\dot{x}\ddot{x}$ を $\dot{x}^2$ を含む式に変形しなさい．

7.5.1 力学的エネルギー保存

まずは簡単な運動方程式に，小道具を使ってみよう．質点が重力中を自由落下する場合について，運動方程式を立てて，それから力学的エネルギーが保存することを導いてみる．

鉛直上向きを正とする z 軸をとり，質量 m の質点の位置を z とする（図7.17）．質点の運動方程式を立てると，

$$m\ddot{z} = -mg \quad [\text{N}] \tag{7.34}$$

である．この式の両辺に $\dot{z}$ を掛ける．

$$m\dot{z}\ddot{z} = -mg\dot{z} \quad [\text{N·m/s} (= \text{J/s})] \tag{7.35}$$

唐突なようだが，小道具を使うため意識的に式中に $\dot{z}\ddot{z}$ を作ったのである．

$$m\underline{\dot{z}\ddot{z}} + mg\dot{z} = 0 \quad [\text{J/s}] \quad （左辺にまとめた） \tag{7.36}$$

$$m\frac{d}{dt}\left(\frac{1}{2}\dot{z}^2\right) + mg\frac{d}{dt}z = 0 \quad [\text{J/s}] \quad ((7.33)の小道具を使った） \tag{7.37}$$

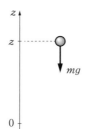

図7.17 自由落下する物体の力学的エネルギー

[†7] ただし，$z(t), \dot{z}(t)$ の具体的な関数の形は与えられていない．

$$\frac{d}{dt}\left(\frac{1}{2}m\dot{z}^2\right) + \frac{d}{dt}(mgz) = 0 \quad [\text{J/s}] \quad (定数を微分の中に入れた) \quad (7.38)$$

$$\frac{d}{dt}\left(\frac{1}{2}m\dot{z}^2 + mgz\right) = 0 \quad [\text{J/s}] \quad (微分と和の順序を入れかえた) \quad (7.39)$$

両辺を t で積分すると，微分の括弧の中身が出てくるので，積分定数を const. とすると

$$\frac{1}{2}m\dot{z}^2 + mgz = \text{const.} \quad [\text{J}] \quad (7.40)$$

となる．これは何か？ もうおわかりだろう．左辺の1項目は運動エネルギー $K(\dot{z})$，2項目は重力による位置エネルギー $U_{重力}(z)$ である．つまり，左辺は力学的エネルギーであり，積分定数を E_0 とおくと

$$K(\dot{z}) + U_{重力}(z) = E_0 \quad [\text{J}] \quad (7.41)$$

となる．これは**力学的エネルギー保存(則)**を表す式である．

運動エネルギー $K(\dot{z})$ と位置エネルギー $U_{重力}(z)$ のそれぞれは変化するが，その合計は一定であることを示している．

ここで元の式に戻って，E_0 について吟味しておく．

$$\frac{1}{2}m\dot{z}^2 + mgz = E_0 \quad [\text{J}] \quad (7.42)$$

この積分定数 E_0 を決めるには追加の情報が必要である．例えば，「時刻 $t=0$ に初速ゼロで高さ h から質点を放した」という初期条件が与えられたとする．この文章を式で表すと，

$$\dot{z}(0) = 0 \quad [\text{m/s}], \quad z(0) = h \quad [\text{m}] \quad (7.43)$$

と書ける．これらを

$$\frac{1}{2}m\{\dot{z}(t)\}^2 + mgz(t) = E_0 \quad [\text{J}] \quad (7.44)$$

に代入すると（正確には $t=0$ を代入した後に $\dot{z}(0), z(0)$ を代入すると），

$$\frac{1}{2}m \cdot 0^2 + mgh = E_0 \quad [\text{J}] \quad (7.45)$$

となり，$E_0 = mgh$ と求まる．

例題 7.6 ばねの復元力による力学的エネルギー

水平に置いたばね定数 k のばねの左端を壁に固定し，右端に質量 m の質点をつけてある（図7.18）．水平右向きを正とする x 軸をとり，質点の位置を x とする．また，ばねが自然長のときの質点の位置を原点とし，質点と床の間の摩擦は無視できるものとする．運動方程式を立てて，力学的エネルギー保存を表す式を導きなさい．

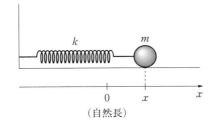

図7.18 ばねの復元力による力学的エネルギー

解 まず，運動方程式を立てる．x 成分（1次元）だけで十分である．

$$m\ddot{x} = -kx \quad [\text{N}] \quad (7.46)$$

さて，ここで (7.33) の小道具を使いたい．変数が z ではなく x であるが，同様に成り立つ．左辺に $\ddot{x}$,

右辺に x が含まれているので，両辺に $\dot{x}$ を掛ければ，うまく $\dot{x}\ddot{x}$ と $x\dot{x}$ が現れる．

$$m\dot{x}\ddot{x} = -kx\dot{x} \quad [\text{N·m/s}\,(=\text{J/s})] \tag{7.47}$$

(7.33) の小道具を使って式変形をすると，

$$m\dot{x}\ddot{x} + kx\dot{x} = 0 \quad [\text{J/s}] \quad (\text{左辺にまとめた}) \tag{7.48}$$

$$m\frac{d}{dt}\left(\frac{1}{2}\dot{x}^2\right) + k\frac{d}{dt}\left(\frac{1}{2}x^2\right) = 0 \quad [\text{J/s}] \quad ((7.33)\text{の小道具を使った}) \tag{7.49}$$

$$\frac{d}{dt}\left(\frac{1}{2}m\dot{x}^2\right) + \frac{d}{dt}\left(\frac{1}{2}kx^2\right) = 0 \quad [\text{J/s}] \quad (\text{定数を微分の中に入れた}) \tag{7.50}$$

$$\frac{d}{dt}\left(\frac{1}{2}m\dot{x}^2 + \frac{1}{2}kx^2\right) = 0 \quad [\text{J/s}] \quad (\text{微分と和の順序を入れかえた}) \tag{7.51}$$

両辺を t で積分すると，微分の括弧の中身が出てくる．積分定数を const. とすると

$$\frac{1}{2}m\dot{x}^2 + \frac{1}{2}kx^2 = \text{const.} \quad [\text{J}] \tag{7.52}$$

となる．◆

類題 7.5 ばねの復元力による力学的エネルギー（続き）

例題 7.6 で，初期条件「質点を $x_0\,(>0)$ まで引いて静かに放した」が与えられた場合の積分定数 (const.) を求めなさい．

7.5.2 外力による仕事

重力やばねの復元力などの位置エネルギーと関連する力以外の外力がする仕事と力学的エネルギーの関係を，運動方程式から導いてみる．

簡単な例として，水平で滑らかな床の上で質量 m の物体を水平に右向きに引く場合を考える（図 7.19）．水平右向きを正とする x 軸をとり，物体の位置を x とする．物体を引く力は，物体の位置 x の関数として $F(x)$ で表されるとする（定数ではない）．

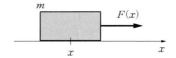

図 7.19 滑らかな床の上で物体を引く．

まず，運動方程式の x 成分を立てると

$$m\ddot{x} = F(x) \quad [\text{N}] \tag{7.53}$$

である．(7.33) の小道具を使うために，両辺に $\dot{x}$ を掛けると，

$$m\dot{x}\ddot{x} = F(x)\,\dot{x} \quad [\text{N·m/s}\,(=\text{J/s})] \tag{7.54}$$

$$m\frac{d}{dt}\left(\frac{1}{2}\dot{x}^2\right) = F(x)\,\frac{dx}{dt} \quad [\text{J/s}] \tag{7.55}$$

$$\frac{d}{dt}\left(\frac{1}{2}m\dot{x}^2\right) = F(x)\,\frac{dx}{dt} \quad [\text{J/s}] \tag{7.56}$$

ここでは，両辺を時間 t で定積分してみる．積分範囲を $t_0 \sim t_1$ とすると，

$$\int_{t_0}^{t_1}\frac{d}{dt}\left(\frac{1}{2}m\dot{x}^2\right)dt = \int_{t_0}^{t_1}F(x)\,\frac{dx}{dt}\,dt \quad [\text{J}] \tag{7.57}$$

$$\left[\frac{1}{2}m\dot{x}^2\right]_{t=t_0}^{t=t_1} = \int_{t_0}^{t_1}F(x)\,\frac{dx}{dt}\,dt \quad [\text{J}] \tag{7.58}$$

となる．ここで $\dot{x}(t_0) = v_0$, $\dot{x}(t_1) = v_1$ とすると，

$$\frac{1}{2}mv_1^2 - \frac{1}{2}mv_0^2 = \int_{t_0}^{t_1}F(x)\,\frac{dx}{dt}\,dt \quad [\text{J}] \tag{7.59}$$

となり，左辺は運動エネルギーの変化となる．

さて，右辺は何だろうか．外力を表す具体的な関数 $F(x)$ が与えられれば積分できるが，

実は $F(x)$ がわからなくても，もう少し式変形ができて，

$$\frac{1}{2}mv_1{}^2 - \frac{1}{2}mv_0{}^2 = \int_{x_0}^{x_1} F(x)\,dx \quad [\text{J}] \tag{7.60}$$

となる．右辺の式変形にはピンとこないかもしれない．しかし，この逆の式変形は知っているはずである．次式に見覚えがないだろうか？

$$\int_{x_0}^{x_1} F(x)\,dx = \int_{t_0}^{t_1} F(x(t))\,\frac{dx}{dt}\,dt \tag{7.61}$$

これは，x を t の関数 $x(t)$ におきかえる置換積分である．この変数変換による積分領域の対応は，

x	x_0	$\to$	x_1
t	t_0	$\to$	t_1

となる．置換積分の式変形を逆にたどるのは，慣れていないとわかりづらいかもしれない．しかし，このような使い方もできるのである．

　話を戻すと，(7.60) の右辺は，外力 $F(x)$ の位置 x による積分に変形されたのである．ここで，また何かに気がつかないだろうか．$F(x)\,dx$ は，物体が dx だけ微小変位するときに外力 $F(x)$ がする仕事 dW である．したがって，(7.60) の右辺の積分は，物体が x_0 から x_1 まで移動する間に外力がする仕事 W となる．

$$\frac{1}{2}mv_1{}^2 - \frac{1}{2}mv_0{}^2 = \int_{x_0}^{x_1} F(x)\,dx = \int_{x=x_0}^{x=x_1} dW = W \quad [\text{J}] \tag{7.62}$$

　ここで左辺の話に戻ると，時刻 t_0, t_1 のときの運動エネルギーを K_0, K_1 とし，その変化（増減）を ΔK とすると，

$$\boxed{\Delta K = K_1 - K_0 = W \quad [\text{J}] \tag{7.63}}$$

という結果が得られたことになる．この式を解釈すると，物体の運動エネルギーの変化 ΔK は，外力が物体にした仕事 W に等しいということになる．外力による仕事が原因で，結果として運動エネルギーの変化が生じるので，因果関係を考えると，この式は右から左に読むべきである．いずれにしても，運動方程式から得られた結論である．

● 第 7 章のまとめ ●

- 物体に作用している力が物体に仕事をする（「力」が主語）．
- 物体の移動方向に平行な力の成分だけが仕事に寄与する．
- 力が一定で，変位が直線的な場合，力ベクトルと変位ベクトルの内積で仕事が求まる．
- 一般に仕事を求めるには，まず，物体が微小変位 $d\vec{r}$ をする間に，力 $\vec{F}(\vec{r})$ が物体にする微小な仕事 dW を求める．

$$dW = \vec{F}(\vec{r}) \cdot d\vec{r} \quad [\text{N·m}]$$

- そして，dW を $\vec{r}_{\text{A}}$ から $\vec{r}_{\text{B}}$ まで足し上げる（積分する）と全体の仕事 W が求まる．

$$W = \int_{\text{A}}^{\text{B}} dW = \int_{\vec{r}_{\text{A}}}^{\vec{r}_{\text{B}}} \vec{F}(\vec{r}) \cdot d\vec{r} \quad [\text{N·m}]$$

- 基本的な力学的エネルギーには以下の 3 つがある．

　運動エネルギー $\qquad K(v) = \frac{1}{2}mv^2$

位置エネルギー（重力）　$U_{重力}(z) - U_{重力}(z_0) = mg(z - z_0)$

（ばね）　$U_{弾性}(x) = \dfrac{1}{2}kx^2$

- 重力やばねの復元力などの位置エネルギーに関連する力の場合，それらによる仕事を介して，位置エネルギーと運動エネルギーの変換が起こる．その結果，位置エネルギーと運動エネルギーは変化するが，それらの合計である力学的エネルギーは保存する．

$$U + K = 一定$$

- 正の仕事によって物体の運動エネルギーは増加し，負の仕事によって物体の運動エネルギーは減少する．

$$\Delta K = K_1 - K_0 = W$$

- 力学的エネルギー保存や，運動エネルギーの増減と仕事の関係は，すべて運動方程式から導くことができる．

―――― 章 末 問 題 ――――

[7.1]　xyz 直交座標系の点 A $(3, 5, -2)$ にあった質点が，点 B $(1, -2, 2)$ までの直線上を一定の力 $\vec{F} = (2, -1, 4)$ を受けながら移動した．この間に力 $\vec{F}$ が質点にした仕事を求めなさい．ただし，位置座標の単位は [m]，力の各成分の単位は [N] とする．　7.1節

[7.2]　x 軸上の点 A, B の座標をそれぞれ a, b $(a < b)$ とする．AB の途中の点の座標を x とし，そこからの微小区間を dx とする．このとき，AB 間の距離 L を積分で求めなさい．　7.2節

[7.3]　ばね定数 k の水平なばねの一端が壁に固定され，他端には質点がついている．ばねの伸びが a (> 0) の状態から $2a$ の状態になるまで，質点を水平に引いた．このとき，ばねの復元力が質点にする仕事を求めなさい．　7.2節

[7.4]　x 軸上を運動する質点に，x 方向の力 $F(x) = F_0(e^{x/a} + e^{-x/a})$ が作用している．質点が $x = -a$ から $x = a$ まで移動する間に，$F(x)$ によってされる仕事を求めなさい．　7.2節

[7.5]*　xy 平面上で，自然長 a のばねの一端が原点の周りに回転できるように原点に固定されている．ばねの他端には質点がついている．質点が $y = a$ の直線上を $(0, a)$ から (a, a) まで移動するとき，ばねの復元力が質点にする仕事を求めなさい（図 7.20）．　7.2節

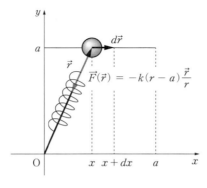

図 7.20　xy 平面上のばねの復元力による仕事

[7.6]　時速 $54.0\,\mathrm{km}$ で走行する，質量 1.56 トンの自動車の運動エネルギーを求めなさい．また，ランドマークタワー最上階の $277\,\mathrm{m}$ にいる体重（質量）$64.7\,\mathrm{kg}$ の人の位置エネルギーを，地上を基準点として求めなさい．　7.3節

[7.7]*　質量 m の物体を手に乗せて，鉛直上向きの z 座標の原点から高さ h まで持ち上げる．時刻 t に手から物体に作用する力 $F(t)$ は

$$F(t) = \begin{cases} mg(1 + \sin \omega t) & \left(0 \le t \le \dfrac{2\pi}{\omega}\right) \\ mg & \left(t < 0, \ \dfrac{2\pi}{\omega} < t\right) \end{cases} \quad [\text{N}]$$

である．物体の位置を $z(t)$ とし，$z(0) = 0$，$z(2\pi/\omega) = h$，初速はゼロとする．まず，$\dot{z}(2\pi/\omega)$ を求めなさい．次に，$z(2\pi/\omega) = h$ から ω を求めなさい．そして，この力が物体にする仕事を求めなさい． 7.4.1項 ， 7.5.2項

[7.8] $\vec{r}$ を t の関数 $\vec{r}(t)$ とするとき，$\dfrac{d}{dt}\vec{r}^2$，$\dfrac{d}{dt}\dot{\vec{r}}^2$ を求めなさい．ただし，$\vec{a}^2 = \vec{a}\cdot\vec{a}$ である．

7.5節

[7.9] 上端を天井に固定したばね定数 k のばねの下端に質量 m の質点をつけて吊し，上下に運動させる．鉛直上向きを正とする z 軸で，質点の位置を z，ばねが自然長のときの質点の位置を原点とする．運動方程式を立てて，力学的エネルギー保存を表す式を導きなさい． 7.5.1項

[7.10] 水平で滑らかな床の上で，質量 m の物体に右向きの水平な外力を作用させる．水平右向きの x 軸をとり，物体の位置を x，そのときの外力を $F(x) = -f_0 x(x - a)$ とする（$f_0 > 0$）．はじめ $x = 0$ で右向きの初速 v_0 をもっていた物体が $x = a\,(>0)$ まで移動する間について，運動方程式を立てて，運動エネルギーの変化と外力がする仕事の関係を調べなさい． 7.5.2項

8. 保存力と位置エネルギー

【学習目標】
・保存力の定義と性質を理解する．
・保存力から位置エネルギーを求められるようになる．
・位置エネルギーから保存力を求められるようになる．
・万有引力について理解する．

【キーワード】
重力，ばねの復元力，保存力，位置エネルギー，仕事，周回積分，ナブラ，勾配

◆ 重力やばねの復元力の性質 ◆

第7章で，重力やばねの復元力には位置エネルギーが付随し，力学的エネルギーが保存することを学んだ．重力やばねの復元力は，手で物体を押す力や摩擦力とは異なる性質をもっているようである．重力やばねの復元力と同様の性質をもつ力を保存力とよぶ．静電気力（クーロン力）もまた保存力である．保存力にはどのような性質があるのだろうか．また，保存力とそれに付随する位置エネルギーはどのような関係にあるのだろうか．それらをこの章で扱う．

8.1 保存力

8.1.1 保存力がする仕事

どのような力が保存力とよばれるのであろうか．重力を例にして，保存力の定義を理解することにしよう．

まず，重力 mg によって質量 m の質点が自由落下する場合，高低差 h_1 の間に重力が質点にする仕事は $W_1 = mgh_1$ である（図 8.1）．

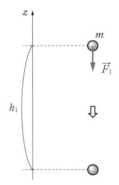

図 8.1 重力がする仕事
（自由落下の場合）

例題 8.1 重力が斜面を滑り降りる物体にする仕事

水平面と角度 θ をなす斜面上を質量 m の質点が斜面に沿って距離 L だけ滑り降りる間に，重力がする仕事 W を求めなさい（図 8.2）．

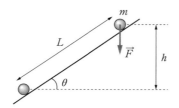

図 8.2 重力がする仕事
（斜面の場合）

解 質点は斜面に沿って移動するので，仕事に効くのは重力の斜面方向の成分 $mg\sin\theta$ だけである[†1]．したがって，$W = mgL\sin\theta = mgh$ となる．これは高低差 h の自由落下と同じである．◆

それでは，この例題を利用して，高低差 h_2 と h_2' の2つの斜面を組み合わせて，質点が自由落下と同じ始点から同じ終点に移動する場合を考える[†2]（図 8.3）．重力がする仕事は上の斜面で mgh_2，下の斜面で mgh_2' となるので，合計の仕事は $W_2 = mgh_2 + mgh_2' = mg(h_2 + h_2') = mgh_1$ となる．

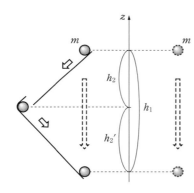

図 8.3 重力がする仕事（斜面が2つある場合）

今，自由落下の場合と2つの斜面を滑り降りる場合について，思考実験を行った結果，重力が質点にする仕事は等しく $W_1 = W_2$ となることがわかった．質点が移動する経路が異なっても，移動経路の始点と終点が同じであれば，重力がする仕事は変わらないのである．まだ2通りの経路しか確認していないが，これはどのような経路を選んでも成り立つ．これが保存力の大切な性質の1つである．

そこで，この性質を一般化してみる．ここで，点 A から点 B の間の経路 C 上を物体が移動する間に力 $\vec{F}$ がする仕事を $W(A, B)$ と表すことにする．経路 C 上の位置 $\vec{r}$ にある物体に作用する力 $\vec{F}(\vec{r})$ がする仕事は，

$$W(A, B) = \int_C \vec{F}(\vec{r}) \cdot d\vec{r} \quad [\text{J}] \tag{8.1}$$

と表せる[†3]．一般に，仕事 $W(A, B)$ が経路 C の取り方によらないとき，$\vec{F}$ を**保存力**という．これが保存力の定義である．表現を変えると，保存力がする仕事 $W(A, B)$ は経路の始点と終点だけで決まる，ともいえる．

例題 8.2　式による保存力の表現方法

力 $\vec{F}(\vec{r})$ が物体に仕事をするとき，始点 A と終点 B を共通にする別々の経路 C, C′, C″ に対

[†1] 重力による仕事を求めるときは，摩擦があったとしても摩擦がする仕事は考えなくてよい．それに興味があれば，別に求めればよいだけである．
[†2] 斜面の切りかえで質点が微妙に曲線的に移動する点は気にしないことにする．
[†3] 仕事にもエネルギーの単位 [J] をつけることにする．もちろん [N·m] でもよい．

して，$\vec{F}(\vec{r})$ が保存力の場合に成り立つ式を書きなさい（図 8.4）．

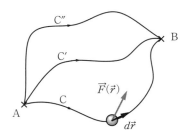

図 8.4 保存力がする仕事

解 保存力の場合，どのような経路でも仕事が等しくなる．したがって，
$$W(\mathrm{A},\mathrm{B}) = \int_{\mathrm{C}}\vec{F}(\vec{r})\cdot d\vec{r} = \int_{\mathrm{C'}}\vec{F}(\vec{r})\cdot d\vec{r} = \int_{\mathrm{C''}}\vec{F}(\vec{r})\cdot d\vec{r} \quad [\mathrm{J}] \tag{8.2}$$
が成り立つ．◆

8.1.2 保存力の性質

保存力の定義そのものが，保存力の大事な性質の 1 つの側面を表している．しかし，それを別の角度から見ると，同じ性質が別の見え方をしてくる．それを見てみよう．

空間のある位置 $\vec{r}$ に物体を置くと，保存力 $\vec{F}(\vec{r})$ が作用するとしよう．何もない「空間」に対して，このように性質をもった空間を**場**とよぶ[4]．例えば，何もない空き地をサッカーができるように整備するとサッカー場とよぶようになる（ただし，この場合は「サッカーじょう」と読む）．今の場合，この空間は保存力が作用するという性質をもつので**「保存力場」**という[5]．

話を戻すと，保存力場の 2 点 AB 間を左側の経路 C_1 と右側の経路 C_2 でつなぎ，各経路上を物体が移動することを考える（図 8.5）．このとき，保存力 $\vec{F}(\vec{r})$ が物体にする仕事 $W(\mathrm{A}, \mathrm{B})$ は等しい．
$$W(\mathrm{A},\mathrm{B}) = \int_{\mathrm{C}_1}\vec{F}(\vec{r})\cdot d\vec{r} = \int_{\mathrm{C}_2}\vec{F}(\vec{r})\cdot d\vec{r} \quad [\mathrm{J}] \tag{8.3}$$

ここで，経路 C_2 と逆向きの経路 C_2' を考え，物体が経路 C_2 を逆行したときにされる仕事 $W(\mathrm{B}, \mathrm{A})$ を調べる（図 8.6）．
$$W(\mathrm{B},\mathrm{A}) = \int_{\mathrm{C}_2'}\vec{F}(\vec{r}')\cdot d\vec{r}' \quad [\mathrm{J}] \tag{8.4}$$

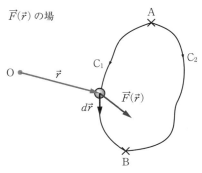

図 8.5 保存力の性質（別の側面）

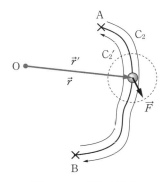

図 8.6 C_2 経路を逆行

---

[4] 英語では「空間」を space といい，「場」を field という．
[5] 静電気力が作用する場を**電場**，磁気力が作用する場を**磁場**という．

経路 C₂ を進むときの物体の位置ベクトル $\vec{r}$ と区別するために，経路 C₂' を進むときの物体の位置ベクトルを $\vec{r}\,'$ とした．

物体が経路 C₂, C₂' のそれぞれを移動するとき，進む向きは逆であるが，必ず同じ位置（微小区間）を1度ずつ通過する（図8.7）．そのときの位置ベクトルは $\vec{r} = \vec{r}\,'$ なので，保存力は $\vec{F}(\vec{r}) = \vec{F}(\vec{r}\,')$ であるが，微小区間での微小変位ベクトル（線素ベクトル）は逆向きなので $d\vec{r} = -d\vec{r}\,'$ となる．この両辺のそれぞれに $\vec{F}(\vec{r})$ と $\vec{F}(\vec{r}\,')$ を内積として掛けると

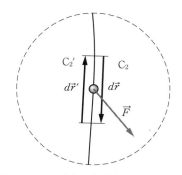

図 8.7 C₂ 経路を逆行（微小区間の拡大）

$$\underbrace{\vec{F}(\vec{r}) \cdot d\vec{r}}_{dW} = -\underbrace{\vec{F}(\vec{r}\,') \cdot d\vec{r}\,'}_{dW'} \quad [\text{J}] \tag{8.5}$$

となる．これは，微小区間でのそれぞれの微小な仕事は，正負が反転することを表している．したがって，この両辺をそれぞれの経路で積分すると，

$$\int_{C_2} \vec{F}(\vec{r}) \cdot d\vec{r} = -\int_{C_2'} \vec{F}(\vec{r}\,') \cdot d\vec{r}\,' \quad [\text{J}] \tag{8.6}$$

となる．経路を反転すると積分の符号が反転することがわかった[†6]．

これを保存力の定義に相当する (8.3) の右辺に適用すると

$$\int_{C_1} \vec{F}(\vec{r}) \cdot d\vec{r} \left(= \int_{C_2} \vec{F}(\vec{r}) \cdot d\vec{r} \right) = -\int_{C_2'} \vec{F}(\vec{r}\,') \cdot d\vec{r}\,' \quad [\text{J}] \tag{8.7}$$

$$\int_{C_1} \vec{F}(\vec{r}) \cdot d\vec{r} + \int_{C_2'} \vec{F}(\vec{r}\,') \cdot d\vec{r}\,' = 0 \quad [\text{J}] \tag{8.8}$$

となる．経路 C₁ に続いて C₂' で積分をしているが，これは何を表しているのだろうか？ 経路に注目すると，左側の経路で A から B へ移動し，右側の経路で B から A に戻っているので，結局，閉じた経路を1周して戻っている．このような線積分を**周回積分**とよび，次のように書く．

$$\oint_C \vec{F}(\vec{r}) \cdot d\vec{r} = 0 \quad [\text{J}] \tag{8.9}$$

経路 C₁ と C₂' を合わせた1周の経路を改めて経路 C とおきなおした（図8.8）．この式が，保存力の性質の別の側面を表している．つまり，「保存力の場合，仕事を求める周回積分がゼロになる」のである．閉じた経路を周回して戻って来ると，仕事の合計がゼロになる．ただし，仕事をしないわけではない．正の仕事もすれば，負の仕事もして，全体として正負がちょうど打ち消し合うのである．

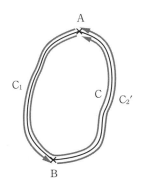

図 8.8 1周（周回）の経路

[†6] 1次元の普通の積分で積分範囲を反転すると，符号が反転するのと同様である．

8.2 位置エネルギー

重力やばねの復元力は、それぞれの**位置エネルギー**と関連づけられる。位置エネルギーを**ポテンシャルエネルギー** (Potential[7] Energy) ともよぶ。物体が位置エネルギーをもつということは、それと関連づけられた力によって仕事をされて、運動エネルギーを獲得する能力を潜在的にもっているということである。ここでは、保存力と位置エネルギーの関係を調べてみる。

8.2.1 位置エネルギーの求め方

保存力場では、物体がある位置 $\vec{r}$ にあるだけで（まだ動いていなくても）、保存力によって仕事をされて運動エネルギーを得る可能性をもっている。仕事を介して運動エネルギーに変換され得る潜在的なエネルギーが、その位置 $\vec{r}$ にある物体がもつ位置エネルギーである。したがって、位置エネルギーを求めるには、位置 $\vec{r}$ にある物体が基準点 $\vec{r}_0$ へ移動すると想定して、保存力 $\vec{F}$ が物体にするであろうと思われる仕事を求めればよい。保存力なので仕事は経路によらず、

$$W(\vec{r}, \vec{r}_0) = \int_{\vec{r}}^{\vec{r}_0} \vec{F}(\vec{r}') \cdot d\vec{r}' \quad [\text{J}] \tag{8.10}$$

となる。$\vec{r}$ から $\vec{r}_0$ までの経路の途中の位置を $\vec{r}'$、そこでの微小変位を $d\vec{r}'$ とした（図 8.9）。

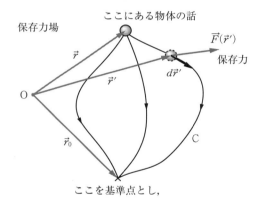

図 8.9 位置エネルギー

この仕事 $W(\vec{r}, \vec{r}_0)$ が、物体が基準点 $\vec{r}_0$ に到達した場合にもち得る運動エネルギーに等しく、さらに、その運動エネルギーが、位置 $\vec{r}$ にある物体がもつ位置エネルギー $U(\vec{r})$ と基準点 $\vec{r}_0$ での位置エネルギー $U(\vec{r}_0)$ の差に等しい[8]。したがって、

$$\boxed{U(\vec{r}) - U(\vec{r}_0) = \int_{\vec{r}}^{\vec{r}_0} \vec{F}(\vec{r}') \cdot d\vec{r}' \quad [\text{J}]} \tag{8.11}$$

である。位置エネルギーは、このように保存力を線積分することによって求めるのである（このとき、始点と終点を逆にしないように注意しよう）。

例題 8.3 重力の位置エネルギー

位置 $\vec{r}$ にある質量 m の質点について、重力による位置エネルギー $U(\vec{r})$ を求めなさい。z 軸は鉛直上向きを正とし、基準点 $\vec{r}_0$ で $U(\vec{r}_0) = 0$ とする（図 8.10）。

---

[7] 「潜在的な」という意味である。
[8] $U(\vec{r}) = U(x, y, z)$, $U(\vec{r}_0) = U(x_0, y_0, z_0)$ である。

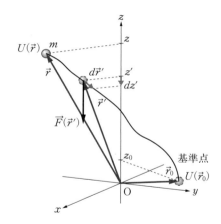

図 8.10 重力の位置エネルギー (3 次元)

解 質点が位置 $\vec{r}$ から基準点 $\vec{r}_0$ に移動することを想定し，その経路上の位置 $\vec{r}'$ での重力 $\vec{F}(\vec{r}')$ と，そこからの微小変位 $d\vec{r}'$ を成分で表示する．

$$\vec{F}(\vec{r}') = \begin{pmatrix} 0 \\ 0 \\ -mg \end{pmatrix} \text{ [N]}, \quad d\vec{r}' = \begin{pmatrix} dx' \\ dy' \\ dz' \end{pmatrix} \text{ [m]} \tag{8.12}$$

これらの内積は，質点が微小変位する間に重力がする仕事である．

$$\vec{F}(\vec{r}') \cdot d\vec{r}' = \begin{pmatrix} 0 \\ 0 \\ -mg \end{pmatrix} \cdot \begin{pmatrix} dx' \\ dy' \\ dz' \end{pmatrix} \tag{8.13}$$

$$= 0 \cdot dx' + 0 \cdot dy' + (-mg)\, dz' \tag{8.14}$$

$$= -mg\, dz' \quad \text{[J]} \tag{8.15}$$

これを (8.11) に代入すると

$$U(\vec{r}) - U(\vec{r}_0) = \int_{\vec{r}}^{\vec{r}_0} \vec{F}(\vec{r}') \cdot d\vec{r}' = -\int_z^{z_0} mg\, dz' \tag{8.16}$$

$$= -mg[z']_z^{z_0} = mg(z - z_0) \quad \text{[J]} \tag{8.17}$$

となる．基準点 $\vec{r}_0$ での位置エネルギーを $U(\vec{r}_0) = 0$ とする場合は，$\underline{U(\vec{r}) = mg(z - z_0)}$ である．◆

これを見るとわかるように，重力の位置エネルギーは z のみを含む 1 変数関数 $U(z)$ になる．これは，重力が z 成分のみの 1 次元で表せるからである（図 8.11）．このような場合は，はじめから 1 次元で考えてもよい（次項の (8.19) を参照）．

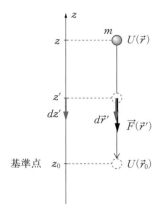

図 8.11 重力の位置エネルギー (1 次元)

110   8. 保存力と位置エネルギー

8.2.2 位置エネルギーと保存力の関係

保存力 $\vec{F}(\vec{r})$ から物体の位置エネルギー $U(\vec{r})$ を求める (8.11) の逆を考えよう．つまり，物体の位置エネルギー $U(\vec{r})$ がわかっている場合に，それに対応する保存力 $\vec{F}(\vec{r})$ を求める式がどのような形になるかを考える．まず，積分の中身を書き下しておく．

$$\vec{F}(\vec{r}') \cdot d\vec{r}' = \begin{pmatrix} F_x(x', y', z') \\ F_y(x', y', z') \\ F_z(x', y', z') \end{pmatrix} \cdot \begin{pmatrix} dx' \\ dy' \\ dz' \end{pmatrix}$$

$$= F_x(x', y', z')dx' + F_y(x', y', z')dy' + F_z(x', y', z')dz' \quad [\text{N·m}]$$

(8.18)

1 次元の場合

ここでは，簡単のために 1 次元（例えば z 成分）で考えることにする．

・物体は x, y 方向には移動しないので $dx' = dy' = 0$．
・保存力 $\vec{F}$ は x, y 成分がないので $F_x = F_y = 0$．
・保存力 $\vec{F}$ の z 成分も x, y によらないので，$F_z(x', y', z') \to F_z(z') = F(z')$ と書けば十分．
・位置エネルギーも x, y によらないので，$U(\vec{r}) = U(x, y, z) \to U(z)$ と書けば十分．

以上より，1 次元の場合の (8.11) は

$$U(z) - U(z_0) = \int_z^{z_0} F(z') \, dz' \quad [\text{J}] \tag{8.19}$$

と書ける．このままでは，知りたいもの（保存力）が積分の中にあり，わかっているもの（位置エネルギー）が答として外（左辺）にあるので，これ以上は話が進まない．そこで，箱の中身がわからないときに箱をゆさぶって音を聞くように，物体の位置 z をわずかにずらして（物体を少しゆさぶって）位置エネルギー $U(z)$ の変化を調べてみる．

z から少し離れた $z + \Delta z$ での位置エネルギーは

$$U(z + \Delta z) - U(z_0) = \int_{z+\Delta z}^{z_0} F(z') \, dz' \quad [\text{J}] \tag{8.20}$$

となり，この近接する 2 点での物体の位置エネルギーの差は

$$\begin{aligned} \Delta U &= \{U(z + \Delta z) - U(z_0)\} - \{U(z) - U(z_0)\} \\ &= \int_{z+\Delta z}^{z_0} F(z') \, dz' - \int_z^{z_0} F(z') \, dz' \\ &= \int_{z+\Delta z}^{z_0} F(z') \, dz' + \int_{z_0}^{z} F(z') \, dz' \\ &= \int_{z+\Delta z}^{z} F(z') \, dz' \quad [\text{J}] \end{aligned} \tag{8.21}$$

となる（図 8.12）．第 2 式と第 3 式の第 2 項の積分は，経路を逆転させたので符号が反転している．そうすると第 3 式の 2 つの積分は，z_0 が積分領域の途中点になっているだけなので，第 4 式のように一気に積分できる．

ここで $\Delta z \approx 0$ の場合，$z + \Delta z \sim z$ の間の位置を z' とすると，$F(z')$ は $F(z)$ とほとんど同じ定数と近似することができる（図 8.13）．そこで $F(z') \approx F(z)$ と見なすと，積分変数が z' なので，$F(z')$ を $F(z)$ として積分の外に出せる（この積分では，z は単に積分領域の境界を表す定数である）．

$$\Delta U \approx F(z) \int_{z+\Delta z}^{z} dz' = F(z) \left[z' \right]_{z+\Delta z}^{z} = -F(z) \, \Delta z \quad [\text{J}]$$

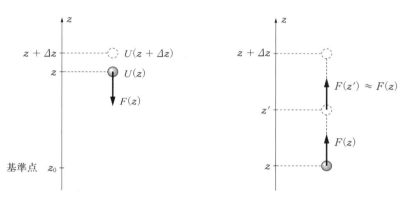

図 8.12 近接点の位置エネルギーの差　　**図 8.13** 近接する 2 点間での保存力の近似

$$\therefore F(z) \approx -\frac{\Delta U}{\Delta z} \quad [\text{N}] \tag{8.22}$$

ここまでは近似なので，精度を上げるために極限 $\Delta z \to 0$ をとると，

$$F(z) = -\lim_{\Delta z \to 0} \frac{\Delta U}{\Delta z} = -\frac{dU}{dz} \quad [\text{N}] \tag{8.23}$$

となり，結局，位置エネルギーを位置変数で微分すると保存力が得られる（時間微分ではないことと，負符号がつくことに注意すること）．

$$F(z) = -\frac{dU(z)}{dz} \quad [\text{N}] \tag{8.24}$$

ところで，この式は何を表しているのだろうか？　横軸を z，縦軸を $U(z)$ としてグラフを描いて考えてみる（図 8.14）．z の関数 $U(z)$ が与えられていて，ある曲線になるとしよう．物体は z 軸上の座標 z にある．この式によると，物体に作用する保存力を求めるには，まず位置エネルギー $U(z)$ を z で微分するのだが，これは z における曲線 $U(z)$ の傾きである．例えば，右上がりの曲線では傾き dU/dz が正である．保存力 $F(z)$ は，その正負を逆転したものなので負になる．実際の物体は z 軸上にあるが，「まるで物体が曲線上にあって左に転がるかのように」左向きの力が物体に作用するのである．

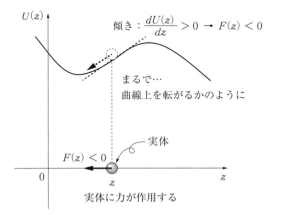

図 8.14 位置エネルギー $U(z)$ のグラフ

例題 8.4 重力の位置エネルギーから重力を求める

鉛直上向きの z 軸上で，座標 z にある質点の重力による位置エネルギーが $U(z) = mg(z - z_0)$ であるとき，質点に作用する重力 $F(z)$ を求めなさい．z_0 は位置エネルギーの基準点である．

解　与えられた位置エネルギー $U(z)$ を (8.24) に代入すればよい．mgz_0 を変数 z で微分すると，基準点 z_0 は定数なのでゼロになる．

$$F(z) = -\frac{dU(z)}{dz} = -\frac{d}{dz}\{mg(z-z_0)\} = \underline{-mg} \quad [\text{N}] \tag{8.25}$$

このように，重力が下向きであることを示す負符号も込みで求まる．◆

3次元の場合

さて，3次元の場合に話を戻す．

1次元の結果から類推すると，保存力の z 成分 $F_z(x,y,z)$ は位置エネルギー $U(x,y,z)$ を，位置の変数 z で微分して負符号をつけるとよさそうである．ところが，$U(x,y,z)$ は x, y, z の3変数なので，z で微分するといっても x, y をどうすればよいのか，はたと迷ってしまう．

実は，この微分は z だけで微分する**偏微分**になる．

$$F_z(x,y,z) = -\frac{\partial U(x,y,z)}{\partial z} \quad [\text{N}] \tag{8.26}$$

この記号「∂」は偏微分のときに使う微分記号である．「ラウンドディー」または単に「ディー」と読む．これに対して，これまでの1変数の微分を**常微分**とよぶ．偏微分は，多変数のうちの1変数に偏って微分を行う．上の式だと $U(x,y,z)$ に含まれる z だけを変数と見なし，x, y は定数と見なして微分を行うことになる．偏微分のお約束はこれだけである．それ以外は常微分と同じように行えばよい．つまり，常微分ができれば偏微分もできる（はずである）．

x, y 成分も同様に，

$$F_x(x,y,z) = -\frac{\partial U(x,y,z)}{\partial x} \quad [\text{N}] \tag{8.27}$$

$$F_y(x,y,z) = -\frac{\partial U(x,y,z)}{\partial y} \quad [\text{N}] \tag{8.28}$$

となる[9]．これらをまとめると

$$\vec{F}(x,y,z) = \begin{pmatrix} F_x(x,y,z) \\ F_y(x,y,z) \\ F_z(x,y,z) \end{pmatrix} = \begin{pmatrix} -\dfrac{\partial U(x,y,z)}{\partial x} \\ -\dfrac{\partial U(x,y,z)}{\partial y} \\ -\dfrac{\partial U(x,y,z)}{\partial z} \end{pmatrix} = -\begin{pmatrix} \dfrac{\partial}{\partial x} \\ \dfrac{\partial}{\partial y} \\ \dfrac{\partial}{\partial z} \end{pmatrix} U(x,y,z) \quad [\text{N}] \tag{8.29}$$

となる．

最後の式は，3成分に共通な負符号をベクトルの外に出すのはわかるが，成分に偏微分の演算記号だけを残して，$U(x,y,z)$ をベクトルの外に出してもよいのだろうか？　確かに $U(x,y,z)$ は3成分に共通だが，微分演算と切り離すと，ベクトルの各成分が不完全なものになってしまう．ベクトルとしては不完全であるが，この部分をベクトルと見立てて

$$\overrightarrow{\nabla} = \begin{pmatrix} \dfrac{\partial}{\partial x} \\ \dfrac{\partial}{\partial y} \\ \dfrac{\partial}{\partial z} \end{pmatrix} \tag{8.30}$$

---

[9] U の全微分の式 $dU = \dfrac{\partial U}{\partial x}dx + \dfrac{\partial U}{\partial y}dy + \dfrac{\partial U}{\partial z}dz$ を知っていれば，保存力が仕事をすると位置エネルギーが減ることを表す $dU = -dW = -\vec{F}\cdot d\vec{r} = -(F_x\,dx + F_y\,dy + F_z\,dz)$ と，全微分の式を見比べることで，$F_x = -\dfrac{\partial U}{\partial x}$，$F_y = -\dfrac{\partial U}{\partial y}$，$F_z = -\dfrac{\partial U}{\partial z}$ が導ける．

と定義する．この $\vec{\nabla}$ を**ナブラ**とよぶ．ナブラはそれ単独では微分演算記号でしかないが，右に関数がつくと3成分が確定してベクトルになる．

ナブラを使うと，位置エネルギーから保存力を求める式は

$$\vec{F}(\vec{r}) = -\vec{\nabla} U(\vec{r}) = -\text{grad}\, U(\vec{r}) \quad [\text{N}] \tag{8.31}$$

と書ける．$\vec{\nabla}$ は，各成分の傾きを求める演算になっているので，(8.31)のように，gradient（傾き，勾配）の頭4文字を取って grad と書くこともある．

8.3 万有引力

すべての物体は，質量に比例して，距離の2乗に反比例する**万有引力**によってお互いに引き合う．質量 m_1, m_2 の物体が距離 r だけ離れた位置にあるとする（図8.15）．質点の相対位置としては距離 r だけが万有引力に効くため，1次元で扱うことができる．その座標軸を r 軸とし，r 軸上での m_1, m_2 の位置をそれぞれ $0, r$ とすると，m_2 に作用する力 $F(r)$ は

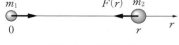

図8.15 万有引力

$$F(r) = -G\frac{m_1 m_2}{r^2} \quad [\text{N}] \tag{8.32}$$

と表せる．G は**万有引力定数**で，$6.673 \times 10^{-11}\,\text{N}\cdot\text{m}^2\cdot\text{kg}^{-2}$ である．また，$F(r)$ は r 軸の負の向きになるので負符号がついていることに注意しよう．m_1 に作用する万有引力はこの反作用なので，この符号が正符号になる．

例題 8.5 万有引力の位置エネルギー

m_2 の位置エネルギー $U(r)$ を求めなさい．ただし，位置エネルギーの基準点を r_0 とする．

解 これまで重力とよんでいたものは万有引力のことである．したがって，万有引力も保存力である．そこで，保存力から位置エネルギーを求める1次元の (8.19) を使うと

$$\begin{aligned}
U(r) - U(r_0) &= \int_r^{r_0} F(r')\, dr' = -Gm_1 m_2 \int_r^{r_0} \frac{dr'}{r'^2} \\
&= -Gm_1 m_2 \left[-\frac{1}{r'}\right]_r^{r_0} = Gm_1 m_2 \left(\frac{1}{r_0} - \frac{1}{r}\right) \quad [\text{J}]
\end{aligned} \tag{8.33}$$

となる．◆

さて，位置エネルギーの基準点はどこにとってもよいが，例題8.5の場合に原点を基準点にして $r_0 = 0$ とすると，位置エネルギーが無限大になってしまう．万有引力の場合は，基準点を無限遠にとり，そこでの位置エネルギーをゼロとするのが慣例になっている[†10]．そこで，$r_0 \to \infty$，$U(r_0) = 0$ とすると，

$$U(r) = -G\frac{m_1 m_2}{r} \quad [\text{J}] \tag{8.34}$$

[†10] 無限遠では，その位置エネルギーと関係づけられる万有引力が作用しないので，そこでの位置エネルギーをゼロとするのは自然な設定である．

114   8. 保存力と位置エネルギー

となる．万有引力の位置エネルギーは，質量に比例して，距離に反比例する．比例係数は万有引力定数 G である．

類題 8.1 第二宇宙速度

半径 $R = 6400\,\text{km}$，質量 $M = 5.97 \times 10^{24}\,\text{kg}$ の地球の表面から質量 m のロケットが初速 v_0 を与えられて真上に打ち上げられ，そのまま直線的に飛行した．地球中心からロケットまでの距離を r とする．ロケットが地球に戻ってこない（地球の重力圏を脱出する）ための最小の v_0（これを第二宇宙速度という）を求めなさい．

● **第8章のまとめ** ●

- 保存力がする仕事は経路によらない．始点と終点だけで決まる．

$$W(\text{A}, \text{B}) = \int_{\text{C}} \vec{F}(\vec{r}) \cdot d\vec{r} = \int_{\text{C}'} \vec{F}(\vec{r}) \cdot d\vec{r}$$

- 始点に戻ってくるまでに保存力がする仕事はゼロになる．

$$\oint_{\text{C}} \vec{F}(\vec{r}) \cdot d\vec{r} = 0$$

- 保存力から位置エネルギーを求めるには，物体の位置から基準点までの間に保存力がする（であろう）仕事を求める．

$$1\,次元 : U(z) - U(z_0) = \int_{z}^{z_0} F(z')\,dz'$$

$$3\,次元 : U(\vec{r}) - U(\vec{r}_0) = \int_{\vec{r}}^{\vec{r}_0} \vec{F}(\vec{r}') \cdot d\vec{r}'$$

- 逆に，位置エネルギーを微分すると保存力が求まる．

$$1\,次元 : F(z) = -\frac{dU(z)}{dz}$$

$$3\,次元 : \vec{F}(\vec{r}) = -\vec{\nabla} U(\vec{r}) = -\text{grad}\,U(\vec{r})$$

- 万有引力は，質量に比例し，距離の2乗に反比例する．

$$F(r) = -G\frac{m_1 m_2}{r^2}$$

- 万有引力も保存力であり，その位置エネルギーは，質量に比例し，距離に反比例する．

$$U(r) = -G\frac{m_1 m_2}{r}$$

——————————— 章 末 問 題 ———————————

[8.1] 質量 m の質点を，xyz 直交座標系の $\vec{r}_\text{A} = (a_1, a_2, a_3)$ から $\vec{r}_\text{B} = (b_1, b_2, b_3)$ に移動させるとき，重力が質点にする仕事を求めなさい．z 軸を鉛直上向きとし，移動の経路は任意とする． **8.1.1項**

[8.2] 質量 m の質点を手に乗せて，手を鉛直に h だけ下に下げ，続いて h だけ上に上げた．その間に重力がした仕事がどうなるかを，重力が保存力であることを使って説明しなさい． **8.1.2項**

[8.3] 水平なばねの一端が壁に固定され，他端に質点がついている．質点が水平で滑らかな床の上で単振動をしているとき，ばねの復元力が1周期の間に質点にする仕事はゼロになる．ばねの復元力が保存力であることに基づいて，このことを説明しなさい． **8.1.2項**

[8.4] 一端が天井に固定され，他端に質点がついたばね定数 k のばねが鉛直に吊されている．

鉛直上向きに z 軸をとり，ばねが自然長のときの質点の位置を座標原点とする．質点が $\vec{r}$ にあるときのばねの復元力による位置エネルギー $U(\vec{r})$ を求めなさい．ただし，座標原点を位置エネルギーの基準点とし，そこでの位置エネルギーをゼロとする．**8.2.1項**

[8.5]* 原点から r の位置にある粒子に次の保存力 $F(r)$ が作用する．

$$F(r) = -\left(\frac{1}{r} + \beta\right)\frac{\alpha}{r}e^{-\beta r}$$

この力による位置エネルギー $U(r)$ を求めなさい．ただし，α, β は定数であり，$r = \infty$ となる無限遠での位置エネルギーをゼロとする．**8.2.1項**

[8.6] x 軸方向に伸縮するばね定数 k のばねにつけられた質点の位置を x とする．また，ばねが自然長のときの質点の位置は x_0 である．ばねの復元力による位置エネルギーが

$$U(x) = \frac{1}{2}k(x - x_0)^2$$

であるとき，質点に作用するばねの復元力 $F(x)$ を求めなさい．**8.2.2項**

[8.7] 保存力場の中で，x 軸に沿って1次元運動をする質量 m の物体の位置を x とする．物体の位置エネルギーを $U(x)$ とするとき，物体の運動方程式を立て，それを変形して力学的エネルギーが保存することを示しなさい．**7.5.1項**，**8.2.2項**

[8.8] r 軸の原点に質量 m_1 の物体1が，位置 r に質量 m_2 の物体2がある．万有引力定数を G として，物体2の位置エネルギーが

$$U(r) = -G\frac{m_1 m_2}{r}$$

であるとき，物体2に作用する万有引力 $F(r)$ を符号も含めて求めなさい．**8.2.2項**

[8.9] xyz 直交座標系の原点に質量 m_1 の物体1が，位置 $\vec{r}$ に質量 m_2 の物体2がある．物体2の位置エネルギーが

$$U(\vec{r}) = -G\frac{m_1 m_2}{\sqrt{x^2 + y^2 + z^2}}$$

のとき，物体2に作用する万有引力 $\vec{F}(\vec{r})$ を求めなさい．**8.2.2項**

[8.10] 北極（または南極）での重力加速度 g の大きさを求めなさい．ただし，地球の質量は $M = 6.0 \times 10^{24}\,\mathrm{kg}$，地球の半径は $R = 6.4 \times 10^3\,\mathrm{km}$，万有引力定数は $G = 6.7 \times 10^{-11}\,\mathrm{N \cdot m^2 \cdot kg^{-2}}$ とする．**8.3節**

9. 衝　突

【学習目標】
・衝突の具合を表す反発係数（はね返り係数）を理解する．
・衝突における運動量保存を理解する．
・衝突におけるエネルギー保存を理解する．

【キーワード】
反発係数（はね返り係数），弾性衝突，非弾性衝突，完全非弾性衝突，運動量保存，エネルギー保存

◆ 衝　突 ◆

金属の小球同士が軽く衝突する印象を擬音で表すと「カチーン」だろうか．衝突の瞬間は微小変形をするかもしれないが，衝突後は痕跡が残ることもなく元通りになり，運動の勢いもそれほど変わらないだろう．これに対して，粘土球同士が衝突すると「ベチャ」だろうか．衝突によってどちらも変形し，衝突後も元の形には戻らず，くっついてしまうこともあるだろう．こういった違いを，どのように理解すればよいのだろうか．

9.1 反発係数（はね返り係数）

衝突には正面衝突や追突などがあるが，相対運動で考えるとどちらも同じように扱える．一方の物体を基準にして他方の物体を見ると，どのような衝突でも基準とした物体は静止していて，そこに他方が近づいてきて衝突するように見える．

例として，簡単な1次元の場合を考える．質量 m_1 の物体1と質量 m_2 の物体2が直線上で運動している（図9.1）．それぞれの速度は右向きを正として v_1, v_2 である．物体1が左で物体2が右にあるとき，速度が $v_1 > v_2$ であれば（速度が負の場合も含めて）物体1と物体2は衝突する．物体1を基準とした物体2の相対速度 u_2 は

$$u_2 = v_2 - v_1 \quad [\text{m/s}] \tag{9.1}$$

となる（図9.2）．$v_1 > v_2$ より，$u_2 < 0$ である．したがって，物体1から見ると物体2が左向きに近づいてきて衝突する（図9.3）．

図 9.1 衝突前（$v_1 > v_2$ となる一例）

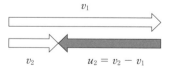

図 9.2 相対速度（衝突前）

衝突後の物体1と物体2の速度をそれぞれ v_1', v_2' とすると（図9.4），物体1を基準とした物体2の衝突後の相対速度 u_2' は

$$u_2' = v_2' - v_1' \quad [\text{m/s}] \tag{9.2}$$

となる（図9.5）．衝突後の物体は，くっついて一体

図 9.3 物体1から見た相対速度（衝突前）

図 9.4 衝突後（$v_1' < v_2'$ となる一例）

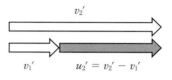

図 9.5 相対速度（衝突後）

化するか離れていくかのどちらかである．したがって，物体1から見ると物体2は静止するか右に遠ざかるので，相対速度は $u_2' \geq 0$ である（これは $v_1' \leq v_2'$ に対応する）．

以上より，物体1から見ていると，物体2は u_2 で近づいて衝突し，その後は u_2' で遠ざかる（図 9.6）．

図 9.6 物体1から見た相対速度（衝突後）

このように，相対速度は衝突の前後で必ず向き（正負）が反転するが，その大きさも変化するかもしれない．大きさの変化の割合を知る指標として，衝突前の相対速度に対する衝突後の相対速度の比の大きさを e とおくと，以下のような式が書ける．

$$\frac{衝突後の相対速度}{衝突前の相対速度} = \frac{u_2'}{u_2} = \frac{v_2' - v_1'}{v_2 - v_1} = -e \tag{9.3}$$

e は0から1までの値をとり，**反発係数**または**はね返り係数**とよばれる．$e < 1$ の場合，衝突前に比べて衝突後の相対速度が小さくなることを意味する．これは衝突によって力学的エネルギーが失われる（散逸する）ことに対応する．e が1のときは，物体1と2の力学的エネルギーの合計が保存する（章末問題 [9.5] で確かめること）．衝突の直前直後は，物体は同じ位置（衝突点）にあるので，位置エネルギーの変化は考えなくてよい．したがって，運動エネルギーが保存していることになる．

衝突時の物体には，瞬間的に重力などに比べて非常に大きな**撃力**とよばれる力が作用する．そこで，衝突を扱う場合，重力などの外力は無視して，相互作用である撃力のみが物体に作用すると考える．そうすると e の値にかかわらず，物体1と2の全運動量は衝突の直前直後で保存することになる．衝突現象は e の値に応じて次の表のように分類することができる．

表 9.1 衝突現象の分類

e	衝突の種類	現象の説明	力学的エネルギー	全運動量
0	**完全非弾性衝突**	くっつく等	散逸	保存(注)
↕	**非弾性衝突**	歪む等		
1	**弾性衝突**	完全に反発	保存	

注：外力のある成分がゼロのとき，その成分について成立．

e が $0 \leq e < 1$ の場合は**非弾性衝突**とよばれ，物体は歪んだりする．運動エネルギーの一部が，物体を変形させるエネルギーや熱などの他のエネルギーに変換され，散逸してしまう．特に，$e = 0$ の場合は，物体が合体するなど，完全にはね返りがない非弾性衝突であり，これを**完全非弾性衝突**とよぶ．これに対して $e = 1$ の場合は**弾性衝突**とよばれ，力学的エネルギーも運動量も保存する．衝突の瞬間に物体が変形しても，衝突後には元の形に戻る（これを**弾性変形**という）．物体を変形させるにはエネルギーが必要であるが，ばねの復元力による位置エネルギーのように，元の形に戻ることで変形に使ったエネルギーを完全に運動エネルギーに戻すのである．

9.2 衝突における運動量保存とエネルギー保存

衝突前後での運動量と力学的エネルギーについて調べてみる．

例題 9.1 床で弾性衝突をしてはね返るボール

質量 m のボールを速さ v で床に衝突させた（図 9.7）．反発係数を $e = 1$ とするとき，床ではね返った直後のボールの速さ v' を求めなさい．また，衝突の前後でのボールの力学的エネルギーと運動量について調べなさい．

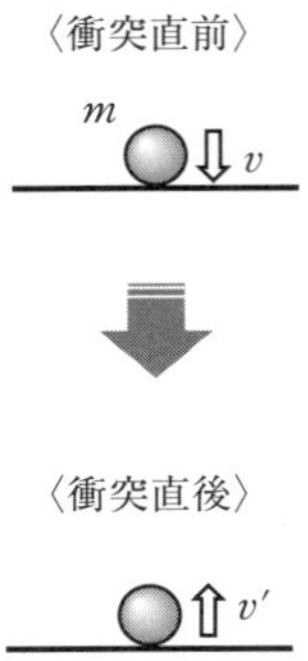

図 9.7 床ではね返るボール

解 ここでは速さが使われていることに注意しなければならない．ボールの速度は下向きを正とすると，衝突前は v，衝突後は $-v'$ である．床の速度は衝突前も $V = 0$，衝突後も $V' = 0$ である．これらを床を相対速度の基準として (9.3) に代入すると

$$\frac{-v' - V'}{v - V} = \frac{-v'}{v} = -e \tag{9.4}$$

となって，$v' = ev$ となる．これに $e = 1$ を代入して $\underline{v' = v}$ と求まる．

これより，ボールの運動エネルギーは

$$\text{衝突直前}：\frac{1}{2}mv^2 \quad [\text{J}] \tag{9.5}$$

$$\text{衝突直後}：\frac{1}{2}mv'^2 = \frac{1}{2}mv^2 \quad [\text{J}] \tag{9.6}$$

となり，衝突の前後で変化しない．ボールの位置も衝突の前後で同じなので，位置エネルギーも変化しない．したがって，力学的エネルギーは保存する．

また，ボールの運動量は

$$\text{衝突直前}：mv \quad [\text{kg·m/s}] \tag{9.7}$$

$$\text{衝突直後}：m(-v') = -mv \quad [\text{kg·m/s}] \tag{9.8}$$

となり，符号が異なる．したがって，ボールの運動量は保存しない．◆

しかし，これは全運動量が保存していないのではない．床，つまり地球を考慮していないので符号が異なって当然である．地球を含めた全運動量であれば保存するはずである．実は，この例題ではボールの質量 m が地球の質量 M より十分に小さい（$m \ll M$）という近似を暗黙のうちに使っている．その近似によって，衝突後の地球の速さはゼロに近似され，$v' = v$ という近似も得られる（章末問題 [9.4] で確かめること）．

類題 9.1　床で非弾性衝突をしてはね返るボール

例題 9.1 で，反発係数を $e = 0.8$ とした場合について，床ではね返った直後のボールの速さ v'' を求めなさい．

例題 9.2　合体する物体

無重力空間において，質量が m_1 で速度が v の物体 1 を，質量が m_2 で静止している物体 2 に衝突させたところ，合体して速度が v' になった（図 9.8）．反発係数 e と合体後の速度 v' を求めなさい．また，衝突前の力学的エネルギー E に対する衝突後の力学的エネルギー E' の比を求めなさい．

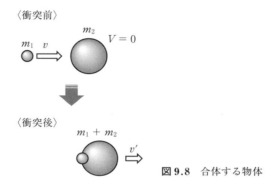

図 9.8 合体する物体

解　この例題は，速さではなく速度で表現されているので，相対速度を求めるときにそのまま使える．物体 1 を基準にすると，衝突前の物体 2 の相対速度は $u_2 = 0 - v = -v$，衝突後は $u_2' = v' - v' = 0$ である．したがって，反発係数は

$$-e = \frac{u_2'}{u_2} = \frac{0}{-v} = 0 \tag{9.9}$$

となり，$\underline{e = 0}$ である．

次に，外力が作用していないので衝突の前後で運動量が保存することから

$$m_1 v + m_2 \cdot 0 = (m_1 + m_2) v' \quad [\text{kg·m/s}] \tag{9.10}$$

$$v' = \underline{\frac{m_1}{m_1 + m_2} v} \quad [\text{m/s}] \tag{9.11}$$

となる．力学的エネルギーは運動エネルギーだけを考えればよい．

$$\text{衝突前}: E = \frac{1}{2} m_1 v^2 \quad [\text{J}] \tag{9.12}$$

$$\text{衝突後}: E' = \frac{1}{2} (m_1 + m_2) v'^2 \quad [\text{J}] \tag{9.13}$$

これらより，以下のエネルギー比が得られる．

$$\frac{E'}{E} = \frac{m_1 + m_2}{m_1} \left(\frac{v'}{v}\right)^2 = \frac{m_1 + m_2}{m_1} \left(\frac{m_1}{m_1 + m_2}\right)^2 = \underline{\frac{m_1}{m_1 + m_2}} \tag{9.14}$$

◆

類題 9.2　宇宙船のドッキング

宇宙空間で，質量 1.5 トンの探査船が，静止していた質量 8.5 トンの母船にドッキングした．このとき，元の力学的エネルギーに対して，散逸した力学的エネルギーの割合を求めなさい．

120   9. 衝　　突

● 第9章のまとめ ●

• 反発係数 e は衝突前後の相対速度の比の大きさである.

$$\frac{衝突後の相対速度}{衝突前の相対速度} = \frac{u_2'}{u_2} = \frac{v_2' - v_1'}{v_2 - v_1} = -e$$

• $e < 1$ の非弾性衝突では力学的エネルギーは散逸する. $e = 0$ の場合を完全非弾性衝突とよぶ.

• $e = 1$ の弾性衝突では力学的エネルギーが保存する.

• 外力のある成分がゼロであれば, 衝突の前後で運動量のその成分が保存する.

──────────────── 章 末 問 題 ────────────────

[9.1]　壁に向かって水平に速さ 20 m/s でボールを投げたところ, 速さ 15 m/s ではね返ってきた. 反発係数を求めなさい. 9.1節

[9.2]　ボールを高さ 120 cm から床に自由落下させた. ボールと床の反発係数が 0.5 のとき, ボールがはね返る高さを求めなさい. 9.1節

[9.3]　速度 2.7 m/s の物体 2 と速度 -1.5 m/s の物体 2 が直線上で正面衝突して, 物体 1 と物体 2 の速度がそれぞれ 0.3 m/s と 2.4 m/s になった. 反発係数と物体 1 に対する物体 2 の質量の比を求めなさい. 9.1節

[9.4]　質量 m のボールが速さ v で質量 M の地球に弾性衝突した. ボールは速さ v' ではね返り, 地球の速さが V' になった. 衝突前の地球の速さを $V = 0$ として, v', V' を求めなさい. そして, $m \ll M$ としたときの v', V' それぞれの近似式を求めなさい. 9.2節

[9.5]*　質量が m_1 で速度が v_1 の物体 1 と, 質量が m_2 で速度が v_2 の物体 2 が, 滑らかな床の水平な直線上を運動して衝突した. そして, 衝突後も同一直線上を運動した. 反発係数が 1 のとき, 衝突後の物体 1, 2 の速度 v_1', v_2' を求めて, 衝突前後の力学的エネルギーが保存することを示しなさい. 9.2節

10. 質点の回転運動

【学習目標】

- ・回転を扱うのに必要な外積（ベクトル積）を使えるようになる.
- ・物体の回転の勢い, 回転軸, 回転の向きを表す角運動量という物理量を理解する.
- ・物体に作用した外力が, どの軸の周りに, どちら向きに, どれくらいの度合で物体を回そうとするのかを表す力のモーメントについて理解する.
- ・物体の回転を表す角運動量が, 物体に作用する力のモーメントに従って変化することを理解する.
- ・質点の回転運動の方程式を立てられるようになる.
- ・質点の慣性モーメントを理解し, それを求められるようになる.

【キーワード】

角運動量, 外積（ベクトル積）, 右ネジ, 力のモーメント, 腕の長さ, 回転運動の方程式, 慣性モーメント, 中心力, 角運動量保存

◆ 回 転 運 動 ◆

ここまでは, 質点または大きさを意識する必要がない物体の運動を扱ってきた[†1]. たとえ物体に大きさがあったとしても, 回転をしない平行移動（並進運動）だけを扱っていたのである. しかし, 一般に大きさがある物体は回転もするため, 並進運動に回転運動が加わる. 回転運動はどのように扱えばよいのだろうか？ この章では, 大きさのある物体の回転を考える前に, 質点の回転運動を考えることで, 回転運動を扱うのに必要となる物理量やその性質などを理解しよう.

10.1 外積（ベクトル積）

回転運動では, ベクトルの掛け算として, これまでの内積に加えて, 外積が必要となる. 内積は, ベクトル同士を掛け算して1次元量（これをベクトルに対してスカラー[†2]という）が得られることから**スカラー積**ともよばれる. それに対して, **外積**は, ベクトル同士を掛け算してベクトルが得られることから**ベクトル積**ともよばれる.

$\vec{A}$ と $\vec{B}$ の外積によって $\vec{C}$ が得られる場合, 以下のように書く.

$$\vec{A} \times \vec{B} = \vec{C} \tag{10.1}$$

このとき, **外積の演算記号「×」を絶対に省略してはいけない**. なぜならば, 「×」を省略すると内積を意味してしまうからである.

$$\vec{A} \cdot \vec{B} = \vec{A}\vec{B} \neq \vec{A} \times \vec{B} \tag{10.2}$$

初学者のうちは内積の演算記号「・」も省略しないことを勧めるが, 外積の演算記号「×」については, たとえどれだけ慣れようが**誰も省略できない**ことを肝に銘じてほしい.

さて, $\vec{A}$ と $\vec{B}$ の外積によって得られるベクトル $\vec{C}$ は以下を満たす.

[†1] 物体の大きさがその運動に影響しない, したがって物体の大きさを意識する必要がない運動を扱ってきた.

[†2] ベクトルが大きさと向きをもつのに対して, スカラーは大きさのみをもつ. ただし, 「大きさ」といっても正負を含む.

> $\vec{C}$ の方向：元のベクトル $\vec{A}$ と $\vec{B}$ の両方に垂直
> $\vec{C}$ の向き：$\vec{A}$ から $\vec{B}$ に右ネジを回してネジが進む向き（図 10.1）
> $\vec{C}$ の大きさ：$|\vec{C}| = |\vec{A} \times \vec{B}| = |\vec{A}||\vec{B}|\sin\theta$

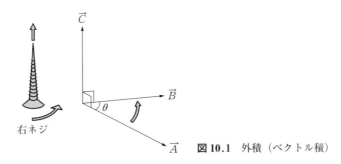

図 10.1 外積（ベクトル積）

$\vec{C}$ は $\vec{A}$ と $\vec{B}$ に垂直になるが、それだけでは方向しか定まらない。"方向"には2通りの"向き"がある[3]。その向きを決めるのが**右ネジ**である（図 10.2）。右ネジは右回しで締まるネジである（市販品は右利きの人に使いやすい右ネジが一般的である）。右ネジがわかりにくい場合は、右手の人指し指を $\vec{A}$ から $\vec{B}$ に向けて手を握ると、親指が $\vec{C}$ の向きになる（図 10.3）。$\vec{C}$ の大きさは、$\vec{A}$ と $\vec{B}$ のなす角を θ とすると、$\vec{A}$ と $\vec{B}$ の大きさの積に $\sin\theta$ を掛けて求める（内積の場合の $\cos\theta$ と混同しないこと）。これは $\vec{A}$ と $\vec{B}$ でできる平行四辺形の面積になっている（図 10.4）。

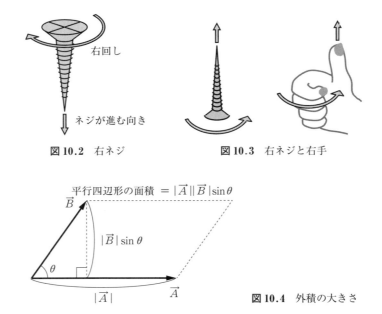

図 10.2 右ネジ　　図 10.3 右ネジと右手

図 10.4 外積の大きさ

外積のこのような視覚的な性質を理解する他に、実際には成分計算も必要になる。ベクトルの成分を例えば $\vec{A} = (A_x, A_y, A_z)$ のように表すと、

---

[3] 「方向」と「向き」の区別がつかないと、何をいっているのかわからないだろう。例えば、「上下方向」には「上向き」と「下向き」の2通りがある。

$$\begin{cases} C_x = A_y B_z - A_z B_y \\ C_y = A_z B_x - A_x B_z \\ C_z = A_x B_y - A_y B_x \end{cases} \tag{10.3}$$

となる．この式の書き方（思い出し方）はいろいろな流儀がある．

その1つを紹介しておく．成分の添え字を $x \to y \to z \to x \cdots$ と順送りさせる方法である．例えば，$\vec{C}$ の「x」成分 C_x は，$\vec{A}$ の「y」成分 A_y と $\vec{B}$ の「z」成分 B_z の積を作り，成分の添え字をひっくり返した A_z と B_y の積を引けばよい（添え字のひっくり返しは xyz の順送りからは逸脱）．「z」成分の次は「x」成分に戻るようにすれば，C_y, C_z についても同様である（図 10.5）．

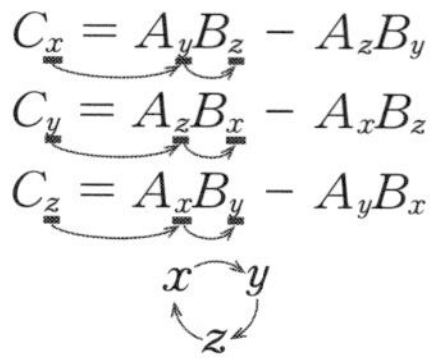

図 10.5 外積の成分計算

外積の場合，元のベクトルの順序の入れかえはできない．外積を求める図を見るとわかるように（成分計算でも確かめられる），順序を入れかえると

$$\vec{B} \times \vec{A} = -\vec{A} \times \vec{B} \tag{10.4}$$

となり，符号が逆転する（図 10.6）．これにさえ気をつければ，その他の点については，普通の計算と同様の分配則（括弧を外す式の展開）や結合則（定数倍と外積の順序の入れかえ）が成り立つ．

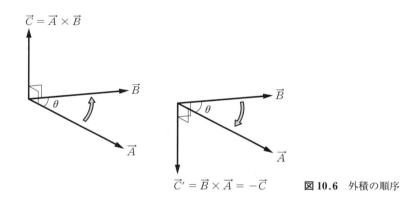

図 10.6 外積の順序

$$\vec{A} \times (\vec{B} + \vec{C}) = \vec{A} \times \vec{B} + \vec{A} \times \vec{C} \tag{10.5}$$
$$(\vec{B} + \vec{C}) \times \vec{A} = \vec{B} \times \vec{A} + \vec{C} \times \vec{A} \tag{10.6}$$
$$(a\vec{A}) \times \vec{B} = a(\vec{A} \times \vec{B}) \tag{10.7}$$
$$\vec{A} \times b\vec{B} = b\vec{A} \times \vec{B} \tag{10.8}$$

この他には，同一ベクトルの外積がゼロベクトルになることもよく使う．例えば，$|\vec{A} \times \vec{A}| = |\vec{A}|^2 \sin 0 = 0$ となることから，大きさがゼロのベクトルはゼロベクトルしかないので，$\vec{A} \times \vec{A} = \vec{0}$ である．

さて，回転運動の時間変化を追うために外積を時間微分することがある．時間に依存する $\vec{A}(t)$ と $\vec{B}(t)$ の外積を時間微分すると

$$\frac{d}{dt}(\vec{A} \times \vec{B}) = \dot{\vec{A}} \times \vec{B} + \vec{A} \times \dot{\vec{B}} \tag{10.9}$$

となる．これも，外積の順序に注意しなければならない他は，関数の積の微分と同じ関係式である．証明は省略するが，確かめるには成分計算をすればよい（章末問題 [10.4]）．

10.2 角運動量

回転を扱うには，回転の勢いと回転軸と回転の向きを表現しなければならない．力学では，これら3つの量を**角運動量**という1つのベクトル量で表す．回転も運動には違いないので，角運動量には運動の勢いを表す運動量 $\vec{p}$ も含まれる．質量 m の質点の位置ベクトルを $\vec{r}$ とし，$\vec{r}$ を左から運動量に外積として掛ける．

$$\vec{l} = \vec{r} \times \vec{p} \; (= \vec{r} \times m\dot{\vec{r}}) \quad [\text{kg} \cdot \text{m}^2/\text{s}] \tag{10.10}$$

これが角運動量 $\vec{l}$ の定義式である．ただし，これは「原点周り」の角運動量である．回転運動は，どの点の周りで回転を考えているのかを明確にする必要がある．座標を任意に決められるときは，原点を回転の基準点とするとこのように簡単になる．もちろん，任意の点 P 周りで考えてもよい．そのときは，点 P の位置ベクトルを $\vec{r}_0$ として，質点の位置ベクトル $\vec{r}$ を点 P から見た位置 $\vec{r} - \vec{r}_0$ でおきかえればよい．

$$\vec{l} = (\vec{r} - \vec{r}_0) \times \vec{p} \; (= (\vec{r} - \vec{r}_0) \times m\dot{\vec{r}}) \quad [\text{kg} \cdot \text{m}^2/\text{s}] \tag{10.11}$$

話を簡単にするため，以降では原点周りの回転を考えることにする．

図 10.7 を見ながら，(10.10) の外積で行うことを把握しよう．外積は2つのベクトルの始点をそろえる方がわかりやすいので，運動量 $\vec{p}$ を原点に平行移動する．位置ベクトル $\vec{r}$ から平行移動した $\vec{p}$ に向って右ネジを回すと，角運動量 $\vec{l}$ の向きがわかる．それは右ネジが進む向きである．この図の場合は上向きになる．原点周りの角運動量を考えているので，$\vec{l}$ の始点は原点にする．

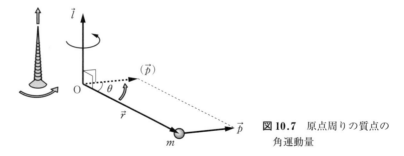

図 10.7 原点周りの質点の角運動量

さて，このベクトル $\vec{l}$ は，質点の位置ベクトル $\vec{r}$ を運動量 $\vec{p}$ に外積として掛けたことで，次の3つを表すようになる．

$\vec{l}$ **の方向**：	質点の回転軸の方向
$\vec{l}$ **の向き**：	質点の回転の向き（右回りまたは左回り）
$\vec{l}$ **の大きさ**：	質点の角運動量の大きさ（回転の勢い）

図 10.8 を見ると，$\vec{r}$ と $\vec{p}$ の外積をとる意味がわかる．$\vec{r} \times \vec{p}$ では $\vec{r}$ から $\vec{p}$ へ右ネジを回すことになる．それが質点の回転の向き（左回りか右回り）に対応しているのである．外積で求まる $\vec{l}$ が上向きの場合は左回り（反時計回り）の回転に対応し，$\vec{l}$ が下向きの場合は右回り（時計回り）の回転に対応する[†4]．図 10.8 には紙面に垂直で表向き（上向き）の $\vec{l}$ が図 10.9 の表記法によって ⊙ で表されている．また，$\vec{l}$ の方向が質点の回転軸の方向（上下方向）に対応する．

[†4] 例えば，速度ベクトルの向きは物体が進む向きを表し，ベクトルと現象の見た目が対応している．これに対して，角運動量ベクトルの向きは，物体の回転の向きを見た目通りには表していない．これは，ベクトルとそれが表す現象を，約束事（ここでは右ネジ）によって対応づける例である．

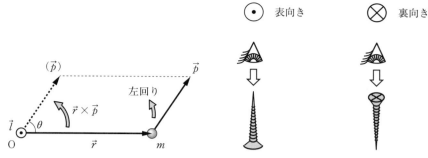

図 10.8　原点周りの質点の角運動量
（上から見た平面図）

図 10.9　紙面に垂直なベクトルの表記法

残るのは角運動量 $\vec{l}$ の大きさ，つまり回転の勢いの意味である．
$$|\vec{l}| = |\vec{r} \times \vec{p}| = |\vec{r}||\vec{p}|\sin\theta \quad [\text{kg·m}^2/\text{s}] \tag{10.12}$$
これを図解すると，2 通りの解釈が成り立つ．解釈(1)は，角運動量の大きさを $|\vec{r}|$ と $|\vec{p}|\sin\theta$ の積と考える（図 10.10）．この場合，原点から質点までの距離そのものを回転半径と見なすことになる．そうすると，回転の勢いである角運動量に効くのは，回転半径 $|\vec{r}|$ とその回転半径に垂直な運動量の成分 $|\vec{p}|\sin\theta$ だけである．回転半径と平行な方向の運動量成分 $|\vec{p}|\cos\theta$ は，質点が原点に近づくか遠ざかる勢いであって，回転の勢いではなく，角運動量には効かないと考えるのである．

もう 1 つの解釈(2)は，角運動量の大きさを $|\vec{r}|\sin\theta$ と $|\vec{p}|$ の積と考える（図 10.11）．こちらの場合，質点の運動量そのものを回転の勢いとして使う．その代わりに，回転半径として $\vec{p}$ の延長線と原点の距離を用いる．回転半径を $|\vec{r}|\sin\theta$ と見なすことで，それに垂直な運動量の大きさ $|\vec{p}|$ のすべてが回転の勢いとして運動量に効くと考えるのである．

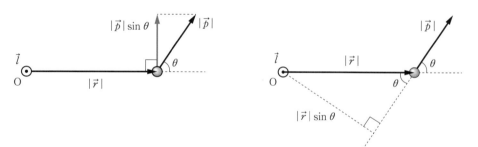

図 10.10　質点の角運動量の大きさの解釈 (1)

図 10.11　質点の角運動量の大きさの解釈 (2)

例題 10.1　等速直線運動をする質点の角運動量

質量 $m = 2\,\text{kg}$ の質点が等速度 $\vec{v} = (-1, 3, 0)\,[\text{m/s}]$ で直線運動をしている．質点が $\vec{r} = (6, 2, 0)\,[\text{m}]$ の位置を通過する瞬間の原点周りの角運動量 $\vec{l}$ を求めなさい．

解　角運動量の定義式 (10.10) を使う（定義なので覚えるしかない）．
$$\vec{l} = \vec{r} \times \vec{p} = m\vec{r} \times \vec{v}$$
$$= 2\begin{pmatrix}6\\2\\0\end{pmatrix} \times \begin{pmatrix}-1\\3\\0\end{pmatrix} = 2\begin{pmatrix}2\times 0 - 0\times 3\\0\times(-1) - 6\times 0\\6\times 3 - 2\times(-1)\end{pmatrix} = \begin{pmatrix}0\\0\\40\end{pmatrix}\,[\text{kg·m}^2/\text{s}] \tag{10.13}$$

◆

質点の直線運動も，各瞬間では原点周りの回転運動と見なすことができ，角運動量が求められる．求まった $\vec{l}$ を見ると，z 軸が回転軸であることがわかる．また，$\vec{l}$ が上向き（z 軸の正の向き）であることから，この瞬間の「回転」が左回り（反時計回り）と見なせることもわかる．

類題 10.1 等速直線運動をする質点の角運動量（続き）

例題 10.1 の 1 秒後に，質点が $\vec{r} = (5, 5, 0)$ [m] の位置を通過する瞬間の原点周りの角運動量 $\vec{l}'$ を求めなさい．

10.3 回転運動の方程式

10.3.1 角運動量の時間変化

回転運動の時間変化を把握するには，角運動量 $\vec{l}$ を時間微分して $\vec{l}$ の時間変化を調べればよい．そこで，質量 m，運動量 $\vec{p}\,(= m\dot{\vec{r}})$，角運動量 $\vec{l}\,(= \vec{r} \times \vec{p})$ の質点に外力 $\vec{F}$ が作用している場合を考えて，質点の角運動量 $\vec{l}$ の定義式 (10.10) の両辺を時間微分する．

$$\dot{\vec{l}} = \frac{d}{dt}(\vec{r} \times \vec{p}) = \dot{\vec{r}} \times \vec{p} + \vec{r} \times \dot{\vec{p}} = \dot{\vec{r}} \times m\dot{\vec{r}} + \vec{r} \times \underline{m\ddot{\vec{r}}}$$
$$= m\underbrace{\dot{\vec{r}} \times \dot{\vec{r}}}_{\vec{0}} + \vec{r} \times \underline{\vec{F}} = \vec{r} \times \vec{F} \quad [\text{kg·m}^2/\text{s}^2\,(= \text{N·m})] \tag{10.14}$$

波の下線部分のおきかえには運動方程式を使った．結局，

$$\dot{\vec{l}} = \vec{r} \times \vec{F} \quad [\text{N·m}] \tag{10.15}$$

となる．これが**回転運動の方程式**である．この式は，外力が原因で角運動量の時間変化が生じるという因果関係を表している．外力 $\vec{F}$ に $\vec{r}$ が外積として掛かることの意味は次頁で説明する．この考え方は，運動量 $\vec{p}$ の時間変化を調べるために $\vec{p}$ を時間微分したときの考え方と類似している．運動量を時間微分すると $\dot{\vec{p}}\,(= m\ddot{\vec{r}}) = \vec{F}$ が得られたが，この式は，外力が原因で運動量の時間変化が生じるという因果関係を表しているのであった．

10.3.2 力のモーメント

回転運動の方程式 (10.15) の右辺のように，質点の位置ベクトル $\vec{r}$ を外積として左から外力 $\vec{F}$ に掛けたものを，質点に作用する**力のモーメント**または**トルク**という．それを $\vec{N}$ と書くことにする．

$$\vec{N} = \vec{r} \times \vec{F} \quad [\text{N·m}] \tag{10.16}$$

これは定義であり，原点から見た（原点周りの）質点への力のかかり具合を示す量になる．なお，任意の点 P 周りの力のモーメントは，点 P の位置を $\vec{r}_0$ として，位置ベクトル $\vec{r}$ を点 P から見た質点の位置 $\vec{r} - \vec{r}_0$ におきかえた $\vec{N} = (\vec{r} - \vec{r}_0) \times \vec{F}$ である．簡単のため，これ以後は原点周りの力のモーメントを扱う．

図 10.12 を見ながら，(10.16) の外積で行うことの意味を把握しよう．外積は 2 つのベ

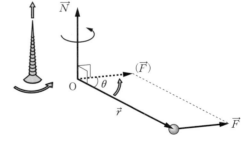

図 10.12 質点に作用する原点周りの力のモーメント

クトルの始点をそろえる方がわかりやすいので，外力 $\vec{F}$ を原点に平行移動する．位置ベクトル $\vec{r}$ から平行移動した $\vec{F}$ に向って右ネジを回すと，力のモーメント $\vec{N}$ の向きがわかる．この図の場合は上向きになる．原点周りの力のモーメントを考えているので，原点を $\vec{N}$ の始点にする．

さて，このベクトル $\vec{N}$ は，質点の位置ベクトル $\vec{r}$ を外力 $\vec{F}$ に外積として掛けたことで，次の3つを表すようになる．

> $\vec{N}$ の方向：力が質点を回そうとするときの軸
> $\vec{N}$ の向き：力が質点を回そうとする向き（左回りまたは右回り）
> $\vec{N}$ の大きさ：力が質点を回そうとする度合

図 10.13 を見ると，$\vec{r}$ と $\vec{F}$ の外積の意味がわかる．$\vec{r} \times \vec{F}$ では $\vec{r}$ から $\vec{F}$ へ右ネジを回すことになる．それが質点を回そうとする力の向き（左回りまたは右回り）に対応しているのである．外積で求まる $\vec{N}$ が上向きの場合は左回り（反時計回り）に回す力に対応し，$\vec{N}$ が下向きの場合は右回り（時計回り）に回す力に対応する．また，$\vec{N}$ の方向を軸として質点を回そうとする力が，質点に作用していることになる．

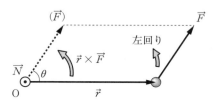

図 10.13 質点に作用する原点周りの力のモーメント（上から見た平面図）

残るのは力のモーメント $\vec{N}$ の大きさ，つまり質点を回そうとする力の度合の意味である．

$$|\vec{N}| = |\vec{r} \times \vec{F}| = |\vec{r}||\vec{F}|\sin\theta \quad [\text{N·m}] \tag{10.17}$$

これを図解すると，2通りの解釈が成り立つ．解釈(1)は，力のモーメントの大きさを $|\vec{r}|$ と $|\vec{F}|\sin\theta$ の積と考える（図 10.14）．この場合，原点から質点までの距離そのものを，質点を回そうとするときの半径と見なすことになる．そうすると，質点を回そうとする度合である力のモーメントとして効くのは，回転半径 $|\vec{r}|$ と，その回転半径に垂直な力のモーメントの成分 $|\vec{F}|\sin\theta$ だけである．回転半径に沿う方向の力のモーメントの成分 $|\vec{F}|\cos\theta$ は，質点を原点に近づけるか原点から遠ざける力であって，質点を回転させるものではなく，力のモーメントとしては効かないと考えるのである．

もう1つの解釈(2)は，力のモーメントの大きさを $|\vec{r}|\sin\theta$ と $|\vec{F}|$ の積と考える（図 10.15）．こちらの場合は，力が丸ごと質点を回転させるように作用すると見なすのである．その代わりに，回転半径として $\vec{F}$ の延長線と原点の距離を用いる．この距離を回転半径 $|\vec{r}|\sin\theta$ とし[†5]，それに垂直な力の大きさ $|\vec{F}|$ のすべてが質点を回転させるように作用して，力のモーメントとして効くと考えるのである．

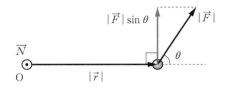 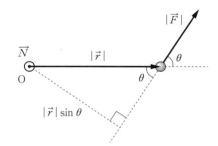

図 10.14 力のモーメントの大きさの解釈(1)　　**図 10.15** 力のモーメントの大きさの解釈(2)

さて，回転運動の方程式は，力のモーメント $\vec{N}$ によって角運動量 $\vec{l}$ が変化することを示している．これを少し吟味してみる．

$$\dot{\vec{l}} = \frac{d\vec{l}}{dt} = \vec{N} \quad [\text{N·m}] \tag{10.18}$$

---

†5　この距離のことを，作用している力の**腕の長さ**とよぶ．

微分を微小量の割り算と捉えると,
$$d\vec{l} = \vec{N}\,dt \quad [\text{N·m·s}] \tag{10.19}$$
となり,微小時間 dt の間に物体に作用する力 $\vec{F}$ による力のモーメント $\vec{N}$ が,微小な角運動量の変化 $d\vec{l}$ を生むと解釈できる.

例えば,無重力空間で長さ r の糸で原点につながれている質点が,原点を中心とする半径 r の円運動を xy 平面でしていたとする.質点が x 軸上に来た瞬間に,z 軸の負の向きの力 $\vec{F}$ を微小時間 dt の間だけ作用させると,その後の質点の運動はどうなるであろうか? 角運動量 $\vec{l}$ がどのように変化するかを考えてみる.

質点の位置ベクトルを $\vec{r}$ とすると,力のモーメント $\vec{N} = \vec{r} \times \vec{F}$ は y 軸の正の向きになる(図 10.16).つまり,$\vec{F}$ は y 軸周りに物体を回そうとする力のモーメントを生む.それに dt を掛けた $\vec{N}\,dt$ が,角運動量の微小変化 $d\vec{l}$ となる(図 10.17).それを元の角運動量 $\vec{l}$ に足すと,力が作用した後の角運動量 $\vec{l}' = \vec{l} + d\vec{l}$ が得られる.質点は,y 軸の方へと傾いた $\vec{l}'$ を回転軸として回転することになり,回転面が xy 平面から傾いたものになる.このように,y 軸周りの力のモーメントを作用させても,はじめに z 軸周りに回転していた質点は,y 軸周りに回転運動をすることにはならない.z 軸周りと y 軸周りの回転の和として,元の z 軸周りの回転軸が y 軸の方に傾くことになるのである.

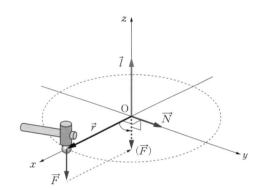

図 10.16 力のモーメントによる角運動量の変化(1)

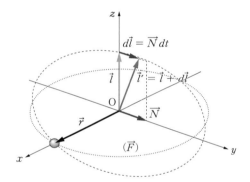

図 10.17 力のモーメントによる角運動量の変化(2)

10.3.3 回転運動の方程式の立て方

簡単な例で,質点の回転運動の方程式を立ててみよう.

例題 10.2　xy 平面で原点を中心に回転する質点

長さ r の糸がついた質量 m の質点が,水平で滑らかな xy 平面上で,原点を中心に半径 r の円運動をしている.質点の位置ベクトルを $\vec{r}$ とし,質点の回転角を x 軸から左回りに θ とする(注).質点には常に円軌道の接線方向に外力 $\vec{F}_1$ が作用している(図 10.18).質点の回転運動の方程式を立てなさい.

(注) 回転角 θ は,慣例として左回りを正の向きとする.このとき,回転角の向きを決める基準となるのは z 軸である(x 軸は回転角の大きさを測る基準である).「回転角の正の向き」である左回りに右ネジを回すと,「z 軸の正の向き」に進む.このように,回転角と z 軸の向きは右ネジで対応づけられる.また,この回転角 θ を,外積で2つのベクトルのなす角として使う θ と混同しないように注意する.

10.3 回転運動の方程式　129

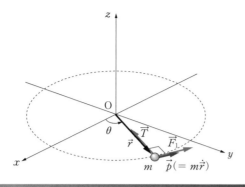

図 10.18 xy 平面で原点を中心に回転する質点

解　円運動なので，位置ベクトル $\vec{r}$ と外力 $\vec{F_1}$ の成分は回転角 θ を用いて表せる．$\vec{F_1}$ については，左回りに回す力と右回りに回す力の場合があるので，図 10.19 を見ながら成分の正負も考えて符号も忘れずにつけると，

$$\begin{cases} \vec{r} = \begin{pmatrix} r\cos\theta \\ r\sin\theta \\ 0 \end{pmatrix}, & \vec{F_1} = \begin{pmatrix} -F_1\sin\theta \\ F_1\cos\theta \\ 0 \end{pmatrix} \text{(左回りに回す力)} \\ & \vec{F_1} = \begin{pmatrix} F_1\sin\theta \\ -F_1\cos\theta \\ 0 \end{pmatrix} \text{(右回りに回す力)} \end{cases} \quad (10.20)$$

となる．これ以下では，とりあえず $\vec{F_1}$ を左回りに回す力として考える．糸の張力 $\vec{T}$ については，$\vec{r} \parallel \vec{T}$ であることだけを確認して先に進める[†6]．

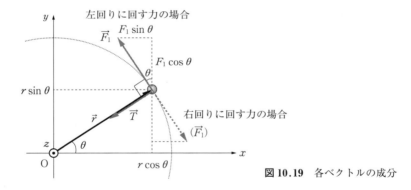

図 10.19 各ベクトルの成分

さて，回転運動の方程式 (10.15) からはじめよう．改めて式を書いておく．

$$\dot{\vec{l}} = \vec{N} = \vec{r} \times \vec{F} \quad [\text{N·m}] \quad (10.21)$$

まず，力のモーメントを考えておく．外力の合計は $\vec{F} = \vec{F_1} + \vec{T}$ なので[†7]，

$$\vec{N} = \vec{r} \times \vec{F} = \vec{r} \times (\vec{F_1} + \vec{T}) = \vec{r} \times \vec{F_1} + \vec{r} \times \vec{T} = \vec{r} \times \vec{F_1} \quad [\text{N·m}] \quad (10.22)$$

となる．最後に張力 $\vec{T}$ の力のモーメントが消える．これは，$\vec{r}$ と $\vec{T}$ のなす角が π で，外積の大きさが $\sin\pi = 0$ のためにゼロとなり，$\vec{r} \times \vec{T} = \vec{0}$ となるためである．結局，$\vec{F_1}$ のみの力のモーメントを考えればよい．

ここから先は，次の 2 通りの方法がある．ベクトルについて成分で考える (A) と，ベクトルを視覚的に考える (B) である．(A) は，いわば王道で，地道な計算で結果は出るが，ベクトルの意味は捉えづらい．(B) は，ベクトルと現象の対応がわかりやすく，慣れれば早く求まるようになる．

[†6] $\vec{r}$ と $\vec{T}$ は平行だが，逆向きであることを意識して「**反平行**」ということもある．
[†7] 重力と床からの垂直抗力は打ち消し合うので省略した．

(A) ベクトルについて成分で考える

回転運動の方程式の左辺に含まれる角運動量 $\vec{l}$ の成分計算をすると，

$$\vec{l} = \vec{r} \times \vec{p} = m\vec{r} \times \dot{\vec{r}}$$
$$= m \begin{pmatrix} r\cos\theta \\ r\sin\theta \\ 0 \end{pmatrix} \times \begin{pmatrix} -r\dot{\theta}\sin\theta \\ r\dot{\theta}\cos\theta \\ 0 \end{pmatrix} = \begin{pmatrix} 0 \\ 0 \\ mr^2\dot{\theta} \end{pmatrix} \quad [\text{kg} \cdot \text{m}^2/\text{s}] \tag{10.23}$$

となる．さらに，これを時間微分すると，回転運動の方程式の左辺となる．

$$\dot{\vec{l}} = \begin{pmatrix} 0 \\ 0 \\ mr^2\ddot{\theta} \end{pmatrix} \quad [\text{kg} \cdot \text{m}^2/\text{s}^2 \; (= \text{N} \cdot \text{m})] \tag{10.24}$$

次に，回転運動の方程式の右辺の，力のモーメント $\vec{N}$ の成分計算をする．外力 $\vec{F}_1$ だけを考えればよいので，

$$\vec{N} = \vec{r} \times \vec{F} = \vec{r} \times \vec{F}_1$$
$$= \begin{pmatrix} r\cos\theta \\ r\sin\theta \\ 0 \end{pmatrix} \times \begin{pmatrix} -F_1\sin\theta \\ F_1\cos\theta \\ 0 \end{pmatrix} = \begin{pmatrix} 0 \\ 0 \\ rF_1 \end{pmatrix} \quad [\text{N} \cdot \text{m}] \tag{10.25}$$

となる．回転運動の方程式の右辺も求まったので，$\dot{\vec{l}} = \vec{N}$ より

$$\begin{pmatrix} 0 \\ 0 \\ mr^2\ddot{\theta} \end{pmatrix} = \begin{pmatrix} 0 \\ 0 \\ rF_1 \end{pmatrix} \quad [\text{N} \cdot \text{m}] \tag{10.26}$$

となる．これで回転運動の方程式が求まったのであるが，この結果を見ると z 成分にしか意味がないので，それを取り出して

$$mr^2\ddot{\theta} = rF_1 \quad [\text{N} \cdot \text{m}] \tag{10.26}$$

と書くこともできる．ちなみに，$\vec{F}_1$ が右回りに回す力の場合は

$$mr^2\ddot{\theta} = -rF_1 \quad [\text{N} \cdot \text{m}] \tag{10.27}$$

となる（右辺の符号が反転する）．

(B) ベクトルを視覚的に考える

成分計算をして1つわかったことは，角運動量 $\vec{l}$ にしても力のモーメント $\vec{N}$ にしても，この例題の場合は z 成分しかもたないということである（図 10.20, 10.21）．こうなるのは，質点の運動が xy 平面内で行われ，作用する力も xy 平面内のものであることによる．慣れてくると，成分計算をしなくても視覚的に外積を考えるとそれらがわかるようになる．

角運動量 $\vec{l}$ は，$\vec{r}$ と $\vec{p}$ の外積なのでその両方に垂直になる．したがって，$\vec{r}$ と $\vec{p}$ が xy 平面内のベクトルであれば，それらに垂直な $\vec{l}$ は z 軸方向のベクトルとなり，z 成分 l_z しかもたない．力のモーメント $\vec{N}$ も同様に z 軸方向のベクトルになり，z 成分 N_z しかもたない（図を見て確認すること）．したがって，z 成分 l_z, N_z だけを求めればよいのである．結局，回転運動の方程式 $\dot{\vec{l}} = \vec{N}$ は，z 成

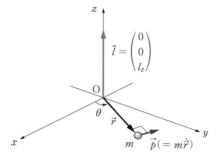
図 10.20 z 成分だけをもつ角運動量

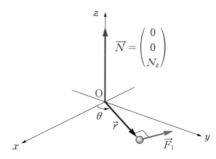
図 10.21 z 成分だけをもつ力のモーメント

分のみが意味をもつ．
$$\dot{l}_z = N_z \quad [\text{N·m}] \tag{10.28}$$

z 成分しかもたないベクトルは，z 成分の大きさがベクトルそのものの大きさでもある．したがって，まずはベクトルの大きさを求めて，それを z 成分の大きさとし，符号については後で図を見ながら考えればよい．

まずは，角運動量の z 成分の大きさを求める．
$$|l_z| = |\vec{l}| = |\vec{r} \times \vec{p}| = |m\vec{r} \times \vec{v}| = m|\vec{r}||\vec{v}|\sin\phi$$
$$= mr \cdot r|\dot{\theta}|\sin\frac{\pi}{2} = mr^2|\dot{\theta}| \quad [\text{kg·m}^2/\text{s}] \tag{10.29}$$

$\vec{r}$ と $\vec{p}$ のなす角 ϕ は直角である[†8]．円運動する質点の速さは半径と角速度の大きさの積なので，$|\vec{v}| = r|\dot{\theta}|$ を使った．ここで図 10.22 を見ると，質点が左回りの場合，角速度は正（$\dot{\theta} > 0$），角運動量は z 軸の正の向きで z 成分も正（$l_z > 0$）である．これに対して，質点が右回りの場合，角速度は負（$\dot{\theta} < 0$），角運動量は z 軸の負の向きで z 成分も負（$l_z < 0$）である．このように l_z と $\dot{\theta}$ は正負が合致しているので，絶対値はそのまま外せる．
$$l_z = mr^2\dot{\theta} \quad [\text{kg·m}^2/\text{s}] \tag{10.30}$$
この両辺を時間微分すると，回転運動の方程式の左辺が得られる．
$$\dot{l}_z = mr^2\ddot{\theta} \quad [\text{kg·m}^2/\text{s}^2 (= \text{N·m})] \tag{10.31}$$

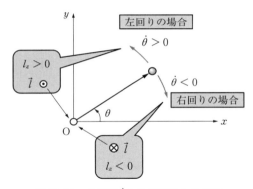
図 10.22　角速度 $\dot{\theta}$ と角運動量 l_z の正負

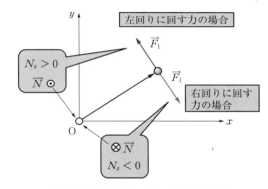
図 10.23　力のモーメント N_z の正負

次に，力のモーメントの z 成分の大きさを求める．
$$|N_z| = |\vec{N}| = |\vec{r} \times \vec{F}_1| = |\vec{r}||\vec{F}_1|\sin\phi$$
$$= r \cdot F_1 \sin\frac{\pi}{2} = rF_1 \quad [\text{N·m}] \tag{10.32}$$

$\vec{r}$ と $\vec{F}_1$ のなす角 ϕ は直角である[†9]．$|N_z| = rF_1$ の右辺は大きさなので正である．したがって，左辺の N_z の正負に応じて絶対値を外せばよい．図 10.23 を見ながら，外力 $\vec{F}_1$ の向きに応じて場合分けをする．
$$\begin{cases} 左回りに回す力の場合： & N_z = rF_1 \\ 右回りに回す力の場合： & N_z = -rF_1 \end{cases} \quad [\text{N·m}] \tag{10.33}$$

$\dot{\vec{l}} = \vec{N}$ の z 成分 $\dot{l}_z = N_z$ に，以上の結果を代入すると
$$\begin{cases} 左回りに回す力の場合： & mr^2\ddot{\theta} = rF_1 \\ 右回りに回す力の場合： & mr^2\ddot{\theta} = -rF_1 \end{cases} \quad [\text{N·m}] \tag{10.34}$$

となる．◆

[†8]　ϕ はギリシャ文字の小文字で「ファイ」と読む．ファイの大文字は Φ である．
[†9]　ϕ はギリシャ文字の小文字で「プサイ」と読む．プサイの大文字は Ψ である．

もし外力 F_1 が時間の関数として具体的に与えられれば，回転運動の方程式として得られた θ の微分方程式を解くことで，質点の角速度 $\dot{\theta}(t)$ や回転角 $\theta(t)$ が求まる．

類題 10.2 xy 平面で原点を中心に回転する質点（右回りに回す力の場合）

例題 10.2 で外力 $\vec{F}_1$ が右回りに回す力の場合について，回転運動の方程式をベクトルの成分計算で求めなさい．

10.3.4 z 軸周りの円運動と慣性モーメント

図 10.24 のように xy 平面で z 軸周りに円運動をする質点の回転運動の方程式を立てると，例題 10.2 の結果の左辺のように mr^2 が現れ，一般に

$$mr^2\ddot{\theta}(t) = N_z \quad [\text{N·m}] \tag{10.35}$$

と書ける．もともとは原点周りの運動を考えたのだが，それが z 軸周りの円運動である場合は，質量と z 軸までの距離の 2 乗の積 mr^2 がでてくる．これを I_z と書き，z 軸周りの**慣性モーメント**とよぶ．

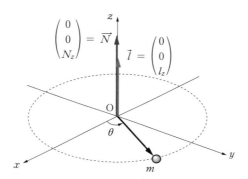

図 10.24 xy 平面で z 軸周りに回転する質点

$$I_z = mr^2 \quad [\text{kg·m}^2] \tag{10.36}$$

これを使うと，xy 平面で z 軸から距離 r の円運動をする，質量 m の質点の z 軸周りの回転運動の方程式は，

$$I_z\ddot{\theta}(t) = N_z \quad [\text{N·m}] \tag{10.37}$$

と書ける．これを運動方程式

$$m\ddot{x} = F_x \quad [\text{N}] \tag{10.38}$$

と対比すると，慣性モーメントと質量，角加速度と加速度，力のモーメントと力が対応する．質量 m が大きいほど物体を動かしにくいように[†10]，慣性モーメント I_z が大きいほど物体を回しにくい[†11]．

---

†10 同じ力 F_x に対しては，質量 m が大きいほど加速度 $\ddot{x}$ は小さい．つまり，速度変化が小さい．これは，動かしづらく，止めづらいことを意味する．

†11 同じ N_z に対しては，I_z が大きいほど角加速度 $\ddot{\theta}$ は小さい．つまり，角速度の変化が小さい．これは，回しづらいこと，逆に，回転している場合は止めづらいことを意味する．

例題 10.3　棒の先についた質点の回転運動

軽くて丈夫な長さ r の棒の一端が，z 軸周りに自由に回転できるように原点に取りつけられており，他端には質量 m の質点が固定されている（図 10.25）．x 軸上に静止していた質点に対して，常に棒に垂直で大きさが一定の xy 平面内の力 F を，時刻 $t = 0$ から z 軸の正の向きから見て反時計回りに作用させた．時刻 t における質点の回転角 $\theta(t)$ と角速度 $\dot{\theta}(t)$ を求めなさい．

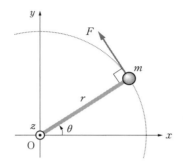

図 10.25 棒の先についた質点の回転運動

解　まず，z 軸周りの質点の慣性モーメントは $I_z = mr^2$ である．また，力のモーメント $\vec{N}$ の z 成分の大きさは

$$|N_z| = |\vec{N}| = |\vec{r} \times \vec{F}| = rF \sin \frac{\pi}{2} = rF \quad [\text{N·m}] \tag{10.39}$$

である．質点に力が反時計周りに作用する場合，力のモーメントは z 軸の正の向きになるので $N_z > 0$ である．したがって，$|N_z|$ の絶対値を外すと $N_z = rF$ となる．これらより，質点についての回転運動の方程式 (10.37) は

$$mr^2 \ddot{\theta}(t) = rF \quad [\text{N·m}] \tag{10.40}$$

となる．

両辺を mr^2 で割った微分方程式は，m, r, F が定数なので単純な積分をするだけで解ける．積分定数を c_0, c_1 とすると

$$\begin{cases} \ddot{\theta}(t) = \dfrac{F}{mr} \quad [\text{rad/s}^2] \\ \dot{\theta}(t) = \dfrac{F}{mr} t + c_0 \quad [\text{rad/s}] \\ \theta(t) = \dfrac{F}{2mr} t^2 + c_0 t + c_1 \quad [\text{rad}] \end{cases} \tag{10.41}$$

となる．$t = 0$ を代入して，初期条件 $\dot{\theta}(0) = 0, \theta(0) = 0$ と比較すると

$$\begin{cases} \dot{\theta}(0) = \dfrac{F}{mr} \cdot 0 + c_0 = c_0 = 0 \quad [\text{rad/s}] \\ \theta(0) = \dfrac{F}{2mr} \cdot 0^2 + c_0 \cdot 0 + c_1 = c_1 = 0 \quad [\text{rad}] \end{cases} \tag{10.42}$$

となる．求まった $c_0 = c_1 = 0$ を代入すると，以下の結果が得られる．

$$\begin{cases} \dot{\theta}(t) = \dfrac{F}{mr} t \quad [\text{rad/s}] \\ \theta(t) = \dfrac{F}{2mr} t^2 \quad [\text{rad}] \end{cases} \tag{10.43}$$

類題 10.3 棒の先についた質点の回転運動（続き）

例題 10.3 について，$m = 50\,\mathrm{g}$, $r = 30\,\mathrm{cm}$, $F = 2.0\,\mathrm{N}$ のとき，質点の z 軸周りの慣性モーメントを求めなさい．また，10 秒後の質点の角速度と回転数を求めなさい．

10.4 中心力場

10.4.1 中心力

空間のどこに物体を置いても，図 10.26 のようにある 1 点（中心：図の点 O）の方向に作用する力を**中心力**といい，そのような中心力が作用する性質をもった空間（＝場）を**中心力場**という．例えば，万有引力の場合は，中心に物体（質量）があると，その周りの空間のどこに別の物体（質量）を置いても，中心に向かう力が作用する．また，電気力の場合は，中心に例えば正電荷があると，その周りの空間のどこに別の電荷を置いても，負電荷に対しては中心に向かう力，正電荷に対しては中心から遠ざかる力が作用する．このとき，別の物体や電荷を，周りの空間に実際に置く必要はない．別の物体や電荷がなくても，中心力場は存在しているのである．

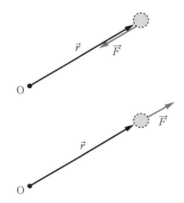

図 10.26 中心力

10.4.2 角運動量保存

中心力場の中で運動する質点の角運動量について考える．質点の位置ベクトルを $\vec{r}$ とするとき，原点を中心とする中心力による原点周りの力のモーメント $\vec{N}$ は

$$\vec{N} = \vec{r} \times \vec{F} = \vec{0} \quad [\mathrm{N \cdot m}] \tag{10.44}$$

となる．これは，$\vec{r}$ と $\vec{F}$ は平行か反平行なので，それらのなす角 θ は 0 か π であり，$\vec{N}$ の大きさが $|\vec{r}||\vec{F}|\sin\theta = 0$ となるためである（図 10.27）．したがって，質点の原点周りの回転運動の方程式は，

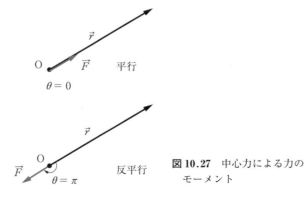

図 10.27 中心力による力のモーメント

$$\dot{\vec{l}} = \vec{N} = \vec{r} \times \vec{F} = \vec{0} \quad [\text{N·m}] \tag{10.45}$$

となり，両辺を時間 t で積分すると

$$\vec{l} = \text{const.}(定ベクトル) \quad [\text{kg·m}^2/\text{s}] \tag{10.46}$$

となって，角運動量 $\vec{l}$ が保存する．

このように中心力場では，物体の角運動量は保存する．すなわち，**角運動量保存**（則）が成り立つ．

例題 10.4 半径が変化する円運動の角運動量

糸の一端についた質量 m の質点が，滑らかな水平面上で円運動をしている．糸の他端は，水平面の原点 O に開いた小さな穴から下に垂れており，質点の回転半径が一定になるように，力 F で糸を保持している（図 10.28）．はじめ，質点の回転半径は r_1 で，速さは v_1 であった．次に力 F を強めて糸を引き，質点の回転半径が $r_2(<r_1)$ になったところで再び糸を保持した．そのときの質点の速さ v_2 を求めなさい．

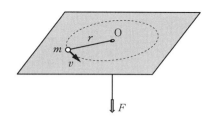

図 10.28 半径が変化する円運動の角運動量

解 糸を保持する力は糸の張力と等しい．そして，質点にはその糸の張力が作用するが，これは原点 O に向う中心力である．したがって，質点の角運動量は保存する．力を強めて糸を引いている間も含めて，糸の張力が中心力であることに変わりはないので，質点の回転半径が変化しているときも質点の角運動量は保存する．つまり，質点の回転半径が変化する前の角運動量 $\vec{l}_1$ は，回転半径が変化した後の角運動量 $\vec{l}_2$ と等しい．もちろん，それらの大きさも等しい．

$$|\vec{l}_1| = |\vec{r} \times m\vec{v}| = mr_1 v_1 \sin\frac{\pi}{2} = mr_1 v_1 \quad [\text{kg·m}^2/\text{s}] \tag{10.47}$$

$$|\vec{l}_2| = |\vec{r} \times m\vec{v}| = mr_2 v_2 \sin\frac{\pi}{2} = mr_2 v_2 \quad [\text{kg·m}^2/\text{s}] \tag{10.48}$$

$\vec{v}$ は円の接線方向なので $\vec{r}$ と直交し，$\vec{r}$ と $\vec{v}$ のなす角は $\pi/2$ である．

$$mr_1 v_1 = mr_2 v_2 \quad [\text{kg·m}^2/\text{s}] \tag{10.49}$$

$$v_2 = \frac{r_1}{r_2} v_1 \quad [\text{m/s}] \tag{10.50}$$

このように，速さは半径に反比例して大きくなる．◆

類題 10.4 半径が変化する円運動の角運動量（続き）

例題 10.4 で，糸を保持する力がはじめ $F = F_1 = 3.0\,\text{N}$ であったとする．その状態から糸を引いて，質点の回転半径をはじめの半分にした．そのときの糸を保持する力の大きさを求めなさい．

136   10. 質点の回転運動

● 第10章のまとめ ●

- $\vec{A}$ と $\vec{B}$ の外積 $\vec{A} \times \vec{B} = \vec{C}$ は，$\vec{A}$ と $\vec{B}$ の両方に垂直で，$\vec{A}$ から $\vec{B}$ に右ネジを回してネジが進む向きになる．大きさは $|\vec{A} \times \vec{B}| = |\vec{A}||\vec{B}| \sin\theta$ である．成分計算は次のように行う．

$$\begin{cases} C_x = A_y B_z - A_z B_y \\ C_y = A_z B_x - A_x B_z \\ C_z = A_x B_y - A_y B_x \end{cases}$$

- 質点の角運動量は，位置ベクトル $\vec{r}$ と運動量 $\vec{p}$ の外積で定義される．

$$\vec{l} = \vec{r} \times \vec{p} \ (= \vec{r} \times m\dot{\vec{r}})$$

- 角運動量を時間微分して運動方程式を適用すると，回転運動の方程式が得られる．この式は，外力によって角運動量の時間変化が生じることを表している．

$$\dot{\vec{l}} = \vec{r} \times \vec{F}$$

- 力のモーメントは，質点の位置ベクトルと力の外積で定義される．

$$\vec{N} = \vec{r} \times \vec{F}$$

- z 軸周りの慣性モーメントは

$$I_z = mr^2$$

と定義される．この I_z を使って，z 軸周りの半径 r の回転運動の方程式の z 成分を書くこともできる．

$$I_z \ddot{\theta}(t) = N_z$$

- 中心力場で中心力のみが作用する質点は，角運動量が保存する．

────────────────── 章 末 問 題 ──────────────────

[10.1] $\vec{A} = (3, 2, 1)$ と $\vec{B} = (4, 5, 6)$ の外積 $\vec{C} = \vec{A} \times \vec{B}$ を求めなさい．そして，$\vec{C}$ が $\vec{A}$, $\vec{B}$ と垂直であることを示しなさい． `10.1 節`

[10.2] 以下の $\vec{A}$ と $\vec{B}$ について外積の大きさを求めなさい． `10.1 節`
 (a) $\vec{A} \perp \vec{B}$ ($\vec{A}$ と $\vec{B}$ が垂直) のとき
 (b) $\vec{A} \parallel \vec{B}$ ($\vec{A}$ と $\vec{B}$ が平行) のとき

[10.3] x, y, z 軸の正の向きの単位ベクトルをそれぞれ $\vec{i}, \vec{j}, \vec{k}$ とするとき，$\vec{i} \times \vec{j}$ と $\vec{i} \times (\vec{j} \times \vec{k})$ を求めなさい． `10.1 節`

[10.4] $\vec{A}(t)$ と $\vec{B}(t)$ の外積の時間微分が

$$\frac{d}{dt}(\vec{A} \times \vec{B}) = \dot{\vec{A}} \times \vec{B} + \vec{A} \times \dot{\vec{B}}$$

となることを成分計算で示しなさい． `10.1 節`

[10.5] 物体の位置ベクトルを $\vec{r}(t)$ とするとき，位置ベクトルと速度ベクトルの外積を時間微分しなさい． `10.1 節`

[10.6] 質量 m の質点の位置ベクトルを $\vec{r}(t) = \left(v_0 t, 0, -\frac{1}{2}gt^2\right)$ とする．ただし，v_0, g は定数である．時刻 t における原点周りの質点の角運動量 $\vec{l}(t)$ を求めなさい． `10.2 節`

[10.7] 水平な x 軸上の $x = a$ に質量 m の質点がある．この質点に作用する重力による原点周りの力のモーメントの大きさ N を求めなさい．また，$a = 25\,\text{cm}$, $m = 40\,\text{g}$ に対する N の値を MKS 単位系で求めなさい． `10.3.2 項`

[10.8] 質量 m の質点を長さ L の糸 A で天井の P 点から吊し，もう 1 つの糸 B を質点につけて水平に引いたところ，糸 A が鉛直方向から角度 $30°$ になった．質点に作用する重力，糸 A の張力，糸 B の張力のそれぞれについて，P 点周りの力のモーメントの大きさを求めなさい． 10.3.2項

[10.9] 質量 m の質点を長さ r の糸で天井の P 点から吊した．質点が P 点を含む鉛直面内で運動するとき，糸が鉛直方向となす角を θ として，P 点周りの回転運動の方程式を立てなさい． 10.3.3項 ，10.3.4項

[10.10]* 質量 M の太陽の周りを，楕円軌道を描いて回る質量 m の彗星がある $(m \ll M)$．太陽に最も近づいたときの距離（近日点距離）r_1 での彗星の速さ v_1 と，太陽から最も離れたときの距離（遠日点距離）r_2 を使って，遠日点での彗星の速さ v_2 を求めなさい． 10.4節

11. 剛体の運動

【学習目標】
- 剛体の定義を理解し，その運動がニュートンの運動法則によって説明できることを理解する．
- 剛体の位置と姿勢（回転）の表し方を理解する．
- 剛体の並進運動について，重心の運動方程式を立てられるようになる．また，剛体の位置エネルギーを理解する．
- 剛体の全角運動量を理解して，回転運動の方程式を立てられるようになる．その際によく現れる，剛体に作用する重力による力のモーメントを理解する．

【キーワード】
　剛体，自由度，姿勢（回転），オイラー角，要素（微小部分），重心の運動方程式，位置エネルギー，全角運動量，回転運動の方程式，剛体に作用する重力

◆ 剛体とは ◆

　これまでは，大きさを考える必要がない質点を扱ってきた．しかし，実際の物体は大きさをもつ．物体の大きさが運動に及ぼす影響を無視できない場合は，質点として扱うことができなくなる．

　大きさをもつことで気にしなければならないのは，物体の姿勢と変形である．姿勢は回転によって変化するので，新たに回転運動を考える必要が出てくる．一方で，変形についてはなかなか厄介なので，とりあえずは変形しない物体を扱うことにする．しかし，実際に変形しない物体はない．そこで，変形が無視できる（変形が運動に及ぼす影響を無視できる）物体を扱う．このような物体を**剛体**とよぶ．この章では，この剛体の運動を扱う．

11.1 剛体の位置と姿勢

11.1.1 自由度

　質点については，大きさがない（無視する）ので位置ベクトル $\vec{r}$ さえ決めればよく，姿勢は考えなくてよい．3次元直交座標系（デカルト直交座標系）では，3個の座標値（変数）x, y, z を決めれば質点の位置が決まる．このとき，「質点の**自由度**は3である」という（図11.1）．これは，質点の位置を決めるときに変数3個の値を自由に選べることを意味する．逆に，その3個の値を選ぶと，質点は自由でなくなる．このように，自由度とは物体の位置や姿勢を定めるのに必要な変数の個数であるといえる．

　それでは，大きさをもつ剛体の自由度はいくつであろうか？　質点の自由度3よりは大きいであろう．まずは，剛体振り子を考えよう（図11.2）．例えば，ジャガイモに串を刺して，その串を水平に保持する．ジャガイモは串を回転軸とする振り子になる．ジャガイモの位置と姿勢を決めるには，ジャガイモのどこかに任意の点を選んで，その点と回転軸を結ぶ線が鉛直方向となす角 θ を決めればよい．変数1個でジャガイモの位置と姿勢が決まる．つまり，剛体振り子の自由度は1である．これは質点よりも少ない．自由に動ける剛体が回転軸によって束縛されることで，その自由度の一部が奪われるのである．

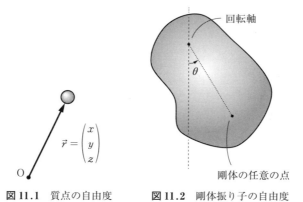

図 11.1 質点の自由度　　**図 11.2** 剛体振り子の自由度

11.1.2 自由な剛体

それでは，自由な剛体の自由度を考えよう．まず，剛体の任意の点 A を指す位置ベクトル $\vec{r}_A$ を使ってみる（図 11.3）．これだけでは剛体の姿勢は決まらない．剛体は点 A の周りに回転できる．さらに，点 B を指す $\vec{r}_B$ を追加してみる．しかし，AB を結ぶ線を軸として，まだ回転してしまう．もう 1 点，点 C を指す $\vec{r}_C$ を追加してみる．これで剛体は身動きできない．つまり，位置と姿勢が決まる．そうすると，必要な変数は 3 点 × 各点の位置ベクトルの 3 成分で合計 9 個である．しかし，剛体の自由度は実は 9 より少ない．もっと少ない変数で剛体をピタッと止めることができるのである．

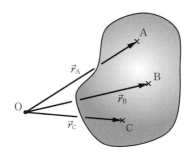

図 11.3 自由な剛体の自由度は 9 か？

はじめに点 A を指す $\vec{r}$ を選ぶところまでは同じである．これで点 A 周りの回転を考えない点 A の**並進運動**（平行移動）が表せる（図 11.4）．これに必要な変数は $\vec{r}$ の 3 成分 x, y, z の 3 個である．次に，剛体振り子と同じように軸を決める．点 A を通る軸 B を（串を刺すように）剛体に固定する[†1]．これで剛体は軸 B 周りにしか回れない[†2]．最後に，点 A から見た点 C が軸 B 周りにどれだけ回転しているかを決める（図 11.5）[†3]．ここまで決めると剛体は身動き

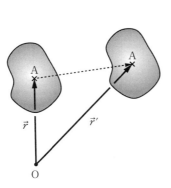

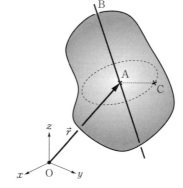

図 11.4 並進運動（点 A の動き）　　**図 11.5** 剛体の位置と姿勢を決める．

[†1] 剛体に固定しても，軸 B は点 A 周りに回ってしまう．それにつれて，剛体もこのままでは回ってしまう．軸 B の空間での固定の仕方は後ほど考えることにする．

[†2] 点 A 周りに回る状態よりも束縛されている．軸は効果的に自由度を減らす．

[†3] 点 C については，位置ベクトルではなく，軸 B 周りの回転角を決める．

できないが，並進運動に関わる点 A を決める x, y, z の他に，回転運動に関わる軸 B と点 C を決めるには変数が何個必要だろうか．

11.1.3 オイラー角

剛体の姿勢（回転）を表現する方法として**オイラー角**がある．これを使って，先ほどの軸 B と点 C を決めてみる．剛体に固定した点 A と軸 B と点 C でできる薄い独楽のような骨組みを剛体から取り出して考える（図 11.6）．この骨組みが決まれば，それに剛体を肉づけすればよい．

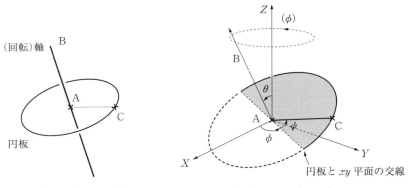

図 11.6 剛体に固定された骨組み　　**図 11.7** オイラー角

ここで，xyz 座標を平行移動して，点 A を改めて原点とする XYZ 座標を考える（図 11.7）．まず，軸 B が z 軸となす角を θ とする．軸 B が傾くことで，円板部分の半分は XY 平面の下にもぐる．この段階では，θ を決めても，軸 B はその θ のまま Z 軸周りを回ることができる．それにつれて傾いた円板も回り，円板と XY 平面の交線が回転する．そこで，交線が X 軸となす角を ϕ と決めると，軸 B と交線は固定される．これでも点 C は，固定された軸 B 周りにまだ回ることができる．ここで，線分 AC と交線のなす角を ψ と決めると，この骨組みはもう身動きできない．つまり，剛体の位置と姿勢が決まることになる．これら θ, ϕ, ψ は剛体の姿勢（回転）を表現しており，考案者である数学者レオンハルト・オイラー（1707-1783）にちなんで**オイラー角**という．

まとめると，軸 B の方向を決めるのに θ, ϕ，そして軸 B 周りの点 C の方向を決めるのに ψ を使い，この 3 つの角度で点 A から見た軸 B と点 C が決まる．結局，点 A を決める x, y, z と合わせて合計 6 個の変数で剛体の位置と姿勢（回転）が決まるので，**剛体の自由度は 6** である．

11.2 剛体の並進運動（重心の運動方程式）

剛体の運動をニュートンの運動法則で説明するにはどのようにすればよいのか．これまでは質点を扱ってきた．しかし，剛体は大きさをもつので，どこから手をつければよいのかわからない．剛体全体を見ていても行き詰まってしまう場合は，全体を見るのをやめて，まずは一部分だけを見てみる．剛体を細かい微小部分（要素）に細分してみる．実際に切るわけではない．頭の中でそのようにイメージする．個々の要素を質点と見なせるくらい，剛体を細かく N 個に分割する（ことを想像する）．要素に 1 番から番号をつけていき，i 番目の要素を代表として扱うことにする（図 11.8）．これを要素 i とよぼう．

11.2 剛体の並進運動（重心の運動方程式）　141

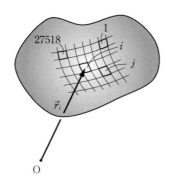

図 11.8　剛体を細かい要素に分けて考える（数字は一例）.

11.2.1 運動方程式

質点とみなせる要素 i についてであれば，運動方程式を立てることができる．要素 i の質量を m_i, 位置ベクトルを $\vec{r}_i$, 要素 i に作用する外力を $\vec{F}_i$ とする（図 11.9）．また，要素 i は周りの要素と力を及ぼし合っている（相互作用している）．そこで，要素 i の周りの要素として要素 j を代表で用いることにし，要素 i に要素 j から作用する内力[†4]を $\vec{F}_{ij}$ とする．そうすると，要素 i についての運動方程式は

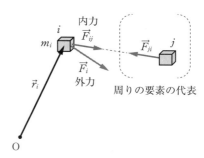

図 11.9　要素 i の運動方程式

$$m_i \ddot{\vec{r}}_i = \vec{F}_i + \sum_{j=1}^{N} \vec{F}_{ij} \quad [\mathrm{N}] \qquad (11.1)$$

となる．要素 j は，要素 i の周りに $j = 1$ から $j = N$ まであるので，それらから要素 i に作用する内力の和も足さなければならない．ただし，j について和をとるときに $j \neq i$ として i を除くか，または $\vec{F}_{ii} = \vec{0}$ とする．

代表として要素 i の運動方程式を立てたが，これと同様の運動方程式が $i = 1$ から $i = N$ まで成り立つ．そこで，要素 i の運動方程式の両辺の i について，$i = 1 \sim N$ の和をとると，剛体全体の運動方程式となる．

$$\underbrace{\sum_{i=1}^{N} m_i \ddot{\vec{r}}_i}_{*1} = \underbrace{\sum_{i=1}^{N} \vec{F}_i}_{*2} + \underbrace{\sum_{i=1}^{N} \sum_{j=1}^{N} \vec{F}_{ij}}_{*3} \quad [\mathrm{N}] \qquad (11.2)$$

シグマ記号のせいか，見た目がゴツイ式である．N が 1 万なら，左辺（*1）と右辺第 1 項（*2）はそれぞれ 1 万項，右辺第 2 項（*3）は 1 億項である．計算機なら何とか答が出るかもしれないが，N が 1 億や 1 兆になると相当な時間がかかりそうで，少し考えた方がよさそうである．

ここで，見た目を少しでもすっきりさせるために，シグマ記号の略式表現を導入しておく．

$$\sum_{i=1}^{N} \equiv \sum_{i} \qquad (11.3)$$

i の開始値と終了値が省略されたものは，すべての i について和をとることを意味していると解釈しよう．今後は，この書き方を使う．

まず，左辺（*1）について考える．次のように式変形ができる．

$$\underbrace{\sum_i m_i \ddot{\vec{r}}_i}_{*1} = \frac{d^2}{dt^2} \sum_i m_i \vec{r}_i = \frac{\frac{d^2}{dt^2} \sum_i m_i \vec{r}_i}{\sum_i m_i} \sum_i m_i$$

[†4] 物体外部から作用する外力に対して，物体内部の要素間の相互作用を**内力**とよぶ．

$$= \frac{d^2}{dt^2} \underbrace{\left(\frac{\sum_i m_i \vec{r}_i}{\sum_i m_i} \right)}_{\vec{r}_G} \underbrace{\sum_i m_i}_{M} \quad [\text{N}] \tag{11.4}$$

はじめに，微分と和の順序を入れかえた．続いて，剛体の全質量である $\sum_i m_i$ で割っておいて同じものを掛けた．さらに，定数である分母の $\sum_i m_i$ を微分の中に入れた．すると，この微分の中身が第4章で扱った加重平均になる．質量 m_i を重みにした位置ベクトル $\vec{r}_i$ の加重平均なので，微分の中身は重心 $\vec{r}_G$ である．結局，左辺は剛体の全質量 $M = \sum_i m_i$ と重心の加速度 $\ddot{\vec{r}}_G$ の積となる．

$$\underbrace{\sum_i m_i \ddot{\vec{r}}_i}_{*1} = M \ddot{\vec{r}}_G \quad [\text{N}] \tag{11.5}$$

次に，右辺について考える．第1項（*2）は外力の合計なので $\vec{F}$ と書くことにする．第2項（*3）は，i と j を変えながら和をとると，i と j のすべての組み合わせが出てくる．そのとき，ある $\vec{F}_{ab}$ に対して必ず $\vec{F}_{ba}$ が出てくる．これらは作用・反作用の関係にあるので，$\vec{F}_{ab} + \vec{F}_{ba} = \vec{0}$ となる．そこで，$\vec{F}_{ab}$ と $\vec{F}_{ba}$ に分けて1つずつ和をとる代わりに，$\vec{F}_{ab}$ と $\vec{F}_{ba}$ を対にして $\vec{F}_{ab} + \vec{F}_{ba} = \vec{0}$ の和をとることにすると，第2項（*3）は $\vec{0}$ の和であり，答も $\vec{0}$ となる．一番ゴツイ項は，実は消えるのである．

以上をまとめると，剛体についての運動方程式は非常に簡単な形になる．

$$\boxed{M \ddot{\vec{r}}_G = \vec{F} \left(= \sum_i \vec{F}_i \right) \quad [\text{N}]} \tag{11.6}$$

この式は，**剛体の重心についての運動方程式**と見なすことができる（図11.10）．これは，「あたかも外力の合計 $\vec{F}$ が（重心 $\vec{r}_G$ に剛体の全体が集中した）質量 M の質点に作用しているかのごとく」考えて運動方程式を立てられるという意味である．「あたかも…かのごとく」ということは，事実ではないということである．しかし，そのように考えてもよいのである．

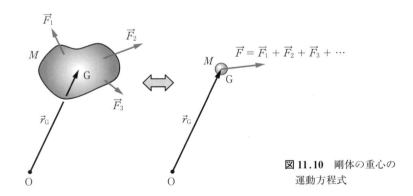

図 11.10 剛体の重心の運動方程式

例として，重力中での剛体の運動を考えよう．このとき，実際には重力は剛体の各点の要素 i に $m_i g$ として作用する．しかし，剛体の重心についての運動方程式を立てるときは，「あたかも剛体の重心ただ1点に全重力 Mg が作用しているかのごとく」扱ってよいのである（図11.11）．

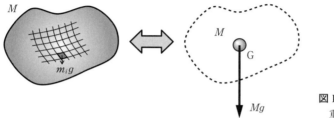

図 11.11 剛体に作用する重力

例題 11.1 円板の運動

質量 M の一様な材質の円板の周囲に，一端を天井に固定した軽い糸を巻きつけてある（図 11.12）．円板が鉛直面内にある状態で，糸をたるまないように鉛直にしておき，時刻 $t = 0$ に静かに円板を放した．円板はヨーヨーのように回転しながら降下し，その間の糸の張力の大きさ T は一定であった．円板の運動方程式を立てて，重心の運動を求めなさい．$t = 0$ での円板の重心の位置を座標原点とする．

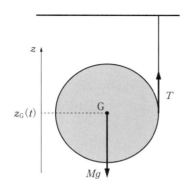

図 11.12 円板の運動

解 円板の重心を $\vec{r}_G(t) = (x_G(t), y_G(t), z_G(t))$ とし，z 軸は鉛直上向きとする（x 軸と y 軸の向きは任意）．円板を放した直後の外力は，糸の張力も重力も z 方向にしか作用しないので，剛体の重心の運動方程式は，(11.6) より

$$\begin{cases} M\ddot{x}_G(t) = 0 & [\text{N}] \\ M\ddot{y}_G(t) = 0 & [\text{N}] \\ M\ddot{z}_G(t) = -Mg + T & [\text{N}] \end{cases} \tag{11.7}$$

となる．

まず第 1 式と第 2 式を解くと（解くのは省略するが），初速度がゼロなので重心は x, y 方向には動かないことがわかる．円板は真下に降下するのである．次に第 3 式を解くために，両辺を M で割る．

$$\ddot{z}_G(t) = -\left(g - \frac{T}{M}\right) \quad [\text{m/s}^2] \tag{11.8}$$

この式から，重心の加速度 $\ddot{z}_G$ の大きさが $g - T/M$ となり，重力加速度の大きさ g より小さいことがわかる．したがって，降下が自由落下より遅くなることが予想される．

両辺を t で積分していくと，左辺の外力は定数なので，

$$\dot{z}_G(t) = -\left(g - \frac{T}{M}\right)t + c_0 \quad [\text{m/s}] \tag{11.9}$$

$$z_G(t) = -\frac{1}{2}\left(g - \frac{T}{M}\right)t^2 + c_0 t + c_1 \quad [\text{m}] \tag{11.10}$$

これらと，初速度がゼロで初期位置が座標原点という初期条件 $\dot{z}_G(0) = 0$, $z_G(0) = 0$ を比べると，$c_0 = c_1 = 0$ が得られる．

$$\begin{cases} \dot{z}_G(t) = -\left(g - \dfrac{T}{M}\right)t \quad [\text{m/s}] \\ z_G(t) = -\dfrac{1}{2}\left(g - \dfrac{T}{M}\right)t^2 \quad [\text{m}] \end{cases} \tag{11.11}$$

◆

類題 11.1 滑らかな水平面の上に，一様な材質でできた質量 M の円板が伏せた状態で静止していた．そのとき，円板の重心は原点にあった．円板の縁の点 P に糸が取りつけられており，その糸の他端を一定の力 $\vec{F}$ で常に同じ向きに水平に引いたところ，円板が回転するとともに動きはじめた．円板の運動方程式を立てて，重心の運動を求めなさい．

11.2.2 重力による位置エネルギー

全質量 M の剛体について，重力による位置エネルギーを考えよう．この場合も，いきなり剛体全体を考えるとつかみどころがない．そこで，剛体を細かい要素に分けて，その代表として要素 i の位置エネルギーを考える．鉛直上向きを正とする z 軸を使い，要素 i の位置の z 成分を z_i とする．位置エネルギーの基準点の z 成分を z_0 とすると，要素 i の位置エネルギー $U_i(z_i)$ は

$$U_i(z_i) = m_i g(z_i - z_0) \quad [\text{J}] \tag{11.12}$$

である（図 11.13）．要素の集合体である剛体全体の位置エネルギー U は

$$U = \sum_i U_i(z_i) = \sum_i m_i g(z_i - z_0) = g\sum_i m_i z_i - gz_0 \underbrace{\sum_i m_i}_{M}$$

$$= g\underbrace{\sum_i m_i}_{M}\underbrace{\dfrac{\sum_i m_i z_i}{\sum_i m_i}}_{z_G} - Mgz_0 = Mg(z_G - z_0) \quad [\text{J}] \tag{11.13}$$

となる．

ここでも，$\sum_i m_i$ を掛けて割ることで質量 m_i を重みとした位置の z 成分 z_i の加重平均の形を作り，重心の z 成分 z_G を導いている．剛体は大きさをもつが，結局は「あたかも重心 G に全質量 M が集中した質点のごとく」考えて位置エネルギーを求めればよいのである（図 11.14）．

$$\boxed{U(z_G) = Mg(z_G - z_0) \quad [\text{J}] \tag{11.14}}$$

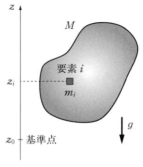

図 11.13 重力による剛体の位置エネルギー

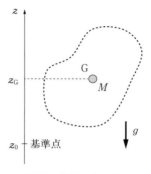

図 11.14 剛体の位置エネルギーの求め方

例題 11.2　円板の位置エネルギー

例題 11.1 の円板が距離 h だけ降下したとき，円板の位置エネルギーを求めなさい（図 11.15）．原点を位置エネルギーの基準点とする．

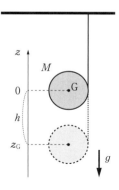

図 11.15　円板の位置エネルギー

解　重力による円板の位置エネルギーを求めるには，(11.14) に，位置エネルギーの基準点 $z_0 = 0$，円板が h だけ降下したときの重心の z 座標 $z_G = -h$ を代入する．

$$U(-h) = Mg(-h - 0) = \underline{-Mgh} \quad [\text{J}] \tag{11.15}$$

11.3　剛体の回転運動（回転運動の方程式）

11.3.1　剛体の全角運動量

剛体の回転運動を扱うには，回転の勢いと回転の向き，そして回転軸を表す角運動量を知る必要がある．しかし，剛体全体の角運動量がいきなり求まるわけではない．そこで，一部分に着目するために，剛体を微小な要素に分割して考える．要素の角運動量が求まれば，全体の角運動量はその寄せ集めにすぎない．

剛体中の i 番目の要素 i の原点周りの角運動量 $\vec{l}_i$ は定義より，

$$\vec{l}_i = \vec{r}_i \times \vec{p}_i \, (= \vec{r}_i \times m_i \dot{\vec{r}}) \quad [\text{kg} \cdot \text{m}^2/\text{s}] \tag{11.16}$$

であり（図 11.16），剛体の全角運動量 $\vec{L}$ は要素の $\vec{l}_i$ を合計したものである．

$$\vec{L} = \sum_i \vec{l}_i = \sum_i \vec{r}_i \times \vec{p}_i = \sum_i \vec{r}_i \times m_i \dot{\vec{r}} \quad [\text{kg} \cdot \text{m}^2/\text{s}] \tag{11.17}$$

ここで，$\sum_i \vec{r}_i \times \vec{p}_i$ などは $\sum_i (\vec{r}_i \times \vec{p}_i)$ とした方がわかりやすいかもしれない．しかし，この解釈しか成り立たないので，普通は括弧をつけない．なぜならば，例えば $\left(\sum_i \vec{r}_i\right) \times \vec{p}_i$ と解釈

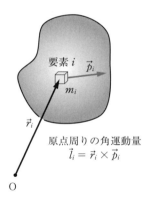

図 11.16　要素 i の原点周りの角運動量

すると，$\sum_i$ の外に出た $\vec{p}_i$ の i が不定になってしまうからである．このように，$\sum_i$ に続くその中身が（内積や外積も含めて）積の形になっている場合，添え字 i がついているものは $\sum_i$ の外には出せないのである．

11.3.2 回転運動の方程式

剛体が回転運動をしているとき，回転の勢いは $\vec{L}$ の大きさ，回転軸は $\vec{L}$ の方向，回転の向きは $\vec{L}$ の向きに進むように右ネジを回す向きとなる[†5]（図 11.17）．

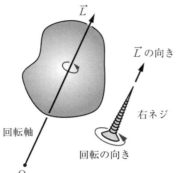

図 11.17 剛体の原点周りの全角運動量

回転運動の時間変化を知るには，この角運動量 $\vec{L}(t)$ の時間変化を調べればよい．つまり，$\vec{L}(t)$ を時間 t で微分すればよい．

$$\begin{aligned}
\dot{\vec{L}} &= \frac{d}{dt}\sum_i \vec{r}_i \times m_i \dot{\vec{r}}_i = \sum_i \frac{d}{dt}(\vec{r}_i \times m_i \dot{\vec{r}}_i) \\
&= \sum_i (\dot{\vec{r}}_i \times m_i \dot{\vec{r}}_i + \vec{r}_i \times \underline{m_i \ddot{\vec{r}}_i}) \\
&= \sum_i \left\{ m_i \underbrace{\dot{\vec{r}}_i \times \dot{\vec{r}}_i}_{\vec{0}} + \vec{r}_i \times \left(\vec{F}_i + \sum \vec{F}_{ij} \right) \right\} \quad [\text{kg}\cdot\text{m}^2/\text{s}^2]
\end{aligned} \quad (11.18)$$

はじめに和と微分の順序を入れかえ，次に外積の微分を行った．波の下線部の要素 i の質量と加速度の積は，運動方程式 (11.1) を使って要素 i に作用する外力と内力におきかえた．

さらに式変形を続けると

$$\begin{aligned}
\dot{\vec{L}} &= \sum_i \vec{r}_i \times \left(\vec{F}_i + \sum_j \vec{F}_{ij} \right) \\
&= \sum_i \left(\underline{\vec{r}_i \times \vec{F}_i} + \underline{\underline{\vec{r}_i \times \sum_j \vec{F}_{ij}}} \right) \\
&= \sum_i \left(\vec{N}_i + \sum_j \vec{r}_i \times \vec{F}_{ij} \right) \\
&= \underbrace{\sum_i \vec{N}_i}_{*4} + \underbrace{\sum_i \sum_j \vec{r}_i \times \vec{F}_{ij}}_{*5} \quad [\text{N}\cdot\text{m}]
\end{aligned} \quad (11.19)$$

となる．途中の波の下線部は，要素 i に作用する外力による力のモーメントである．そこで，(10.16) にならって $\vec{N}_i$ におきかえた．二重下線部の $\vec{r}_i$ は，添え字に j を含んでいないため $\sum_j$ の中に入れることができる[†6]．単位 $[\text{kg}\cdot\text{m}^2/\text{s}^2]$ も，力のモーメントの単位 $[\text{N}\cdot\text{m}]$ にした．

[†5] 要素 i について原点周りの角運動量 $\vec{l}_i$ を考えたので，剛体の角運動量 $\vec{L}$ も原点周りについての量になる．

[†6] $\sum_j$ の中では i は変化せず j だけを変化させて和をとるので，$\vec{r}_i$ は定数（定ベクトル）と見なせるのである．

さて，最後の式の第1項（∗4）は，各要素に作用する外力による力のモーメントの合計なので，剛体全体に作用する外力による力のモーメントの合計として $\vec{N}$ と書くことにする．次に，第2項（∗5）について考える．$\vec{r}_i \times \vec{F}_{ij}$ は，要素 i が要素 j から受ける内力による力のモーメントである．それを $\sum_j$ によって足し上げることで，要素 i が周りの要素から受けるすべての力のモーメントが求まる．さらに，それを $\sum_i$ によって足し上げることで，剛体内のすべての要素が受ける内力によるモーメントが求まる．これが第2項（∗5）であるが，実はこれは $\vec{0}$ になる（章末問題 [11.5] で，内力が作用・反作用の関係にあることを使って証明する）．

以上より，**剛体の原点周りの回転運動の方程式**が得られる．

$$\dot{\vec{L}} = \vec{N} \left(= \sum_i \vec{N}_i \right) \quad [\mathrm{N \cdot m}] \tag{11.20}$$

例題 11.3　剛体の3点支持

剛体の点 A, B, C に外力 $\vec{F}_\mathrm{A}, \vec{F}_\mathrm{B}, \vec{F}_\mathrm{C}$ を作用させて支持したところ，剛体は静止していた（図 11.18）．点 A, B, C の位置ベクトルを $\vec{r}_\mathrm{A}, \vec{r}_\mathrm{B}, \vec{r}_\mathrm{C}$ とする．このとき，剛体に作用する重力による原点周りの力のモーメント $\vec{N}_\mathrm{G}$ を求めなさい．

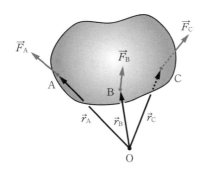

図 11.18 剛体の3点支持

解　剛体の角運動量を $\vec{L}$ とすると，回転運動の方程式 (11.20) より

$$\dot{\vec{L}} = \vec{N} = \sum_i \vec{N}_i = \vec{N}_\mathrm{A} + \vec{N}_\mathrm{B} + \vec{N}_\mathrm{C} + \vec{N}_\mathrm{G} \quad [\mathrm{N \cdot m}] \tag{11.21}$$

である．$\vec{N}_\mathrm{A}, \vec{N}_\mathrm{B}, \vec{N}_\mathrm{C}$ は，点 A, B, C に作用する外力による力のモーメントである．例えば，$\vec{N}_\mathrm{A} = \vec{r}_\mathrm{A} \times \vec{F}_\mathrm{A}$ である．ここで，剛体は静止しているので回転の勢いはゼロである．つまり，角運動量は $\vec{L} = \vec{0}$ であり，$\dot{\vec{L}} = \vec{0}$ でもある．したがって，

$$\vec{0} = \vec{N}_\mathrm{A} + \vec{N}_\mathrm{B} + \vec{N}_\mathrm{C} + \vec{N}_\mathrm{G} \quad [\mathrm{N \cdot m}]$$
$$\vec{N}_\mathrm{G} = -\vec{N}_\mathrm{A} - \vec{N}_\mathrm{B} - \vec{N}_\mathrm{C} \quad [\mathrm{N \cdot m}]$$
$$\vec{N}_\mathrm{G} = -\vec{r}_\mathrm{A} \times \vec{F}_\mathrm{A} - \vec{r}_\mathrm{B} \times \vec{F}_\mathrm{B} - \vec{r}_\mathrm{C} \times \vec{F}_\mathrm{C} \quad [\mathrm{N \cdot m}] \tag{11.22}$$

となる．◆

剛体の運動に関する方程式をまとめると，

$$\begin{cases} \text{重心の運動方程式} \quad M\ddot{\vec{r}}_\mathrm{G} = \vec{F} \left(= \sum_i \vec{F}_i \right) \quad [\mathrm{N}] \\ \text{回転運動の方程式} \quad \dot{\vec{L}} = \vec{N} \left(= \sum_i \vec{N}_i \right) \quad [\mathrm{N \cdot m}] \end{cases} \tag{11.23}$$

である．これらの方程式はベクトルで書くと2つに見えるが，各成分に展開すると，実際は6つの方程式である．これは剛体の自由度が6，つまり剛体の位置と姿勢を決める変数が6つで

あることに対応している[7].

剛体の運動に関する方程式は，運動方程式と作用反作用の法則，そして角運動量の定義式だけから導かれた．それ以外に新しい法則などは何も追加していない．剛体の運動については，回転運動を表す物理量として角運動量を導入しただけであり，回転を含む剛体の運動という物理現象を説明するための基本法則としては，力学の基本法則だけで足りるのである[8].

11.3.3 重力による力のモーメント

重力中での剛体の運動を扱うことが多々あるので，重力による力のモーメントについて考えておく（図11.19）．鉛直上向きにz軸をとり，z軸の正の向きの単位ベクトルを$\vec{k}$とする．ここでも剛体を微小な要素に分割して考える．

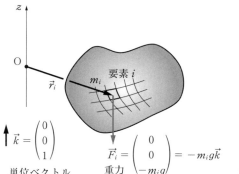

図11.19 重力中の剛体

剛体内のi番目の要素iの位置ベクトルを$\vec{r}_i$，質量をm_iとする．要素iに作用する重力 $\vec{F}_i = -m_i g \vec{k}$ による力のモーメント $\vec{N}_i$ は

$$\vec{N}_i = \vec{r}_i \times \vec{F}_i = \vec{r}_i \times (-m_i g \vec{k}) = -g m_i \vec{r}_i \times \vec{k} \quad [\text{N·m}] \tag{11.24}$$

と書ける．剛体の全要素についての重力による力のモーメントの合計は

$$\vec{N} = \sum_i \vec{N}_i = \sum_i (-g m_i \vec{r}_i \times \vec{k}) = -g \left(\sum_i m_i \vec{r}_i\right) \times \vec{k}$$

$$= -g \underbrace{\sum_i m_i}_{M} \underbrace{\frac{\sum_i m_i \vec{r}_i}{\sum_i m_i}}_{\vec{r}_G} \times \vec{k} = \vec{r}_G \times (-M g \vec{k}) \quad [\text{N·m}] \tag{11.25}$$

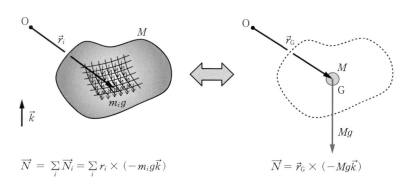

図11.20 重力による力のモーメント

---

[7] ただし，オイラー角を含む形にするには，さらに変形が必要である．
[8] あらわには第二法則（運動方程式）と第三法則（作用反作用の法則）しか使っていないが，第一法則（慣性の法則）は慣性座標系を選ぶときに必要である．

となる．この結果は，「重力による力のモーメントの合計 $\vec{N}$ は，あたかも重力の合計 Mg が重心 $\vec{r}_G$ に作用しているかのごとく」考えればよいことを意味する（図 11.20）．

例題 11.4 要素 2 個の剛体が重力から受ける力のモーメント

質点 1, 2 と，それらをつなぐ軽くて丈夫な棒からなる剛体を考える（図 11.21）．z 軸を鉛直上向きとするとき，質量 $2m$ の質点 1 の位置ベクトル $\vec{r}_1$ は $(a, 0, 3a)$，質量 m の質点 2 の位置ベクトル $\vec{r}_2$ は $(4a, 0, 6a)$ であった．まずは，質点 1, 2 に作用する重力による原点周りの力のモーメント $\vec{N}_1, \vec{N}_2$ を求めなさい．次に重心 $\vec{r}_G$ を求め，そこに全重力が作用した場合の原点周りの力のモーメントを求めなさい．

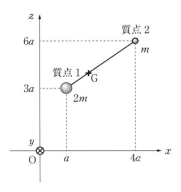

図 11.21 要素 2 個の剛体

解 質点 1, 2 に作用する重力を $\vec{F}_1, \vec{F}_2$ とすると，

$$\vec{F}_1 = \begin{pmatrix} 0 \\ 0 \\ -2mg \end{pmatrix}, \quad \vec{F}_2 = \begin{pmatrix} 0 \\ 0 \\ -mg \end{pmatrix} \text{ [N]} \tag{11.26}$$

であるので，それぞれの力のモーメントは

$$\vec{N}_1 = \vec{r}_1 \times \vec{F}_1 = \begin{pmatrix} a \\ 0 \\ 3a \end{pmatrix} \times \begin{pmatrix} 0 \\ 0 \\ -2mg \end{pmatrix} = \begin{pmatrix} 0 \\ 2mga \\ 0 \end{pmatrix} \text{ [N·m]} \tag{11.27}$$

$$\vec{N}_2 = \vec{r}_2 \times \vec{F}_2 = \begin{pmatrix} 4a \\ 0 \\ 6a \end{pmatrix} \times \begin{pmatrix} 0 \\ 0 \\ -mg \end{pmatrix} = \begin{pmatrix} 0 \\ 4mga \\ 0 \end{pmatrix} \text{ [N·m]} \tag{11.28}$$

となる．また，重心 $\vec{r}_G$ は，質量を重みとした位置ベクトルの加重平均をとると

$$\vec{r}_G = \frac{2m\vec{r}_1 + m\vec{r}_2}{2m + m} = \frac{2\vec{r}_1 + \vec{r}_2}{3} = \frac{2}{3}\begin{pmatrix} a \\ 0 \\ 3a \end{pmatrix} + \frac{1}{3}\begin{pmatrix} 4a \\ 0 \\ 6a \end{pmatrix} = \begin{pmatrix} 2a \\ 0 \\ 4a \end{pmatrix} \text{ [m]} \tag{11.29}$$

となる．
この重心に全重力 $3mg$ が作用している場合の原点周りの力のモーメントは

$$\vec{N} = \vec{r}_G \times (\vec{F}_1 + \vec{F}_2) = \begin{pmatrix} 2a \\ 0 \\ 4a \end{pmatrix} \times \begin{pmatrix} 0 \\ 0 \\ -3mg \end{pmatrix} = \begin{pmatrix} 0 \\ 6mga \\ 0 \end{pmatrix} \text{ [N·m]} \tag{11.30}$$

となる．なお，確かに $\vec{N} = \vec{N}_1 + \vec{N}_2$ になっていることもわかる．◆

類題 11.2
例題 11.4 で，$a = 10\,\text{cm}$，$m = 200\,\text{g}$ のとき，$\vec{N}$ の大きさを MKS 単位系で求めなさい．

例題 11.5 独楽の運動

質量 M の軸対称な独楽が，鉛直上向きの z 軸から角度 α だけ傾き，軸の下端を原点に接した状態で，角速度の大きさ ω で回転している（図 11.22）．独楽の重心の位置ベクトルを $\vec{r}_G$，原点周りの全角運動量を $\vec{L}$，z 軸の正の向きの単位ベクトルを $\vec{k}$，重力加速度の大きさを g とする．独楽について，原点周りの回転運動の方程式を立てなさい．そして，独楽の重心が xz 平面内にある瞬間の $\dot{\vec{L}}$ を求めなさい．

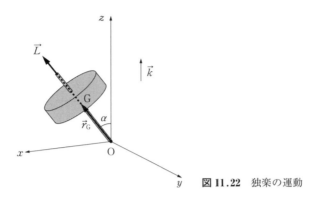

図 11.22 独楽の運動

解 独楽に作用する力は，原点で床から軸先に作用する抗力 $\vec{F}$ と重力である．重力については，あたかもその合計 $-Mg\vec{k}$ が重心 $\vec{r}_G$ に作用しているかのごとく扱えばよい．

回転運動の方程式 (11.20) より
$$\dot{\vec{L}} = \sum_i \vec{N}_i = \sum_i \vec{r}_i \times \vec{F}_i$$
$$= \vec{0} \times \vec{F} + \vec{r}_G \times (-Mg\vec{k}) \quad [\text{N·m}]$$

である．この結果を，時間変化するものがわかるように書いておく．
$$\dot{\vec{L}}(t) = \vec{r}_G(t) \times (-Mg\vec{k}) \quad [\text{N·m}] \tag{11.31}$$

この式から，$\dot{\vec{L}}$ は $\vec{r}_G$ と重力 $-Mg\vec{k}$ が張る面に垂直になる．いいかえると，$\vec{L}$（独楽の回転軸）と z 軸を含む鉛直面に垂直になる．これを確かめるために，回転軸が xz 平面内にある瞬間 $t = t_1$ について，右辺の成分計算を行うと

$$\dot{\vec{L}}(t_1) = -Mg\vec{r}_G(t_1) \times \vec{k} = -Mg \begin{pmatrix} r_G \sin\alpha \\ 0 \\ r_G \cos\alpha \end{pmatrix} \times \begin{pmatrix} 0 \\ 0 \\ 1 \end{pmatrix}$$

$$= -Mg \begin{pmatrix} 0 \times 1 - r_G \cos\alpha \times 0 \\ r_G \cos\alpha \times 0 - r_G \sin\alpha \times 1 \\ r_G \sin\alpha \times 0 - 0 \times 0 \end{pmatrix} = \begin{pmatrix} 0 \\ Mgr_G \sin\alpha \\ 0 \end{pmatrix} \quad [\text{N·m}] \tag{11.32}$$

となり，確かに，この瞬間の $\dot{\vec{L}}$ は y 軸の正の向きとなっている．◆

例題の解答を少し掘り下げておくと，$\dot{\vec{L}}$ の向きは $\vec{L}$ の変化の向きを表すので，$\vec{L}$ が各瞬間ごとに，$\vec{L}$ と z 軸の張る面に垂直な方向に変化することがわかる（図 11.23）．ここで，微小時間 dt の間に $\vec{L}$ が $d\vec{L}$ だけ微小変化して $\vec{L}'$ になったとする．$\vec{L}' = \vec{L} - d\vec{L}$ なので，$\vec{L}$ の始点は原点のままで，終点だけが $\vec{L}'$ へと横ずれする．次の瞬間は，$\vec{L}'$ と z 軸の張る面に垂直な方向に $\vec{L}'$ の終点が横ずれする．これを繰り返すと，$\vec{L}$ の終点は図のように円運動をすることになる．傾いて回っている独楽を倒す向きに作用する重力は，独楽を倒すのではなく，回転軸の上端が円を描く首振り運動を引き起こすのである．ちなみに，この首振り運動を**歳差運動**とよぶ．

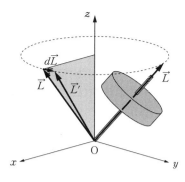

図 11.23 独楽の歳差運動

普通は左回り？

一般に独楽が歳差運動をする場合，左回転の場合は，心棒の先が描く円は上から見ると左回り（反時計回り）になる．これは一般に，独楽の重心が心棒の接地点より上にあるためである．これに対して，重心が心棒よりも下にくるような独楽を作ることもできる．そのような独楽は，右回り（時計回り）の歳差運動をする．

● 第 11 章のまとめ ●

- 剛体は，変形が無視できる（理想的には変形しない）物体である．
- 質点の自由度は 3，剛体の自由度は 6 である．
- 剛体の運動は，並進運動と回転運動に分けることができる．

$$\begin{cases} \text{重心の運動方程式} \quad M\ddot{\vec{r}}_G = \vec{F}\left(=\sum_i \vec{F}_i\right) \\ \text{回転運動の方程式} \quad \dot{\vec{L}} = \vec{N}\left(=\sum_i \vec{N}_i\right) \end{cases}$$

- 重力による剛体の位置エネルギーは，高さ方向の剛体の重心の位置で決まる．

$$U(z_G) = Mg(z_G - z_0)$$

- 剛体に作用する重力による力のモーメントは，全重力が重心に作用していると見なすことで求められる．

$$\vec{N} = \vec{r}_G \times (-Mg\vec{k})$$

──── 章 末 問 題 ────

[11.1] 半径 a の球面上を運動する質点の自由度が 2 であることを説明しなさい． `11.1.1項`

[11.2]* 半径 a の円柱の中心 A を xyz 座標系の原点に置き，中心軸を軸 B として z 軸と同じ向きに重ねた．この初期状態での x 軸と円柱側面の交点を点 C$(a, 0, 0)$，円柱のオイラー角を θ, ϕ, ψ とする．

(a) $\theta = \pi/2, \phi = 0, \psi = 0$ のときの点 C の座標を求めなさい．ただし，$\overrightarrow{AC}$ の向きに進む右ネジを回すのと同じ向きに円柱を回す．

(b) $\theta = \pi/2, \phi = \pi, \psi = 0$ のときの点 C の座標を求めなさい．ただし，z 軸の向きに進む右ネジを回すのと同じ向きに円柱を回す．

(c) $\theta = \pi/2, \phi = \pi, \psi = \pi/2$ のときの点 C の座標を求めなさい．ただし，軸 B の向きに進む右ネジを回すのと同じ向きに円柱を回す．

`11.1.2項`, `11.2.3項`

152   11. 剛体の運動

[11.3] 滑らかな水平面の上に，材質も太さも一様な質量 M の棒が静止していた．棒の一端と，他端から棒の長さの 1/4 の位置に糸をつけて，それぞれの糸をお互いに反対向きになるように一定の力 $\vec{F}$ と $-\vec{F}$ で水平に引いた．棒の運動方程式を立てて，重心の運動を求めなさい． 11.2.1項

[11.4] 滑らかで水平な xy 平面上に，材質が一様な質量 M，半径 a の円板を静かに置いた．このとき，円板の中心を原点とする．円板の周囲には糸が巻きつけてあり，糸の端は $(0, -a)$ にある．この糸の端を一定の張力 T で x 軸方向に水平に引いた．円板の運動方程式を立てて，重心の運動を求めなさい． 11.2.1項

[11.5] (11.19) の最後の式の第 2 項 (∗5) が $\vec{0}$ となることを示しなさい．この項は，すべての i, j の組合せについて和をとるので，$\vec{r}_i \times \vec{F}_{ij}$ と $\vec{r}_j \times \vec{F}_{ji}$ を組にして考えるとよい． 11.3.2項

[11.6] 一様な材質でできた，半径 $5.0\,\mathrm{cm}$，高さ $20.0\,\mathrm{cm}$，質量 $1.6\,\mathrm{kg}$ の円柱がある．底面を床につけて置いた場合と，側面を床につけて置いた場合の位置エネルギーの差を求めなさい． 11.2.2項

[11.7] 長さ L，質量 M の一様な太さの棒が，水平で摩擦のある床の原点 O に下端を，滑らかな鉛直壁の点 P に上端を接し，鉛直方向と角度 θ をなして鉛直面内に静止している（図 11.24）．棒について，重心の運動方程式と原点周りの回転運動の方程式を立て，棒が鉛直壁と床から受ける力を求めなさい． 11.3.2項, 11.3.3項

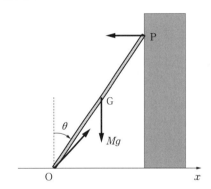

図 11.24 壁に立てかけた棒

[11.8] 半径 a，質量 M の円板の中心から距離 $a/2$ の位置を座標原点とし，そこに水平な軸を円板に垂直に通し，円板が軸周りに自由に回転できるようにした（剛体振り子，図 11.25）．円板が静止しているときに最下点に糸をつけ，糸を引いて円板を 90° 回転させ，糸と水平面のなす角を 30° にして保持した．このとき，重力による原点周りの力のモーメントの大きさ N_g と，糸の張力の大きさ T を求めなさい． 11.3.2項, 11.3.3項

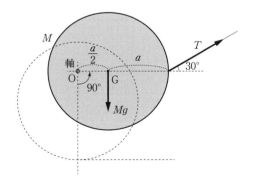

図 11.25 円板状の剛体振り子

[11.9] 上部のある点を原点に固定されて，その点の周りに回転できる剛体がある．剛体のある点 A を一定の力 $\vec{F}_A$ で押したところ，剛体が静止した．点 A の位置ベクトルを $\vec{r}_A$ とする．このとき，剛体に作用する重力による原点周りの力のモーメント $\overrightarrow{N_g}$ を求めなさい． 11.3.2項, 11.3.3項

[11.10]* 例題 11.5 で独楽が角運動量の大きさ L で回転しているとき，独楽の歳差運動の角速度 Ω を求めなさい． 11.3.2項, 11.3.3項

[11.11] 質量 m_1, m_2 の質点 1, 2 が軽くて丈夫な棒の両端についた剛体がある．

(a) 剛体が x 軸に沿うように重心 G を支えて静止させたところ，質点 1, 2 の x 座標は x_1, x_2，重心 G の x 座標は x_G であった．重心 G 周りの回転運動の方程式を立てて，x_G を求めなさい．

(b) xyz 空間において剛体の重心 G を支えて静止させたところ，質点 1, 2 の位置は $\vec{r}_1 = (x_1, y_1, z_1)$，$\vec{r}_2 = (x_2, y_2, z_2)$，重心 G の位置は $\vec{r}_G = (x_G, y_G, z_G)$ であった．重心 G 周りの回転運動の方程式を立てて，$\vec{r}_G$ が満たすべき式を求めなさい．さらに，x_G, y_G を求めなさい．ただし，z 軸は鉛直上向きで，x, y, z 軸の正の向きの単位ベクトルを $\vec{i}, \vec{j}, \vec{k}$ とする．

11.3.2項, 11.3.3項

12. 固定軸をもつ剛体の回転運動

【学習目標】
- 回転軸と角速度を表す角速度ベクトルを理解する.
- 角速度ベクトルと角運動量ベクトルの違いを理解し,角速度ベクトルを使って角運動量ベクトルを表す方法を学ぶ.
- 固定軸のある剛体の回転運動について,回転運動の方程式を立てられるようになる.
- 固定軸周りに回転する剛体の運動エネルギーを求められるようになる.

【キーワード】
 固定軸,角速度ベクトル,回転運動の方程式,慣性モーメント,慣性乗積,力のモーメント,回転の運動エネルギー

◆ 固定軸とは ◆

回転軸をもつ剛体としては,いろいろなところで利用されている滑車が思い浮かぶだろう.定滑車は,回転軸の周りに自由に回転できるが,その回転軸は軸受けなどに固定されており,ぶれない固定軸をもつ剛体である.それに対して,動滑車は回転軸の周りに回転するとともに,並進運動もするため,回転軸が移動する.自転車や自動車の車輪なども,回転軸は軸受けに固定されているが,自転車や自動車とともに軸受け自体が移動するので,車輪は回転運動だけでなく並進運動もする.ヨーヨーも,回転軸周りの回転運動に加えて並進運動もする[†1].剛体の運動は並進運動と回転運動に分けて考えることができることを思い出せば,動滑車や車輪やヨーヨーも固定軸をもつ剛体と同様に扱うことができるが,そのような運動は第14章で扱うことにする.この章では,回転軸が固定されていて並進運動をせず,回転運動だけをする剛体を扱う(図 12.1, 12.2).

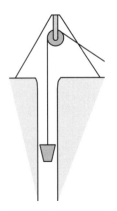

図 12.1　固定滑車　　　図 12.2　風力発電用の風車

[†1] ヨーヨーの軸の機構には「固定軸」という種類がある.その説明は省略するが,ここでいう「固定軸」は別の定義である.

12.1 角速度ベクトル

質点や剛体がある軸周りに回転しているとき，角速度の大きさ，回転軸，回転の向きを表すベクトル量 $\vec{\omega}$ を**角速度ベクトル**とよぶ（図 12.3）．質点や剛体が回転する向きに右ネジを回したときに，ネジが進む向きが $\vec{\omega}$ の向きに対応する．

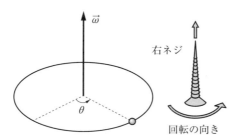

右ネジ
回転の向き　図 12.3　角速度ベクトル

> $\vec{\omega}$ の方向：質点や要素の回転軸の方向
> $\vec{\omega}$ の向き：質点や要素の回転の向き（右回りまたは左回り）
> $\vec{\omega}$ の大きさ：質点や要素の角速度の大きさ $|\vec{\omega}| = |\omega| = |\dot{\theta}|$

角速度ベクトルと角運動量ベクトルは似ているが，前者が回転軸周りの量なのに対して，後者はある任意の点周りの量である．例えば，等速 v で z 軸周りに半径 a の円運動をしている質点について，z 軸周りの角速度ベクトル $\vec{\omega}$ と，原点周りの角運動量ベクトル $\vec{l}$ を考える．質点が原点を含む xy 平面で回転している場合は，$\vec{\omega}$ と $\vec{l}$ はどちらも z 軸の方向を向く[†2]．

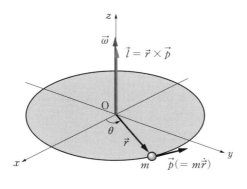

図 12.4　xy 平面で回転する質点の角速度ベクトルと角運動量ベクトル

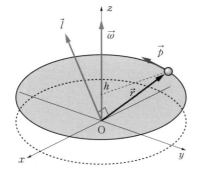 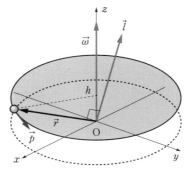

図 12.5　平面 $z = h$ で回転する質点の角速度ベクトルと原点周りの角運動量ベクトル

[†2] ただし，$\vec{\omega}$ の大きさは $v/a\,[\mathrm{s}^{-1}]$，$\vec{l}$ の大きさは $mva\,[\mathrm{kg \cdot m^2/s}]$ であり，単位も含めて異質の量である．

(図 12.4)．しかし，質点が原点を含まない平面（例えば xy 平面に平行で距離 h だけ離れた平面 $z = h$）で回転している場合，$\vec{\omega}$ は常に回転軸である z 軸の方向を向くのに対して，$\vec{l}$ は質点の位置に応じていろいろな方向を向く（図 12.5）．原点から見た各瞬間の質点は，z 軸から傾いた角運動量 $\vec{l}$ を軸とする回転の勢いを持っており，それが時々刻々と変化する．

さて，剛体が角速度ベクトル $\vec{\omega}$ で回転しているとする．このとき，剛体内部の各要素は回転軸の周りに円運動をする．ここで，$\vec{\omega}$ が要素の速度を表す小道具として使える．簡単のために回転軸上に原点をとると，要素 i の位置ベクトル $\vec{r}_i$ に左から $\vec{\omega}$ を外積として掛けたものが，要素 i の速度 $\vec{v}_i$ となる（図 12.6）．

$$\vec{v}_i = \vec{\omega} \times \vec{r}_i \quad [\text{m/s}] \tag{12.1}$$

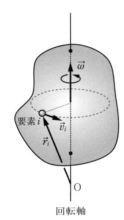

回転軸　　図 12.6　剛体の要素の速度

これが成り立つことを確認しよう．円運動をする要素 i の回転半径（回転軸までの距離）を d_i，$\vec{r}_i$ と $\vec{\omega}$（回転軸）のなす角を ϕ_i とすると，$d_i = |\vec{r}_i| \sin \phi_i$ である．円運動をする要素 i の速さ $|\vec{v}_i|$ は，回転半径 d_i と角速度の大きさ $|\vec{\omega}|$ の積なので，次のようになる（図 12.7）．

$$|\vec{v}_i| = d_i |\vec{\omega}| = |\vec{\omega}| |\vec{r}_i| \sin \phi_i = |\vec{\omega} \times \vec{r}_i| \quad [\text{m/s}] \tag{12.2}$$

したがって，(12.1) の左辺と右辺は大きさが等しいことがわかる．また，$\vec{v}_i$ は $\vec{\omega}$ と $\vec{r}_i$ の両方に垂直で，しかも $\vec{\omega}$ から $\vec{r}_i$ に右ネジを回すと $\vec{v}_i$ の向きになることから，(12.1) の左辺と右辺は向きも等しいことがわかる．以上より，(12.1) は確かに成立する．

それでは，剛体の角運動量を求めるのに，要素の速度を表す小道具として (12.1) を使ってみよう．

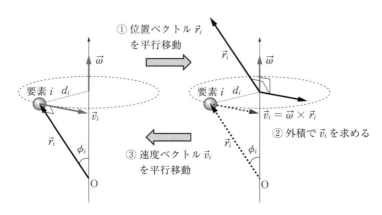

図 12.7　要素 i の回転と角速度ベクトル

例題 12.1　z軸周りに回転する剛体の角運動量

剛体がz軸を固定軸としてその周りに回転している．剛体の微小部分である質量m_iの要素iについて，角運動量$\vec{l}_i$の各成分を剛体の角速度ωを使って表しなさい．

解　剛体の角速度ベクトル$\vec{\omega}$を使うと，$\vec{l}_i$は次のように書ける．
$$\vec{l}_i = \vec{r}_i \times \vec{p}_i = m_i \vec{r}_i \times \vec{v}_i = m_i \vec{r}_i \times (\vec{\omega} \times \vec{r}_i) \quad [\mathrm{kg \cdot m^2/s}] \tag{12.3}$$

ここで，角速度ベクトル$\vec{\omega}$を把握しておこう．まず，z軸周りの回転なので$\vec{\omega}$はz軸の方向である．したがって，$\vec{\omega}$はz成分だけをもち，それが角速度ωとなる．そして，ωの正負で$\vec{\omega}$の向き，すなわち回転の向きが決まる．$\omega > 0$の場合，$\vec{\omega}$はz軸の正の向きとなる．$\vec{\omega}$の向きに右ネジが進むのは（z軸の正の方から見て）左回りに回すときである．これは剛体が左回りに回転していることに対応する．逆に$\omega < 0$の場合，$\vec{\omega}$はz軸の負の向きとなり，右ネジで回転の向きとの対応を考えると，剛体が右回りに回転していることに対応する．逆にいうと，剛体が回転する向きに右ネジを回したときに，ネジが進む向きが$\vec{\omega}$の向きと一致するのである（図 12.8）．

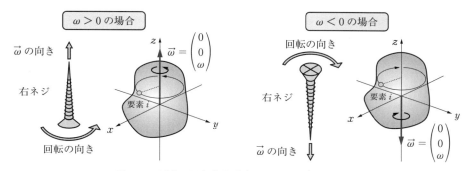

図 12.8　剛体の回転と角速度ベクトルの向きの対応

剛体の回転を角速度ベクトル$\vec{\omega}$で表現する方法を把握したら，後は外積の成分計算をその定義通りに行えばよい．各ベクトルの成分表示は
$$\vec{\omega} = \begin{pmatrix} 0 \\ 0 \\ \omega \end{pmatrix} \; [\mathrm{rad/s}], \quad \vec{r}_i = \begin{pmatrix} x_i \\ y_i \\ z_i \end{pmatrix} \; [\mathrm{m}] \tag{12.4}$$
である．これらを用いて成分計算を2段階で行うと角運動量が求まる．
$$\vec{\omega} \times \vec{r}_i = \begin{pmatrix} 0 \\ 0 \\ \omega \end{pmatrix} \times \begin{pmatrix} x_i \\ y_i \\ z_i \end{pmatrix} = \begin{pmatrix} -\omega y_i \\ \omega x_i \\ 0 \end{pmatrix} = \begin{pmatrix} -y_i \\ x_i \\ 0 \end{pmatrix} \omega \quad [\mathrm{m/s}] \tag{12.5}$$
$$\vec{l}_i = m_i \vec{r}_i \times (\vec{\omega} \times \vec{r}_i)$$
$$= m_i \begin{pmatrix} x_i \\ y_i \\ z_i \end{pmatrix} \times \begin{pmatrix} -y_i \\ x_i \\ 0 \end{pmatrix} \omega = m_i \begin{pmatrix} -x_i z_i \\ -y_i z_i \\ x_i^2 + y_i^2 \end{pmatrix} \omega \quad [\mathrm{kg \cdot m^2/s}] \tag{12.6}$$
◆

類題 12.1　x軸周りに回転する剛体の角運動量

x軸を固定軸としてその周りに回転する剛体について，その微小部分である質量m_iの要素iの角運動量$\vec{l}_i$を，剛体の角速度ωを使って表しなさい．

さて，z軸を回転軸とする原点周りの剛体の全角運動量$\vec{L}$は，要素iに対して求めた角運動量$\vec{l}_i$をすべてのiについて合計したものである．

$$\vec{L} = \begin{pmatrix} L_x \\ L_y \\ L_z \end{pmatrix} = \sum_i \vec{l}_i = \begin{pmatrix} -\sum_i m_i x_i z_i \\ -\sum_i m_i y_i z_i \\ \sum_i m_i (x_i^2 + y_i^2) \end{pmatrix} \omega \quad [\text{kg·m}^2/\text{s}] \qquad (12.7)$$

このように，$\vec{L}$ はゼロとは限らない 3 成分をもつ．このうち z 成分 $L_z = \sum_i m_i (x_i^2 + y_i^2) \omega$ だけは，どのような回転軸を選んで z 軸にしても，（ゼロではない）正の値をもつ．

一方，x, y 成分 L_x, L_y は，特別な回転軸を選ばない限り有限な値をもち，$\vec{L}$ は z 軸から傾いて $\vec{L} \not\parallel \vec{\omega}$ となる（図 12.9）．このため，z 軸周りに剛体を回転させると z 軸と異なる向きの角運動量 $\vec{L}$ が生じ，z 軸からずれた回転の勢いをもつことになる．例えば，軸が中心からずれた独楽があったとする．それを強引に回すと，独楽はその軸周りの回転からずれるような動きをするはずである（図 12.10）．L_x, L_y に含まれる $-\sum_i m_i x_i z_i, -\sum_i m_i y_i z_i$ を**慣性乗積**という．ここでは z 軸を回転軸として考えているが，x 軸や y 軸を回転軸として同様に考えると，別の慣性乗積が現れる．

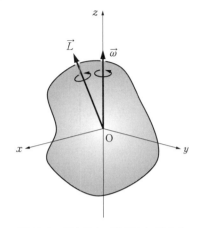

図 12.9　固定軸（z 軸）周りに剛体を回転させた場合

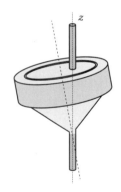

図 12.10　独楽の軸が中心軸からずれている場合

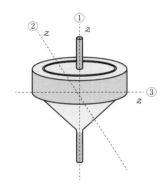

図 12.11　回転軸（z 軸）のいろいろな選び方

これに対して，回転軸の選び方によっては，x, y 成分 L_x, L_y はゼロになり得る（図 12.11）．例えば，独楽の中心軸を回転軸に選ぶと，質量の分布が軸対称になることから，慣性乗積である $-\sum_i m_i x_i z_i, -\sum_i m_i y_i z_i$ がゼロとなり（章末問題 [12.3]），角運動量の x, y 成分が $L_x = L_y = 0$ となる．これは，中心軸周りに独楽を回すと，回転の勢いである $\vec{L}$ と回転軸を表す $\vec{\omega}$ の方向がどちらも z 軸方向にそろい，軸がぶれずに安定に回ることを意味する[†3]．

独楽は対称性が良いので，中心軸周りに安定に回せるのは容易に想像がつくだろう．独楽に限らず，安定に回せる回転軸は，実はどのような形状の剛体にも存在する．質量分布に一様性や対称性がある必要はない．しかも，そのような軸は 1 本だけではない．証明は省略する

---

†3　安定に回転する軸であるための条件は，$L_x = L_y = 0$ となることではなく，$\vec{L}$ が $\vec{\omega}$ に平行になることである点に注意する．ここでは，z 軸周りの回転に対応する $\vec{\omega}$ は x, y 成分がゼロである．したがって，$\vec{L} \parallel \vec{\omega}$ になって回転が安定するのは，$\vec{L}$ も x, y 成分がゼロになるような回転軸を選択した場合なのである．

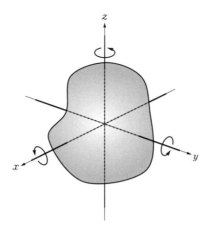

図 12.12 3つの慣性主軸

が[†4]，お互いに直交するものが3本も存在する．剛体を安定に回すことができる3本の軸は**慣性主軸**とよばれる（図 12.12）．

12.2 固定軸をもつ剛体の回転運動の方程式

剛体の回転軸を軸受けで固定し，固定軸周りの回転だけができる場合を考える（図 12.13）．例えば，この固定軸を z 軸とし，x 軸を基準にした回転角を θ とすると，z 軸周りの剛体の回転角 θ だけで剛体の位置と姿勢が決まる．したがって，この剛体の自由度は1である．

固定軸をもつ剛体の回転運動を扱う場合も，剛体を回そうとする力のかかり具合を表す力のモーメント $\vec{N}$ によって，剛体の回る勢い $\vec{L}$ がどのように時間変化するのかを調べることに変わりはない．したがって，原点周りの剛体の回転運動の方程式 $\dot{\vec{L}} = \vec{N}$ (11.20) が基本である．ただし，自由度が1で変数が回転角 θ だけとなるので，自由度が6で複雑な運動をする剛体よりも扱いは簡単になるはずである．ここでは，z 軸を固定軸とする剛体について，$\vec{L}$ と $\vec{N}$ をどのように扱えばよいかを考えよう．

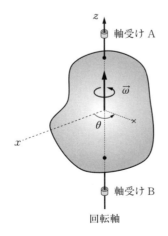

図 12.13 固定軸をもった剛体の自由度

[†4] 証明には，線形代数の対称行列の対角化を理解している必要がある．

12.2.1　z軸周りの回転における角運動量のz成分

剛体をz軸周りに回転させた場合，z軸が剛体の慣性主軸の1つでなければ，剛体の角運動量$\vec{L}$はz軸からずれた向きになる．このとき，剛体は$\vec{L}$の周りに回転する勢いをもつことになるが，実際は回転軸がz軸上の軸受けで保持されているので，$\vec{L}$の周りに回転することはできない．ここで，$\vec{L}$をxy平面に射影した$\vec{L}_{xy} = (L_x, L_y, 0)$と，$z$成分$L_z$に分けて考えてみる（図12.14）．

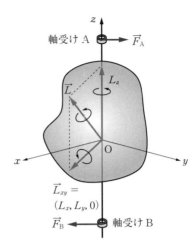

図 **12.14**　z軸を固定軸とする剛体の角運動量

$\vec{L}_{xy}$は剛体が$\vec{L}_{xy}$の周りに回転する勢いを表しており，それは回転軸であるz軸を回転させる勢いになっている．しかし，軸受けで保持されている回転軸は，軸受けA, Bから$\vec{L}_{xy}$に対する抗力$\vec{F}_A, \vec{F}_B$を受けるだけである．したがって，$\vec{L}_{xy}$が表す回転の勢いは実際の回転には結びつかない．$\vec{L}_{xy}$を考える必要があるのは，軸受けに発生する抗力$\vec{F}_A, \vec{F}_B$の大きさなどを調べて，軸受けに要求される強度を見積もるような場合だけである．z軸周りの回転だけに興味がある場合は，$\vec{L}_{xy}$を考える必要はないのである．

これに対して，L_zはz軸周りの回転の勢いそのものであり，z軸周りの回転にそっくりそのまま寄与する．結局，固定軸であるz軸周りの回転を扱う場合，回転運動の方程式に含まれる角運動量$\vec{L}$は，そのz成分のみを考えればよい．例題12.1から求めた (12.7) のz成分L_zは，

$$L_z = \sum_i m_i(x_i^2 + y_i^2)\omega(t) \quad [\text{kg}\cdot\text{m}^2/\text{s}] \tag{12.8}$$

であったが，要素iからz軸までの距離をd_iとすると（図12.15），

$$L_z = \sum_i m_i d_i^2 \omega(t) \quad [\text{kg}\cdot\text{m}^2/\text{s}] \tag{12.9}$$

となる．ここで，$m_i d_i^2$が要素iのz軸周りの**慣性モーメント**I_{zi}であることに気づいただろうか？[†5]　全要素について慣性モーメントを合計すると，剛体全体のz軸周りの慣性モーメントI_zとなる．

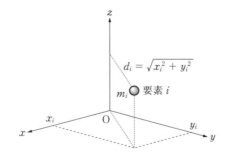

図 **12.15**　要素iの位置とz軸までの距離

$$I_z = \sum_i I_{zi} = \sum_i m_i d_i^2 \quad [\text{kg}\cdot\text{m}^2] \tag{12.10}$$

このI_zは，剛体のどこをz軸に選ぶかによって異なる値を取り得るが，一度z軸を決めると，その軸に対しては定数となる．これを使うと

[†5] 慣性モーメントを忘れた場合は，(10.36) を参照する．ただし，その式ではz軸までの距離はrである．

$$L_z = I_z\omega(t) \quad [\text{kg}\cdot\text{m}^2/\text{s}] \tag{12.11}$$

となる（$\omega(t)$ は i を含まないので $\sum_i$ の外に出せる）．これより，原点周りの剛体の回転運動の方程式 $\dot{\vec{L}} = \vec{N}$（11.20）の左辺の z 成分は，次のように書ける．

$$\dot{L}_z = I_z\dot{\omega}(t) = I_z\ddot{\theta}(t) \quad [\text{N}\cdot\text{m}] \tag{12.12}$$

12.2.2　z 軸周りの回転における力のモーメントの z 成分

z 軸を固定軸とする剛体に，z 軸とずれた方向の力のモーメント $\vec{N}$ を生じる外力を作用させる場合を考える（図12.16）．このとき，外力は $\vec{N}$ の周りに剛体を回そうとする．しかし，実際は回転軸が z 軸上の軸受けで保持されているので，剛体は $\vec{N}$ の周りには回転しない．ここで，$\vec{N}$ を xy 平面に射影した $\vec{N}_{xy} = (N_x, N_y, 0)$ と，z 成分 N_z に分けて考えてみる．

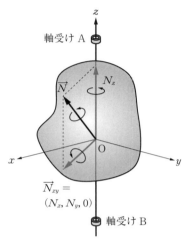

図 12.16　z 軸を固定軸とする剛体に作用する力のモーメント

$\vec{N}_{xy}$ は，剛体を $\vec{N}_{xy}$ の周りに回そうとするので，回転軸である z 軸を $\vec{N}_{xy}$ に垂直な面内で回そうとする．しかし，回転軸は軸受けで保持されているので，$\vec{N}_{xy}$ は軸受け A，B に力を及ぼすだけである．このように，$\vec{N}_{xy}$ は剛体を回すことはできない．$\vec{L}_{xy}$ と同様に，$\vec{N}_{xy}$ を考える必要があるのは，軸受けに要求される強度を調べるために軸受けにかかる力を見積もるような場合だけである．z 軸周りの回転だけを知りたい場合，$\vec{N}_{xy}$ は考える必要はないのである．

これに対して，N_z はそっくりそのまま剛体を z 軸周りに回転させることに寄与する．結局，z 軸を固定軸とする回転を扱う場合，回転運動の方程式に含まれる力のモーメント $\vec{N}$ は，その z 成分である N_z のみを考えればよいのである．そこで，$\vec{N}$ の z 成分を求めておこう．

$\vec{N}$ は，剛体の要素 i に作用する外力 $\vec{F}_i$ による力のモーメント $\vec{N}_i$ の合計である．

$$\begin{aligned}\vec{N} &= \sum_i \vec{N}_i = \sum_i \vec{r}_i \times \vec{F}_i \\ &= \sum_i \begin{pmatrix} x_i \\ y_i \\ z_i \end{pmatrix} \times \begin{pmatrix} F_{ix} \\ F_{iy} \\ F_{iz} \end{pmatrix} = \sum_i \begin{pmatrix} y_i F_{iz} - z_i F_{iy} \\ z_i F_{ix} - x_i F_{iz} \\ x_i F_{iy} - y_i F_{ix} \end{pmatrix} \quad [\text{N}\cdot\text{m}] \end{aligned} \tag{12.13}$$

これから z 成分を抜き出すと，原点周りの回転運動の方程式 $\dot{\vec{L}} = \vec{N}$ の右辺の z 成分 N_z が得られる．

$$N_z = \sum_i (x_i F_{iy} - y_i F_{ix}) \quad [\text{N}\cdot\text{m}] \tag{12.14}$$

12.2.3　z 軸周りの回転運動の方程式

回転運動の方程式の左辺の z 成分である（12.12）と右辺の（12.14）を合わせれば，原点周りの回転運動の方程式 $\dot{\vec{L}} = \vec{N}$ の z 成分が得られる．

$$\dot{L}_z = I_z\dot{\omega}(t) = \underline{I_z\ddot{\theta}(t)} = N_z = \sum_i (x_i F_{iy} - y_i F_{ix}) \quad [\text{N}\cdot\text{m}] \tag{12.15}$$

これが，z 軸周りの回転運動の方程式である．z 軸を固定軸とする剛体を扱うには，回転運動の方程式 $\dot{\vec{L}} = \vec{N}$ の z 成分だけを立てればよいのである．剛体の各点（要素）に作用する外力がわかれば，この微分方程式を解くことで，角速度 $\dot{\theta}(t)$ と回転角 $\theta(t)$ が求まる．

ところで，N_z は $\vec{r}_i$ と $\vec{F}_i$ の x, y 成分だけを含む．そこで，$\vec{r}_i, \vec{F}_i$ を xy 平面に射影したベクトル $\vec{r}_i{}', \vec{F}_i{}'$ を考えてみる（図 12.17，図 12.18）．

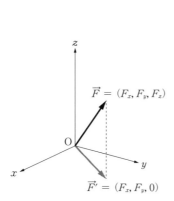
図 12.17　xy 平面へのベクトルの射影

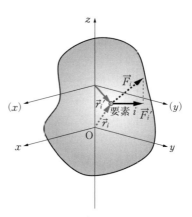
図 12.18　$\vec{r}_i$ と $\vec{F}_i$ の xy 平面への射影

$$\vec{r}_i{}' = \begin{pmatrix} x_i \\ y_i \\ 0 \end{pmatrix} \text{[m]}, \quad \vec{F}_i{}' = \begin{pmatrix} F_{ix} \\ F_{iy} \\ 0 \end{pmatrix} \text{[N]} \tag{12.16}$$

xy 平面に射影すると z 成分がゼロになるので，これらの外積は

$$\vec{r}_i{}' \times \vec{F}_i{}' = \begin{pmatrix} x_i \\ y_i \\ 0 \end{pmatrix} \times \begin{pmatrix} F_{ix} \\ F_{iy} \\ 0 \end{pmatrix} = \begin{pmatrix} 0 \\ 0 \\ x_i F_{iy} - y_i F_{ix} \end{pmatrix} \text{[N·m]} \tag{12.17}$$

となる．これを $\vec{N}_i{}'$ とすると，(12.13) で用いた要素 i に作用する力のモーメント $\vec{N}_i = \vec{r}_i \times \vec{F}_i$ を z 軸方向に射影したものとなっている．$\vec{N}_i$ と $\vec{N}_i{}'$ の z 成分だけに着目すれば，

$$(\vec{r}_i \times \vec{F}_i)_z = (\vec{r}_i{}' \times \vec{F}_i{}')_z = x_i F_{iy} - y_i F_{ix} \quad \text{[N·m]} \tag{12.18}$$

と書ける（図 12.19）．似ているようであるが，$\vec{r}_i \times \vec{F}_i$ が 3 次元で考えるのに対して，$\vec{r}_i{}' \times \vec{F}_i{}'$ は 2 次元で考えることができる．次元が 1 つ減るだけでも，見通しが相当よくなり，考えやすくなるのである．

ここまでを整理すると，z 軸周りの回転運動の方程式において z 成分の右辺である (12.14) の N_z は，以下のように 3 通りの表し方（求め方）がある．

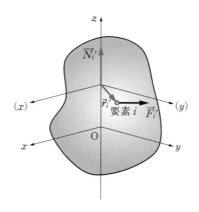

図 12.19　要素 i に対する z 軸周りの力のモーメント $\vec{N}_i{}'$

$$N_z = \underbrace{\sum_i (x_i F_{iy} - y_i F_{ix})}_{\text{とにかく成分計算}} = \underbrace{\sum_i (\vec{r}_i \times \vec{F}_i)_z}_{\text{3次元的}} = \underbrace{\sum_i (\vec{r}_i' \times \vec{F}_i')_z}_{\text{2次元的}} \quad [\text{N·m}] \quad (12.19)$$

N_z を求めるには，この3つのどれを使ってもよく，状況に応じて求めやすい方法を選べばよい．ただし，たいていの場合は2次元的に求めるのが楽である．その意味を具体的に理解するために，剛体の要素 i に関する位置ベクトル $\vec{r}_i$ と外力 $\vec{F}_i$ を xy 平面に射影した，$\vec{r}_i'$ と $\vec{F}_i'$ を用いて，z 軸の正の向きから見た xy 平面で，2次元的に力のモーメントの z 成分を求めよう（図 12.20）．

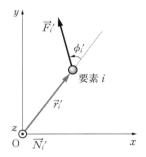

図 12.20 N_z の2次元的な捉え方（要素 i の $\vec{N}_i'$ について）

まずは，その大きさを求める．$\vec{r}_i' \times \vec{F}_i' \; (= \vec{N}_i')$ は z 成分しかもたないので，z 成分 $(\vec{r}_i' \times \vec{F}_i')_z$ の大きさが，外積 $\vec{r}_i' \times \vec{F}_i'$ の大きさでもある．したがって，この外積の大きさを求めればよい．$\vec{r}_i'$ と $\vec{F}_i'$ のなす角 ϕ_i' に負の値を使う場合も考えて，以下では $\sin \phi_i'$ も絶対値をとっておく．

$$|(\vec{r}_i' \times \vec{F}_i')_z| = |\vec{r}_i' \times \vec{F}_i'|$$
$$= |\vec{r}_i'||\vec{F}_i'||\sin \phi_i'| \quad [\text{N·m}] \quad (12.20)$$

これに，$(\vec{r}_i' \times \vec{F}_i')_z$ の正負（$\vec{r}_i' \times \vec{F}_i'$ の向き）に対応する「(i の符号)」をつければよい．例えば，$\vec{F}_i'$ が要素 i を左回り（反時計回り）に回す力であれば「(i の符号)」は正であり，逆に右回り（時計回り）に回す力であれば「(i の符号)」は負である．

$$(\vec{r}_i' \times \vec{F}_i')_z = (i \text{ の符号}) |\vec{r}_i'||\vec{F}_i'||\sin \phi_i'| \quad [\text{N·m}] \quad (12.21)$$

これをすべての要素について合計すると，剛体全体に対する力のモーメントの z 成分 N_z が得られる．

$$N_z = \sum_i (i \text{ の符号}) |\vec{r}_i'||\vec{F}_i'||\sin \phi_i'| \quad [\text{N·m}] \quad (12.22)$$

まとめると，z 軸を固定軸とする剛体の回転運動の方程式 $\dot{\vec{L}} = \vec{N}$ は，z 成分である $\dot{L}_z = N_z$ のみを立てればよい．それは，(12.12) より

$$\boxed{I_z \ddot{\theta}(t) = N_z} \quad (12.23)$$

となる．そして，N_z には次のようにいくつかの表現方法がある．

$$N_z = \underbrace{\sum_i (x_i F_{iy} - y_i F_{ix})}_{\text{成分計算で}} \quad (12.24)$$

$$= \underbrace{\sum_i (\vec{r}_i \times \vec{F}_i)_z}_{\text{3次元で}} \quad (12.25)$$

$$= \underbrace{\sum_i (\vec{r}_i' \times \vec{F}_i')_z}_{(xy \text{ 平面に射影して})\text{2次元で}} \quad (12.26)$$

$$= \underbrace{\sum_i (i \text{ の符号}) |\vec{r}_i'||\vec{F}_i'||\sin \phi_i'|}_{(xy \text{ 平面上で図を見ながら})\text{2次元で}} \quad [\text{N·m}] \quad (12.27)$$

例題 12.2　z 軸周りの回転運動の方程式の立て方

鉛直方向の z 軸を固定軸とする剛体がある．xy 平面内の剛体の 2 点の位置 $\vec{r}_1$ と $\vec{r}_2$ に，xy 平面に平行な外力 $\vec{F}_1$ と $\vec{F}_2$ が図 12.21 のように作用している．$\vec{r}_1$ と $\vec{F}_1$，$\vec{r}_2$ と $\vec{F}_2$ のなす角の大きさはそれぞれ ϕ_1, ϕ_2 である．$\vec{r}_1, \vec{r}_2, \vec{F}_1, \vec{F}_2$ の大きさを r_1, r_2, F_1, F_2 とし，z 軸周りの剛体の慣性モーメントを I_z，回転角を θ とするとき，z 軸周りの回転運動の方程式を立てなさい．

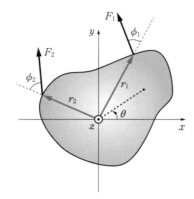

図 12.21　z 軸周りの回転運動

解　xy 平面上で図を見ながら，(12.27) に従って z 軸周りの回転運動の方程式の z 成分を立てる．ここでは位置ベクトルも外力も xy 平面内のベクトルなので，xy 平面に射影する必要がなく，$\vec{r}_i', \vec{F}_i', \phi_i'$ としては $\vec{r}_i, \vec{F}_i, \phi_i$ を使えばよい．また，$i = 1, 2$ である．「(i の符号)」については次のように考えればよい．

まず，$\vec{F}_1$ は剛体を左回りに回す力であるため，力のモーメントは z 軸の正の向きとなる．したがって，力のモーメントの z 成分は正である．これより，「(1 の符号)」は正である．これに対して，$\vec{F}_2$ は剛体を右回りに回す力であるため，力のモーメントは z 軸の負の向きとなる．したがって，力のモーメントの z 成分は負である．これより，「(2 の符号)」は負である．これらを用いると，z 軸周りの回転運動の方程式の z 成分は (12.27) より，

$$
\begin{aligned}
I_z \ddot{\theta}(t) &= N_z \\
&= \sum_i (i \text{ の符号}) |\vec{r}_i'| |\vec{F}_i'| \sin \phi_i' \\
&= \underbrace{+}_{\text{向き}} \underbrace{r_1 F_1 \sin \phi_1}_{\substack{\text{大きさ} \\ i=1 \text{ について}}} \underbrace{-}_{\text{向き}} \underbrace{r_2 F_2 \sin \phi_2}_{\substack{\text{大きさ} \\ i=2 \text{ について}}} \quad [\text{N·m}]
\end{aligned}
\quad (12.28)
$$

となる．見やすくするために，結果だけを以下に書き直しておく．

$$
I_z \ddot{\theta}(t) = r_1 F_1 \sin \phi_1 - r_2 F_2 \sin \phi_2 \quad [\text{N·m}] \quad (12.29)
$$

◆

ところで，重力については考えなくてもよいのであろうか？ z 軸が鉛直方向なので，xy 平面は水平面である．したがって，剛体の要素 i に作用する重力 $\vec{F}_{gi}$ は z 軸の負の向きである．それを xy 平面に射影すると $\vec{F}_{gi}' = \vec{0}$ である．これより，重力による z 軸周りの力のモーメントはゼロとなるので，結果的には考えなくても同じである．しかし，考えなくてもよい理由は理解しておく必要がある．

この場合の重力のように，固定軸（ここでは z 軸）に平行な力は，固定軸に垂直な平面（ここでは xy 平面）に射影すると $\vec{0}$ になり，固定軸周りの力のモーメントとしては効かないのである．

例題 12.3　固定軸をもつ円板の回転

質量 M，半径 a，中心軸周りの慣性モーメント I の円板がある．円板は図 12.22 のように中心軸を固定軸として自由に回転できる．円板の周囲に巻きつけられた糸を一定の大きさの張力 T で鉛直下向きに引いた．この場合の固定軸周りの回転運動の方程式を立てなさい．

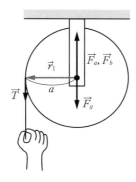

図 12.22　固定軸をもつ円板の回転

解　座標軸はどのように決めてもよいが，円板の中心（重心）を座標原点とするのが自然である（対称性がよい）．そして，固定軸（回転軸）を z 軸にする（図 12.23）．そうすると，円板の運動は z 軸周りの回転運動だけなので，z 軸周りの回転運動の方程式（つまり，3 次元の回転運動の方程式の z 成分）だけを立てればよいことになる．さらに，z 軸を紙面表向きとし，x 軸を左向きとすれば，x 軸からの角度 θ が円板の回転角となる．最後に，y 軸は右手系†6 では下向きになる．

円板に作用する力は，糸の張力 $\vec{T}$，重力 $\vec{F}_g$，固定軸が軸受けから受ける抗力 $\vec{F}_a$ と $\vec{F}_b$ の 4 つであり†7，この順番で $i = 1, 2, 3, 4$ とする．つまり，$\vec{F}_1 = \vec{T}$，$\vec{F}_2 = \vec{F}_g$，$\vec{F}_3 = \vec{F}_a$，$\vec{F}_4 = \vec{F}_b$ である．これ

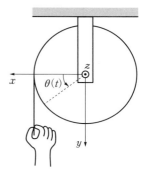

図 12.23　座標軸の設定

らの力 $\vec{F}_i$ はどれも xy 平面に平行なので，xy 平面に射影するまでもなく $\vec{F}_i'$ として使える．力 $\vec{F}_i$ の作用点の位置ベクトルを $\vec{r}_i$ とすると，張力の作用点 $\vec{r}_1$ は，xy 平面に射影するまでもなく $\vec{r}_1'$ として使える．また，重力 $\vec{F}_g$ は，あたかも円板の重心（中心）に全重力の大きさ Mg が作用しているかのごとく考えてもよいので，その作用点は $\vec{r}_2 (= \vec{r}_2') = \vec{0}$ である．そして，軸受けからの抗力の作用点 $\vec{r}_3, \vec{r}_4$ は，原点から軸受けまでの距離を d とすると $(0, 0, \pm d)$ である．それらを xy 平面に射影すると $\vec{r}_3' = \vec{r}_4' = \vec{0}$ となる．

以上の各ベクトルを (12.26) にあてはめると，

$$I_z \ddot{\theta}(t) = N_z = \sum_i (\vec{r}_i' \times \vec{F}_i')_z$$
$$= (\vec{r}_1 \times \vec{T} + \vec{0} \times \vec{F}_g + \vec{0} \times \vec{F}_a + \vec{0} \times \vec{F}_b)_z$$
$$= (1 \text{ の符号}) |\vec{r}_1| |\vec{T}| \sin \frac{\pi}{2} = + aT \quad [\text{N·m}] \quad (12.30)$$

となる．2 行目の式を見ると，作用点が z 軸上にある力（$i = 2 \sim 4$）は z 軸周りの力のモーメントがゼロになることがわかる．そして，(12.27) に対応する 3 行目では，糸の張力 $\vec{T}$ とその作用点への位置ベクトル $\vec{r}_1$ が垂直であることと，$\vec{r}_1$ の大きさが半径 a に等しいことを使った．「(1 の符号)」については，張力 $\vec{T}$ が円板を左回りに回す力なので，その力のモーメントの z 成分が正となるため，

---

†6　x 軸から y 軸に右ネジを回してネジの進む向きが z 軸となる座標系を**右手系**という．どれか 1 つの軸が逆向きの場合は**左手系**というが，普通は右手系を使う．
†7　軸受けは円板の表側と裏側の 2 箇所にあるとした．

「＋（正）」である．

以上より，固定軸周りの円板の回転運動の方程式は，
$$I\ddot{\theta}(t) = aT \quad [\text{N}\cdot\text{m}] \tag{12.31}$$
となる．最後に I_z を円板の慣性モーメント I におきかえるのを忘れてはならない．◆

類題 12.2 固定軸をもつ円板の回転

例題 12.3 の円板が回転をはじめて 10 秒経過したときの角速度と回転数を求めなさい．ただし，$a = 10\,\text{cm}$, $T = 2.0\,\text{N}$, $I = 1.5\,\text{kg}\cdot\text{m}^2$ とする．

12.3 固定軸をもつ剛体の運動エネルギー

12.3.1 回転の運動エネルギー

z 軸を固定軸として，角速度 ω で回転する剛体の運動エネルギーを考える．回転軸が固定されている場合，並進運動による運動エネルギーはもたない．しかし，剛体が回転運動をすることで，剛体の各要素は回転軸周りに円運動を行って運動エネルギーをもつ．その合計が剛体全体の回転による運動エネルギーとなる．

そこで，まずは剛体内の位置 $\vec{r}_i$（z 軸と $\vec{r}_i$ のなす角を ϕ_i とする）にある要素 i の運動エネルギー K_i を考える（図 12.24）．要素 i の質量を m_i，速さを v_i とすると，
$$K_i = \frac{1}{2} m_i v_i^2 \quad [\text{J}] \tag{12.32}$$

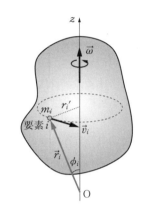

図 12.24 回転の運動エネルギー

である．要素 i は，z 軸からの距離 $r_i' (= r_i \sin\phi_i)$ を回転半径とする円運動をしているので，その速さを剛体の角速度（すなわち要素 i の角速度）ω で表すと，
$$v_i \,(= |\vec{\omega} \times \vec{r}_i| = \omega r_i \sin\phi_i) = r_i' \omega \quad [\text{m/s}] \tag{12.33}$$
である．これを用いると
$$K_i = \frac{1}{2} m_i (r_i' \omega)^2 \quad [\text{J}] \tag{12.34}$$
となる．これより，剛体全体の運動エネルギー K は
$$K = \sum_i K_i = \frac{1}{2} \omega^2 \underwave{\sum_i m_i r_i'^2} \quad [\text{J}] \tag{12.35}$$
となる．

波の下線部は z 軸周りの慣性モーメントなので，I_z と表すと
$$K = \frac{1}{2} I_z \omega^2 \tag{12.36}$$

となる．これが，z 軸を固定軸とする剛体の**回転の運動エネルギー**である．

12.3.2 回転運動の方程式と回転の運動エネルギー

運動方程式から，仕事と運動エネルギーの増減の関係を表す (7.63) を導いたように，z 軸周りの回転運動の方程式から，力のモーメントの元になる力がする仕事と回転の運動エネルギー

の増減の関係を表す式を導いてみる.

まず，回転運動の方程式 (12.23) の両辺に $\dot\theta$ を掛ける.

$$I_z \dot\theta \ddot\theta = N_z \dot\theta \quad [\text{N·m}] \tag{12.37}$$

7.5.2 項で，$\ddot{x}$ を含む運動方程式 (7.53) に $\dot{x}$ を掛けたのと同様である．ここで，第 7 章で使った小道具の (7.33) を使うと，

$$I_z \frac{d}{dt}\left(\frac{1}{2}\dot\theta^2\right) = N_z \frac{d\theta}{dt} \quad [\text{N·m}] \tag{12.38}$$

$$\frac{d}{dt}\left(\frac{1}{2} I_z \dot\theta^2\right) = N_z \frac{d\theta}{dt} \quad [\text{N·m}] \tag{12.39}$$

となる．ただし，z を θ におきかえた．両辺を $t = t_0 \sim t_1$ で定積分すると，

$$\int_{t_0}^{t_1} \frac{d}{dt}\left(\frac{1}{2} I_z \dot\theta^2\right) dt = \int_{t_0}^{t_1} N_z \frac{d\theta}{dt} \, dt \quad [\text{N·m}] \tag{12.40}$$

$$\left[\frac{1}{2} I_z \{\dot\theta(t)\}^2\right]_{t_0}^{t_1} = \int_{\theta(t_0)}^{\theta(t_1)} N_z \, d\theta \quad [\text{N·m}] \tag{12.41}$$

となる．右辺の式変形は θ から t への置換積分の逆である（7.5.2 項でも同様な式変形を行った）.

この t と θ の変数変換による積分領域の対応は，

t	[s]	t_0	$\rightarrow$	t_1
$\theta(t)$	[rad/s]	θ_0	$\rightarrow$	θ_1
$\dot\theta(t)\,(=\omega(t))$	[rad/s^2]	ω_0	$\rightarrow$	ω_1

となる．表には，左辺の角速度 $\dot\theta(t)$ を時刻 t_0, t_1 において，それぞれ $\dot\theta(t_0) = \omega(t_0) = \omega_0$，$\dot\theta(t_1) = \omega(t_1) = \omega_1$ とおくことも含めた．これより，

$$\frac{1}{2} I_z \omega_1^2 - \frac{1}{2} I_z \omega_0^2 = \int_{\theta_0}^{\theta_1} N_z \, d\theta \quad [\text{N·m}] \tag{12.42}$$

となる．左辺は，時刻 t_0, t_1 での回転の運動エネルギーをそれぞれ K_0, K_1 とおくと，$K_1 - K_0$ である．つまり，運動エネルギーの増減 ΔK を表している．これと等しくなる右辺の積分は何を表しているのだろうか？

この積分は微小量 $N_z\,d\theta$ の足し算である．まず，力のモーメントの z 成分 N_z は，

$$N_z = \sum_i N_{zi} \quad [\text{N·m}]$$

$$= \sum_i (\vec{r_i'} \times \vec{F_i'})_z = \sum_i r_i' F_i' \sin\phi_i' \quad [\text{N·m}] \tag{12.43}$$

である．これに剛体の微小な回転角 $d\theta$ を掛けると，

$$N_z\,d\theta = \sum_i r_i' F_i' \sin\phi_i'\,d\theta \quad [\text{N·m}]$$

$$= \sum_i \underbrace{r_i'\,d\theta}_{\text{移動距離}} \times \underbrace{F_i' \sin\phi_i'}_{\text{移動方向への力の成分}} \quad [\text{N·m}]$$

$$= \sum_i \underbrace{dW_i}_{\text{要素 } i \text{ への仕事}} = dW \quad [\text{N·m}] \tag{12.44}$$

となる（図 12.25）．要素 i が回転半径 r_i' の円周に沿って $r_i'\,d\theta$ だけ移動する間に，その移動方向である円の接線方向に外力 $F_i' \sin\phi_i'$ が作用して，仕事 dW_i をする．それをすべての要素について足し合わせた dW は，剛体が $d\theta$ だけ回転する間に，外力が剛体にする仕事である．これより，(12.40) は

$$\frac{1}{2} I_z \omega_1^2 - \frac{1}{2} I_z \omega_0^2 = \int_{\theta=\theta_0}^{\theta=\theta_1} dW \quad [\text{N·m}] \tag{12.45}$$

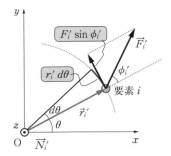

図 12.25 要素 i に作用する外力がする仕事

$$\Delta K = K_1 - K_0 = W \quad [\text{N·m}] \quad (12.46)$$

となる．

このように，剛体が θ_0 から θ_1 まで回転する間に外力がする仕事 W に対応して，剛体の回転の運動エネルギーが変化するのである．

高速回転する巨大磁石

超新星爆発という言葉を聞いたことはないだろうか？　太陽のような星（恒星）は核融合で輝いているが，太陽質量の 8 倍以上の質量をもつ星は，核融合が止まると最後に収縮して大爆発を起こす．超新星といいながら，実は星の最後の輝きなのである．この超新星爆発の後に残った中心核の質量が太陽質量前後の場合，中性子星というものになる（それより重い中心核は，さらに収縮してブラックホールになる）．

中性子星は，その名のとおりほぼ中性子でできている．半径は 10 km ほどで，太陽を縮めて東京 23 区にギュッと押し込んだような状態になるため，非常に高密度である．それは 1 個の巨大な原子核といえるほどである．また，地磁気のおよそ 10 兆倍という非常に強力な磁場をもち，1 秒間に数回転から数百回転という高速の自転をしている．地球上で実現できる最強の超伝導磁石のさらに 1000 万倍という強力な磁場をもつ半径 10 km の巨大磁石が，ブンブン回っているのである．

この磁場（磁力線）は中性子星と共に回転するのだが，中性子星からあまり離れると一緒に回転できなくなる．なぜなら，中性子星から離れるほど速さが大きくなり，あるところで光速を超えることになってしまうからである．しかし，磁力線の動きも光速 c を超えることはできない．中性子星の角速度を ω とすると，$r\omega = c$ を満たす回転半径 r（中性子星の回転軸からの距離）の内側でしか，磁力線は中性子星と共に回転することはできない．中性子星の回転軸を中心軸にもつ半径 r の円柱を光円柱とよぶ．中性子星から出た磁力線は，光円柱の内側では中性子星に戻ってくる（閉じた状態になる）が，光円柱の外側に出る磁力線は開いた状態になる．

● 第 12 章のまとめ ●

- 角速度ベクトル $\vec{\omega}$ は，回転軸の方向と回転の向き，そして角速度の大きさを表し，質点や要素の速度を表すことができる．

$$\vec{v} = \vec{\omega} \times \vec{r}$$

- 剛体には，安定に回転する慣性主軸が 3 本ある．
- 剛体の慣性モーメントは，各要素の慣性モーメントの和である．

$$I_z = \sum_i m_i d_i^2$$

- 固定軸（例えば z 軸とする）をもつ剛体の回転運動の方程式は，固定軸周りの慣性モーメントと角加速度，そして力のモーメントの固定軸方向の成分で表せる．

$$I_z \ddot{\theta}(t) = N_z$$

- 固定軸周りに回転する剛体の運動エネルギーは，慣性モーメントと角速度の大きさから求めることができる．

$$K = \frac{1}{2} I_z \omega^2$$

───────────── 章 末 問 題 ─────────────

[12.1]　剛体が，ある軸の周りに角速度の大きさ ω で回転している．その軸は，x, y, z 軸のそれぞれと角 α, β, γ をなす．角速度ベクトル $\vec{\omega}$ を求めなさい．ただし，$\vec{\omega}$ の各成分は正で，α, β, γ は鋭角とする．　12.1節

[12.2]　半径 10 km の中性子星が回転周期 33 ms で自転している．

(a)　中性子星の角速度を求めなさい．

(b)　光円柱（168 頁のコラム参照）の半径を求めなさい．また，それは中性子星の半径の何倍か？

(c)　この中性子星の回転周期は，1 日に 38 ns の割合で長くなっている．この角加速度を求めなさい．
　12.1節

[12.3]　独楽を中心軸（z とする）周りに回す場合，角運動量が z 軸方向になることを示しなさい（$\sum_i m_i x_i z_i = \sum_i m_i y_i z_i = 0$ を示す）．　12.1節

[12.4]*　剛体の要素 i の質量を m_i，位置ベクトルを $\vec{r}_i = (x_i, y_i, z_i)$ とする．剛体の角速度ベクトルが $\vec{\omega} = (\omega_x, \omega_y, \omega_z)$ のとき，剛体の全角運動量 $\vec{L}$ を求めなさい．　12.1節

[12.5]　半径 a，質量 M の円板の中心から距離 $a/2$ の位置を座標原点とし，そこに水平な軸を円板に垂直に通し，円板が軸の周りに自由に回転できるようにした（章末問題 [11.8] の剛体振り子）．この軸周りの円板の慣性モーメントを I，鉛直方向からの振れ角を θ とし，円板を微小振動させる．

(a)　円板の回転運動の方程式を立てなさい．

(b)　周期 T を求めなさい．
　12.2節

[12.6]　半径 a の円板が，円板に垂直な中心軸を鉛直方向の固定軸として，一定の角速度 ω_0 で回転していた．時刻 $t = 0$ から円板の外周にブレーキパッド（板）を当て，円板の外周の接線方向の摩擦力 R が一定になるようにした．円板の中心軸周りの慣性モーメントを I，$t = 0$ から測った円板の回転角を $\theta(t)$ とする．

(a)　円板の回転運動の方程式を立てなさい．

(b)　円板が止まるまでの時間 t_1 を求めなさい．

(c)　円板が止まるまでの回転数を求めなさい．
　12.2節

[12.7]　半径 a，質量 M の円板がある．円板の中心軸は軸受けで水平に保たれ，円板はその周りに自由に回転できる．中心軸周りの慣性モーメントを I とする．円板の外周には糸が巻きつけられており，そこから垂れた糸の先に質量 m の質点がついている．$t = 0$ には，円板も質点も静止していた．円板の回転角を $\theta(t)$，鉛直下向きの y 軸を用いて質点の位置を $y(t)$ とし，糸の張力の大きさを T，軸受けが中心軸を保持する鉛直上向きの力の大きさを F とする．

(a)　円板の回転運動の方程式を立てなさい．

(b)　質点の運動方程式を立てなさい．

(c)　糸の張力の大きさ T を求めなさい．

(d)　静止していた質点が h だけ降下したとき，質点の運動エネルギーと，円板の回転の運動エネ

170   12. 固定軸をもつ剛体の回転運動

ルギーを求めなさい.

[12.2節], [12.3節]

[12.8] 質量が M で,半径が a の一様な球体の場合,その中心軸周りの慣性モーメントは $I = (2/5)Ma^2$ である.

(a) 地球の自転について,回転運動のエネルギーを求めなさい.ただし,地球の半径は $a = 6400\,\mathrm{km}$,質量は $M = 6.0 \times 10^{24}\,\mathrm{kg}$ である.

(b) 太陽を剛体と見なし,その自転について回転運動のエネルギーを求めなさい.ただし,太陽の半径は $a = 7.0 \times 10^8\,\mathrm{m}$,質量は $M = 2.0 \times 10^{30}\,\mathrm{kg}$ とする.自転周期は緯度によって異なるが,ここでは 28 日間とする.

(c) 半径が $a = 10\,\mathrm{km}$,質量が太陽の 1.4 倍,回転周期が 33 ms の中性子星について,回転運動のエネルギーを求めなさい.

[12.3.1項]

13. 剛体の慣性モーメント

【学習目標】
- 剛体の慣性モーメントの求め方を理解する．
- さまざまな形状の剛体の慣性モーメントを求められるようになる．
- 慣性モーメントを求めるのに役立つ定理を使えるようになる．

【キーワード】
積分，円柱座標，球面座標，密度，線密度，面密度，ヤコビ行列式，平行軸の定理，薄板の直交軸の定理

◆ 慣性モーメント ◆

第 12 章の回転運動の方程式 (12.23) から，慣性モーメントが大きい剛体ほど，同じ力のモーメントに対する角加速度が小さくなるので，回転させにくい，または回転を止めにくいことがわかる．このように，回転運動の方程式に現れる慣性モーメントは，運動方程式に現れる質量に対応する．しかし，質量が物体固有の単純な 1 つの量であるのに対して，慣性モーメントは剛体の軸が変わるとさまざまな値をとるため，軸ごとに求める必要がある．

13.1 慣性モーメントの求め方

z 軸周りの慣性モーメント I_z を求めるために，まずは，剛体を小さな要素（小さい部分）の集合体と考える．そして，各要素の慣性モーメントを求めれば，その合計が剛体の慣性モーメントとなる．ただし，これは近似値である．そこで次のステップにおいて，近似の精度を上げるために各要素を無限小にして，正確な慣性モーメントを得ることにする．

13.1.1 剛体を有限な要素に分割する

剛体を N 個の小さな要素に分けて考える（図 13.1）．要素 i（i 番目の要素）の質量を m_i，z 軸までの距離を r'_i とすると，要素 i の慣性モーメントは

$$I_{zi} = m_i r'^2_i \quad [\text{kg} \cdot \text{m}^2] \tag{13.1}$$

である．この合計が，剛体全体の z 軸周りの慣性モーメント I_z となる．

$$I_z = \sum_i I_{zi} = \sum_i m_i r'^2_i \quad [\text{kg} \cdot \text{m}^2] \tag{13.2}$$

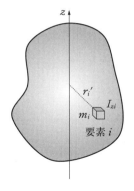

図 13.1 微小な要素に分けて考える．

例題 13.1 要素 2 個からなる剛体

長さ $3a$ の軽くて丈夫な棒の左右の端にそれぞれ質量 m と $2m$ の質点がついている（図 13.2）．左端から距離 a の，棒に垂直な軸について，慣性モーメント I を求めなさい．

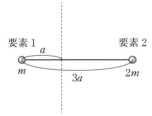

図 13.2 要素 2 個からなる剛体

解 棒の質量を無視すると，この「剛体」の要素は左右の質点 2 個だけである．したがって，$i = 1, 2$ として和をとればよい．

$$I = \sum_i m_i r_i'^2 \tag{13.3}$$

$$= ma^2 + 2m(2a)^2 = \underline{9ma^2} \quad [\text{kg·m}^2] \tag{13.4}$$

◆

類題 13.1 慣性モーメントが最小になる軸の位置

例題 13.1 において，左端から測った軸の位置を x として，慣性モーメント I を最小にする棒に垂直な軸の位置 x を求めなさい．

13.1.2 要素を微小（無限小）にする

剛体をさらに細かい要素に分割することを考える（図 13.3）．つまり，要素の個数 N を無限大にする．それによって要素は無限小になる．これまで 1 番目，2 番目，…，i 番目ととびとびに考えていたが，要素を無限小にすると，次の要素に移ったとき，さまざまな量の変化は微小になり，連続的な変化と見なせるようになる．例えば，要素から軸までの距離 r_i' は，i が変わる度にとびとびの値をとっていたものが連続的に変化するようになるので，いっそのこと連続量として r' におきなおした方が適切である．同様に，要素の位置ベクトルも連続変化するベクトル量として $\vec{r}$ としておく．要素の質量 m_i も連続量に

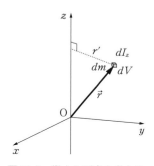

図 13.3 微小な要素を考える．

おきなおそう．ただし，質量についてはさらに微小量になることも表すために，dm と書く方がふさわしい．同様に，I_{zi} も dI_z におきなおす．これらのおきかえによって，(13.1) は次のようになる．

$$dI_z = dm\, r'^2 \quad [\text{kg·m}^2] \tag{13.5}$$

さらに，微小質量 dm は，位置 $\vec{r}$ における密度 $\rho(\vec{r})$ と，要素の微小体積 dV （**体積素片**または**体積要素**）の積として $dm = \rho(\vec{r})\, dV$ になる．そして，剛体全体で dI_z を足し合わせると，剛体の慣性モーメント I_z が求まる．

$$I_z = \int dI_z = \int r'^2\, dm = \int r'^2 \rho(\vec{r})\, dV \quad [\text{kg·m}^2] \tag{13.6}$$

これは (13.2) に対応する．ただし，微小量の足し算なので積分になる．このように，慣性モーメントは積分によって求まるのである．

この積分を行うには，まずは座標系を決める必要がある．座標系によって体積素片 dV の表し方が異なる．例えば，

$$直交座標系(x, y, z) : dV = dx\, dy\, dz \quad [\mathrm{m}^3] \tag{13.7}$$
$$円柱座標系(r, \theta, z) : dV = r\, dr\, d\theta\, dz \quad [\mathrm{m}^3] \tag{13.8}$$
$$球面座標系(r, \theta, \phi) : dV = r^2 \sin\theta\, dr\, d\theta\, d\phi \quad [\mathrm{m}^3] \tag{13.9}$$

などである[†1]．座標系の選択は剛体の形状や質量分布に合わせればよい．xyz 直交座標系の体積素片はわかりやすいが（図 13.4），その他の座標系の場合は変数変換に伴う変換係数が付加される．それは**ヤコビ行列式**で求まるが，その詳細はそれぞれの具体例で説明することにする．

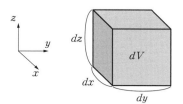

図 13.4 体積素片 dV

例題 13.2 立方体の慣性モーメント

密度が一様で，質量 M，1 辺の長さ $2a$ の立方体について，向かい合った面の両方の中心を通る軸周りの慣性モーメントを求めなさい（図 13.5）．

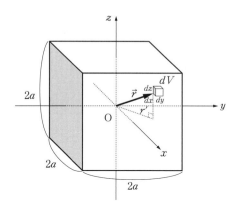

図 13.5 立方体の慣性モーメント

解 まず，座標系を設定する．立方体の内部で積分を行うことを考慮すると，素直に xyz 直交座標系を使えばよさそうである．そこで立方体の中心を原点とし，各面の中心を通る軸をそれぞれ x, y, z 軸とする．立方体の対称性から，x, y, z 軸のどの軸の周りでも慣性モーメントは同じになるので，z 軸周りの慣性モーメント I_z を求めることにする．

さて，密度 ρ は一様なので $\rho = M/8a^3$ は定数である．そして，位置 $\vec{r} = (x, y, z)$ にある要素の体積素片は $dV = dx\, dy\, dz$ である．また，要素から z 軸までの距離 r' の 2 乗は，三平方の定理より $r'^2 = x^2 + y^2$ である．これらより，要素の z 軸周りの慣性モーメントは

$$dI_z = r'^2\, dm = r'^2 \rho\, dV = \rho(x^2 + y^2)\, dx\, dy\, dz \quad [\mathrm{kg \cdot m^2}] \tag{13.10}$$

である．これを (13.6) に代入すると

[†1] これらの θ は座標を表す変数であり，剛体の回転角ではないことに注意．

$$I_z = \int dI_z = \iiint \rho(x^2 + y^2)\, dx\, dy\, dz \tag{13.11}$$

$$= \rho \iiint x^2\, dx\, dy\, dz + \rho \iiint y^2\, dx\, dy\, dz \quad [\text{kg}\cdot\text{m}^2] \tag{13.12}$$

となる．1つ目の積分は積分記号が1つであるが，実はこの積分は，x, y, z の3変数が積分変数となる重積分である．したがって，積分記号も3重になる．はじめの積分は，この3重積分をまとめて1つの積分記号で表していたのである．

この重積分では変数 x, y, z が分離できるので，各変数ごとに積分を行い，最後にそれぞれの結果を掛け合わせればよい．積分範囲は，要素が立方体内部の全領域をくまなく動くように，$x = -a \sim a$，$y = -a \sim a$，$z = -a \sim a$ とすればよい．密度 ρ は最後に消去する．

$$I_z = \rho \int_{-a}^{a} x^2\, dx \int_{-a}^{a} dy \int_{-a}^{a} dz + \rho \int_{-a}^{a} dx \int_{-a}^{a} y^2\, dy \int_{-a}^{a} dz \tag{13.13}$$

$$= \rho \left[\frac{1}{3} x^3\right]_{-a}^{a} [y]_{-a}^{a} [z]_{-a}^{a} + \rho [x]_{-a}^{a} \left[\frac{1}{3} y^3\right]_{-a}^{a} [z]_{-a}^{a} \tag{13.14}$$

$$= \frac{16}{3} \rho a^5 = \frac{16}{3} \frac{M}{8a^3} a^5 = \underline{\frac{2}{3} Ma^2} \quad [\text{kg}\cdot\text{m}^2] \tag{13.15}$$

◆

類題 13.2　鉛ブロックの慣性モーメント

1辺の長さが $5.0\,\text{cm}$ の立方体の鉛ブロックについて，ある1辺の軸周りの慣性モーメントを求めなさい．ただし，鉛の密度は $11.3\,\text{g/cm}^3$ である．

例題 13.3　円柱の慣性モーメント

密度が一様で，質量 M，半径 a の円柱について，中心軸周りの慣性モーメントを求めなさい（図 13.6）．

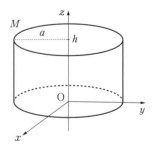

図 13.6　円柱の慣性モーメント

解　円柱の質量分布は中心軸周りに軸対称になっている．この対称性を活かせる座標系は，円柱（円筒）座標系である（図 13.7）．もちろん，xyz 直交座標系で求めることもできる．しかし，お勧めはしない．対称性があるときに，それを利用しない手はない．例えば，左右対称の場合は左側だけを扱えば右側も同様な結果になり，問題を解く手間が半分になる．その結果，素早く，しかもきれいに解けることが多い．

円柱座標は，直交座標 (x, y, z) の (x, y) を2次元の極座標（円座標）(r, θ) で表し[†2]，z はそのまま用いる座標系である（図 13.8）．(x, y, z) から (r, θ, z) への変数変換は

$$\begin{cases} x = r\cos\theta \quad [\text{m}] \\ y = r\sin\theta \quad [\text{m}] \\ z = z \quad [\text{m}] \end{cases} \tag{13.16}$$

[†2]　r は動径，θ は x 軸と動径のなす角である．

13.1 慣性モーメントの求め方　175

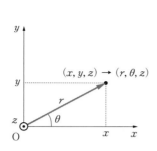

図 13.7 円柱（円筒）座標系

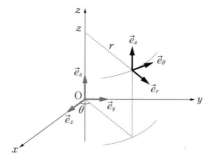

図 13.8 円柱座標の座標軸

である[†3]．位置 (r, θ, z) にある体積素片 dV は，動径 r 方向への微小変化 dr，角度 θ の微小変化 $d\theta$ に伴って生じる微小な弧 $r\,d\theta$，z 方向への微小変化 dz を直方体の 3 辺と見なし，それらの積として，

$$dV = dr \cdot r\,d\theta \cdot dz = r\,dr\,d\theta\,dz \quad [\text{m}^3] \quad (13.17)$$

と表せる（図 13.9）．この体積素片を大きく描くと直方体とはいいづらいが，これが無限小になれば，弧を直線と見なせるようになり，歪みも無視できるようになる（それらが気になるようでは，まだ無限小とはいえない）．

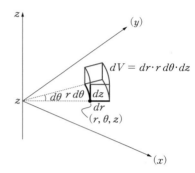

図 13.9 円柱座標の体積素片 dV

少し寄り道をすると，体積素片は，積分において変数変換をするときの変換係数を与える**ヤコビ行列式**から求めることもできる．積分において直交座標系 (x, y, z) を円柱座標系 (r, θ, z) へ変換する場合は，

$$dV = dx\,dy\,dz = \left| \frac{\partial(x,y,z)}{\partial(r,\theta,z)} \right| dr\,d\theta\,dz \quad [\text{m}^3] \quad (13.18)$$

である[†4]．換算係数部分の $|\ |$ は，絶対値ではなく行列式を表していることに注意しよう．その中身の**ヤコビ行列**は次のように定義される[†5]．

$$\frac{\partial(x,y,z)}{\partial(r,\theta,z)} \equiv \begin{pmatrix} \dfrac{\partial x}{\partial r} & \dfrac{\partial x}{\partial \theta} & \dfrac{\partial x}{\partial z} \\ \dfrac{\partial y}{\partial r} & \dfrac{\partial y}{\partial \theta} & \dfrac{\partial y}{\partial z} \\ \dfrac{\partial z}{\partial r} & \dfrac{\partial z}{\partial \theta} & \dfrac{\partial z}{\partial z} \end{pmatrix} \quad (13.19)$$

これに (x, y, z) と (r, θ, z) の変換式 (13.16) を代入して偏微分を行うと[†6]，

$$\frac{\partial(x,y,z)}{\partial(r,\theta,z)} = \begin{pmatrix} \cos\theta & -r\sin\theta & 0 \\ \sin\theta & r\cos\theta & 0 \\ 0 & 0 & 1 \end{pmatrix} \quad (13.20)$$

となり，この行列式を求めると

$$\left| \frac{\partial(x,y,z)}{\partial(r,\theta,z)} \right| = \begin{vmatrix} \cos\theta & -r\sin\theta & 0 \\ \sin\theta & r\cos\theta & 0 \\ 0 & 0 & 1 \end{vmatrix} = r\cos^2\theta + r\sin^2\theta = r \quad [\text{m}] \quad (13.21)$$

[†3] 円柱座標の座標軸は，動径方向の軸と θ の変化に対応する弧に接する軸と z 軸である．各軸の単位ベクトルを $\vec{e}_r, \vec{e}_\theta, \vec{e}_z$ と表すと，これらはお互いに直交している．したがって，円柱座標も直交座標系の 1 つである．

[†4] 詳細は，微積分学の教科書で多変数関数の積分を調べてほしい．ちなみに，1 変数の積分で，例えば x を r に変換する場合，高校の数学でも習ったように変換係数は dx/dr で，$dx = (dx/dr)\,dr$ である．

[†5] ヤコビ行列とヤコビ行列式は，どちらもヤコビアンとよばれることがある．

[†6] 偏微分の仕方については (8.26) の説明を参照．

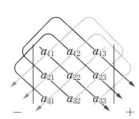
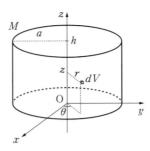

図 13.10 3×3 行列の行列式 　　**図 13.11** 円柱座標での要素

となる（図 13.10）．この変換係数を (13.18) に代入すると (13.17) が得られる．

さて，円柱座標の体積素片の表し方がわかったので，次は，それを用いて要素の微小質量 dm を表そう（図 13.11）．密度 ρ は一様で，$\rho = M/\pi a^2 h$ は定数である．円柱の高さを h とした．これより，

$$dm = \rho \, dV = \rho r \, dr \, d\theta \, dz \quad [\mathrm{kg}] \tag{13.22}$$

である．したがって，z 軸周りの要素の慣性モーメントは

$$dI_z = dm \, r'^2 = \rho r^3 \, dr \, d\theta \, dz \quad [\mathrm{kg \cdot m^2}] \tag{13.23}$$

となる．円柱座標の r が要素から z 軸までの距離 r' であることも使った．これを (13.6) に代入して円柱全体の慣性モーメントを求める．

$$I_z = \int dI_z = \iiint \rho r^3 \, dr \, d\theta \, dz \quad [\mathrm{kg \cdot m^2}] \tag{13.24}$$

この重積分も変数 r, θ, z が分離できるので，各変数ごとに積分を行い，最後にそれぞれの結果を掛け合わせればよい．積分範囲は，要素が円柱内部の全領域をくまなく動くように $r = 0 \sim a$，$\theta = 0 \sim 2\pi$，$z = 0 \sim h$ とすると，

$$I_z = \rho \int_0^a r^3 \, dr \int_0^{2\pi} d\theta \int_0^h dz \tag{13.25}$$

$$= \rho \left[\frac{1}{4} r^4\right]_0^a [\theta]_0^{2\pi} [z]_0^h = \rho \frac{a^4}{4} 2\pi h \quad [\mathrm{kg \cdot m^2}] \tag{13.26}$$

となる．これに密度を代入すると，円柱の慣性モーメントが求まる．

$$I_z = \frac{M}{\pi a^2 h} \frac{a^4}{4} 2\pi h = \underline{\frac{1}{2} M a^2} \quad [\mathrm{kg \cdot m^2}] \tag{13.27}$$

◆

類題 13.3 鉄柱の慣性モーメント

半径 3.0 cm，高さ 20 cm の鉄柱について，中心軸周りの慣性モーメントを求めなさい．ただし，鉄の密度を 7.9 g/cm³ とする．

13.1.3 要素を1次元として扱う

ここまで，剛体を3次元的に扱ってきたが，細い形状の剛体は3次元的に扱わなくても済む．それが直線的であっても曲線的であっても，1次元として扱えるのである（図 13.12）．

例えば，剛体が細い棒の場合，棒に沿った x 軸をとって，要素の位置は1次元の x 座標で表せる．そして，要素の微小質量 dm は，要素に対応する x 軸上の微小線分（線素）の長さ dx に比例するものとして扱えば，体積を考えなくても済

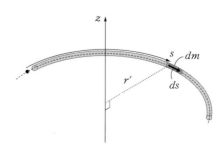

図 13.12 剛体を1次元的に扱う（曲線の場合）．

む．この比例係数は，棒の単位長さ当たりの質量 λ [kg/m] である．これを質量の**線密度**という．

線密度は 1 次元における密度である．3 次元での密度[†7]が ρ であるときに，体積 dV に対する質量が $dm = \rho\, dV$ と表せたように，1 次元での線密度が λ であるときに，長さ dx に対する質量は $dm = \lambda\, dx$ と表せる．一般に質量の分布は一様とは限らないので，線密度は位置 x の関数となり，$\lambda(x)$ である．

3 次元において慣性モーメントを求める (13.6) に 1 次元の場合を当てはめると次のようになる．

$$I_z = \int dI_z = \int r'^2\, dm = \int r'^2 \lambda(x)\, dx \quad [\mathrm{kg\cdot m^2}] \tag{13.28}$$

例題 13.4　細い棒の慣性モーメント

密度が一様で，質量 M，長さ $2a$ の細い棒状の剛体について，棒の中央を通り，棒に垂直な軸周りの慣性モーメントを求めなさい（図 13.13）．

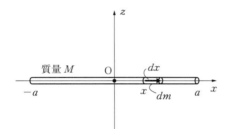

図 13.13　細い棒の慣性モーメント

解　棒の中央を原点とし，棒に沿う軸を x 軸，棒に垂直な軸を z 軸とすると，z 軸周りの慣性モーメントを求めればよい．まず，棒の密度は一様なので，質量の線密度 $\lambda = M/2a$ は定数である．そして，要素の位置 x から z 軸までの距離は $r' = x$ である．また，要素に対応する線素 dx の質量は $dm = \lambda\, dx$ である．これらより，要素の z 軸周りの慣性モーメントは以下のようになる．

$$dI_z = dm\, r'^2 = \lambda x^2\, dx \quad [\mathrm{kg\cdot m^2}] \tag{13.29}$$

これを (13.28) に代入して，要素を棒の端から端まで移動させるために積分範囲を $x = -a \sim a$ とすると，慣性モーメントが求まる．

$$\begin{aligned}
I_z &= \int dI_z = \lambda \int_{-a}^{a} x^2\, dx = \lambda \left[\frac{1}{3} x^3 \right]_{-a}^{a} \\
&= \frac{M}{2a} \frac{1}{3} 2a^3 = \underline{\frac{1}{3} Ma^2} \quad [\mathrm{kg\cdot m^2}]
\end{aligned} \tag{13.30}$$

◆

類題 13.4　針金の慣性モーメント

質量 12 g，長さ 30 cm の密度が一様な直線状の針金がある．針金に垂直な，一端から 10 cm の軸周りの慣性モーメントを求めなさい．

[†7] 3 次元の密度であることを明確にする場合は**体積密度**という．

13.1.4 要素を 2 次元として扱う

薄い形状の剛体は，それが平面的であっても曲面的であっても 2 次元で扱える（図 13.14）．まず，面上の要素の位置は変数 2 個で表せる[†8]．そして，要素の微小質量 dm は，要素の微小面積（**面素**または**面積要素**）を dS として[†9]，その面積に比例するものとして扱えば，体積を考えなくても済む．この比例係数は，剛体の単位面積当たりの質量 $\sigma\,[\mathrm{kg/m^2}]$ である．これを質量の**面密度**という．

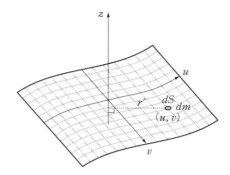

図 13.14 剛体を 2 次元的に扱う（曲面の場合）．

面密度は 2 次元における密度である[†10]．2 次元での面密度が σ であるときに，面積 dS に対する質量は $dm = \sigma\,dS$ と表せる．一般に質量の分布は一様とは限らないので，面密度は位置の関数である[†11]．

3 次元において慣性モーメントを求める (13.6) に 2 次元の場合を当てはめると次のようになる．

$$I_z = \int dI_z = \int r'^2\, dm = \int r'^2\, \sigma\, dS \quad [\mathrm{kg \cdot m^2}] \tag{13.31}$$

例題 13.5　長方形の薄い板の慣性モーメント

密度が一様で，質量 M，縦の長さ $2a$，横の長さ $2b$ の長方形の薄い板状の剛体について，板の中心を通り，板に垂直な軸周りの慣性モーメントを求めなさい（図 13.15）．

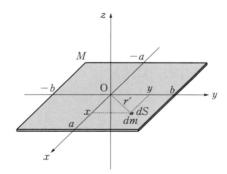

図 13.15 長方形の薄い板の慣性モーメント

[†8] xy 平面であれば位置 (x, y)，曲面であれば，曲面に沿う座標軸 u, v で見たときの曲面上の位置 (u, v) など．

[†9] 例えば，xy 平面であれば $dS = dx\,dy$ である．

[†10] 例えば，1 km² 当たりの人口を表す人口密度［人/km²］は 2 次元の密度である．

[†11] 例えば，xy 平面の場合は $\sigma(x, y)$ と書ける．

13.2 慣性モーメントに関する定理　　**179**

解　長方形の中心を原点とし，縦方向に x 軸，横方向に y 軸をとって，z 軸周りの慣性モーメントを求めればよい．まず，板の密度は一様なので，質量の面密度 $\sigma = M/4ab$ は定数である．そして，要素の位置 (x, y) から z 軸までの距離の自乗は $r'^2 = x^2 + y^2$ である．また，要素に対応する面素 dS の質量は $dm = \sigma \, dS$ であり，面素は $dS = dx\,dy$ と表せる．これらより，要素の z 軸周りの慣性モーメントは以下のようになる．

$$dI_z = r'^2 dm = (x^2 + y^2)\sigma \, dS = (x^2 + y^2)\sigma \, dx \, dy \quad [\text{kg·m}^2] \tag{13.32}$$

これを (13.31) に代入して，要素を板のすみずみに移動させるために積分範囲を $x = -a \sim a$，$y = -b \sim b$ とすると，慣性モーメントが求まる．

$$
\begin{aligned}
I_z &= \int dI_z = \sigma \iint (x^2 + y^2) \, dx \, dy \\
&= \sigma \int_{-a}^{a} x^2 \, dx \int_{-b}^{b} dy + \sigma \int_{-a}^{a} dx \int_{-b}^{b} y^2 \, dy \\
&= \sigma \left[\frac{1}{3} x^3 \right]_{-a}^{a} [y]_{-b}^{b} + \sigma [x]_{-a}^{a} \left[\frac{1}{3} y^3 \right]_{-b}^{b} \\
&= \frac{M}{4ab} \frac{1}{3} 2a^3 \, 2b + \frac{M}{4ab} 2a \frac{1}{3} 2b^3 \\
&= \underline{\frac{1}{3} M(a^2 + b^2)} \quad [\text{kg·m}^2]
\end{aligned} \tag{13.33}
$$

◆

類題 13.5 アルミ板の慣性モーメント

厚さ 1.0 mm，一辺の長さ 30 cm の正方形の薄いアルミ板がある．板に垂直で，頂点の 1 つを通る軸周りの慣性モーメントを求めなさい．ただし，アルミの（体積）密度は 2.7 g/cm³ である．

13.2　慣性モーメントに関する定理

本章の冒頭にも述べたように，同じ剛体でも慣性モーメントは軸ごとに求めなおす必要がある．しかし，ある軸について求めた慣性モーメントを使って，別の軸についての慣性モーメントを簡単に求めることができる場合がある．

13.2.1　平行軸の定理

質量 M の剛体の重心 G を通る，ある軸周りの慣性モーメント I_G が求まっている場合，この軸に平行で距離 d だけ離れた軸 A 周りの慣性モーメント I は，積分で求めなおすまでもなく次式で求まる．

$$I = I_\text{G} + Md^2 \tag{13.34}$$

これを**平行軸の定理**という（図 13.16）．定理であるから証明が必要である．

剛体の重心 G を原点とし，そこを通る軸を z 軸とする．剛体中の要素 i の位置ベクトル $\vec{r}_i$ を xy 平面に射影したベクトルを $\vec{r}_i'$ とする（図 13.17）．慣性モーメントを求めるには要素 i から軸までの距離がわかればよいので，z 軸の正側から見た図で考えれば十分である（図 13.18）．つまり，各ベクトルについては xy 平面に射影した xy 平面内のベクトルで考えればよい．そこで，z 軸に平行で距離 d だけ離れた軸 A に向かう xy 平面内のベクトルを $\vec{d}$，軸 A から要素 i に向かう xy 平面内のベクトルを $\vec{r}_i''$ とする（$\vec{r}_i', \vec{r}_i''$ の大きさをそれぞれ r_i', r_i'' と書くことにする）．ここで $\vec{r}_i'' = \vec{r}_i' - \vec{d}$ である．

さて，軸 A 周りの慣性モーメント I は

$$I = \sum_i m_i r_i''^2 \quad [\text{kg·m}^2] \tag{13.35}$$

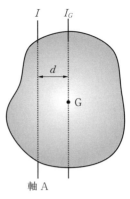
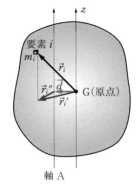

図 13.16 平行軸の定理 **図 13.17** 平行軸の定理（要素 i） **図 13.18** z 軸の正側から見た図

である．$r_i''^2$ は，ベクトル $\vec{r_i''}$ の自乗で表せるので[12]，

$$\begin{aligned}
r_i''^2 &= \vec{r_i''} \cdot \vec{r_i''} \\
&= (\vec{r_i'} - \vec{d}) \cdot (\vec{r_i'} - \vec{d}) \\
&= \vec{r_i'} \cdot \vec{r_i'} - 2\vec{r_i'} \cdot \vec{d} + \vec{d} \cdot \vec{d} \\
&= r_i'^2 - 2\vec{r_i'} \cdot \vec{d} + d^2 \quad [\text{m}^2]
\end{aligned} \tag{13.36}$$

となる．これを (13.35) に代入すると

$$\begin{aligned}
I &= \sum_i m_i (r_i'^2 - 2\vec{r_i'} \cdot \vec{d} + d^2) \\
&= \sum_i m_i r_i'^2 - 2\left(\sum_i m_i \vec{r_i'}\right) \cdot \vec{d} + \left(\sum_i m_i\right) d^2 \quad [\text{kg}\cdot\text{m}^2]
\end{aligned} \tag{13.37}$$

となる．この第 1 項は z 軸周りの慣性モーメント I_G である．第 3 項の括弧内は剛体の全質量 M である．第 2 項の括弧内がゼロになることはわかるだろうか？

$\vec{r_i}$ を xy 平面へ射影して z 成分がゼロになったものが $\vec{r_i'}$ なので，括弧内を成分で表すと，

$$\sum_i m_i \vec{r_i'} = \begin{pmatrix} \sum_i m_i x_i \\ \sum_i m_i y_i \\ 0 \end{pmatrix} = \sum_i m_i \begin{pmatrix} \dfrac{\sum_i m_i x_i}{\sum_i m_i} \\ \dfrac{\sum_i m_i y_i}{\sum_i m_i} \\ 0 \end{pmatrix}$$

$$= M \begin{pmatrix} x_G \\ y_G \\ 0 \end{pmatrix} \quad [\text{kg}\cdot\text{m}] \tag{13.38}$$

となる．重心 G を原点にしたので，$x_G = y_G = 0$ である．したがって，(13.37) の第 2 項は確かにゼロである．

結局，

$$I = I_G + Md^2 \quad [\text{kg}\cdot\text{m}^2] \tag{13.39}$$

となって，(13.34) が得られる．

この式を使うと，I を積分で求めなおす必要がない．また，$Md^2 \geq 0$ なので，重心を通る軸周りの慣性モーメントが最小であることもこの式からわかる[13]．

---

[12] ベクトルの自乗については (7.19) の説明を参照．

[13] 重心を通る軸は無数にあるので，その中で慣性モーメントが最小になる軸については，改めて考える必要がある．

例題 13.6　円柱の慣性モーメント（側面）

密度が一様で，質量が M，半径が a の円柱について，中心軸に平行で，側面に接する軸周りの慣性モーメントを求めなさい（図 13.19）．

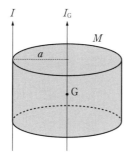

図 13.19　円柱の慣性モーメント（側面）

解　重心を通る中心軸周りの慣性モーメント I_G は，例題 13.3 より $I_G = (1/2)Ma^2$ である．中心軸から側面までの距離は円柱の半径 a なので，側面に接する軸周りの慣性モーメント I は，平行軸の定理である (13.34) で求まる．

$$I = I_G + Ma^2 = \frac{1}{2}Ma^2 + Ma^2 = \underline{\frac{3}{2}Ma^2} \quad [\mathrm{kg \cdot m^2}] \tag{13.40}$$

◆

類題 13.6　円柱の慣性モーメント（平行軸）

密度が一様で，質量が 5.0 kg，半径が 20 cm の円柱について，中心軸に平行で，10 cm 離れた軸周りの慣性モーメントを求めなさい．

13.2.2　薄板の直交軸の定理

剛体が平面状の薄板の場合，板に垂直なある軸周りの慣性モーメント I_1 は，その軸と板の交点を通り，板の面内で直交する2本の軸のそれぞれの周りの慣性モーメント I_2, I_3 の和に等しくなる．形状として薄いことが条件で，その他の形状に関する制約はなく，どのような質量分布でも成り立つ．これを**直交軸の定理**という（図 13.20）．

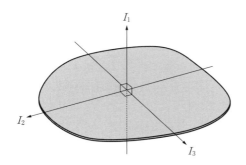

図 13.20　直交軸の定理

$$I_1 = I_2 + I_3 \tag{13.41}$$

これを証明するために，板に垂直な軸を z 軸とし，板との交点を原点 O とする．そうすると，x 軸と y 軸が板の面内で直交する軸となる（図 13.21）．x, y, z 軸周りの慣性モーメントをそれぞれ $I_x, I_y,$

I_z とする．薄板なので，(13.31) のように 2 次元で扱えばよい[†14]．位置 (x, y) における質量の面密度を $\sigma(x, y)$，面素を $dS = dx\,dy$ とすると，

$$I_x = \iint y^2 \sigma(x, y)\, dx\,dy \quad [\text{kg}\cdot\text{m}^2] \tag{13.42}$$

$$I_y = \iint x^2 \sigma(x, y)\, dx\,dy \quad [\text{kg}\cdot\text{m}^2] \tag{13.43}$$

$$I_z = \iint (x^2 + y^2) \sigma(x, y)\, dx\,dy \quad [\text{kg}\cdot\text{m}^2] \tag{13.44}$$

である．I_z の式を展開して，面素 dS から $x(y)$ 軸までの距離の自乗が $y^2(x^2)$ であることから

$$I_z = \iint y^2 \sigma(x, y)\, dx\,dy + \iint x^2 \sigma(x, y)\, dx\,dy = I_x + I_y \quad [\text{kg}\cdot\text{m}^2] \tag{13.45}$$

となる．$I_z = I_1$, $I_x = I_2$, $I_y = I_3$ なので，直交軸の定理が証明された．

例題 13.7　円板の慣性モーメント

密度が一様で，質量 M，半径 a の薄い円板がある（図 13.22）．円板の直径方向に沿う軸周りの慣性モーメントを求めなさい．

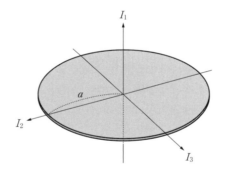

図 13.22　円板の慣性モーメント

解　円板に垂直で中心を通る軸周りの慣性モーメントを I_1 とすると，例題 13.3 より，$I_1 = (1/2)Ma^2$ である[†15]．円板の直径方向のある軸周りの慣性モーメントを I_2 とし，その軸に直交するもう 1 つの直径方向の軸周りの慣性モーメントを I_3 とすると，円板の対称性より $I_2 = I_3$ である．これらを直交軸の定理 13.41 に代入すると I_2 が求まる．

$$I_1 = I_2 + I_3 = 2I_2 \quad [\text{kg}\cdot\text{m}^2] \tag{13.46}$$

$$I_2 = \frac{1}{2} I_1 = \underline{\frac{1}{4} Ma^2} \quad [\text{kg}\cdot\text{m}^2] \tag{13.47}$$

◆

[†14]　板の z 座標は $z = 0$ と考えればよい．

[†15]　これは円柱の慣性モーメントであるが，円柱の高さが含まれていない．したがって，高さが無視できる円板にも同じものが使える．

類題 13.7 **正方形の薄い板の慣性モーメント**

1 辺の長さが 10 cm，厚さが 2.0 mm の正方形の鉄板がある．鉄板の対角を結ぶ軸周りの慣性モーメントを求めなさい．

● 第 13 章のまとめ ●

• 剛体の慣性モーメントは軸ごとに積分で求める．一般には，3 次元での積分を行う．

$$I_z = \int dI_z = \int r'^2 \, dm = \int r'^2 \rho(\vec{r}) \, dV$$

剛体が細い場合は，1 次元の積分で慣性モーメントを求める．

$$I_z = \int dI_z = \int r'^2 \, dm = \int r'^2 \lambda(x) \, dx$$

剛体が薄い場合は，2 次元の積分で慣性モーメントを求める．

$$I_z = \int dI_z = \int r'^2 \, dm = \int r'^2 \sigma \, dS$$

• 剛体の重心を通る軸周りの慣性モーメント I_G が求まっている場合，その軸と平行で距離 d の軸周りの慣性モーメント I は，平行軸の定理によって求められる．

$$I = I_\mathrm{G} + Md^2$$

• 剛体が薄い平板の場合，板に垂直な軸周りの慣性モーメント I_1 は，その軸と板の交点を通り，板の面内に含まれる直交する 2 本の軸周りの慣性モーメント I_2, I_3 の和となる（直交軸の定理）．

$$I_1 = I_2 + I_3$$

─────────── **章 末 問 題** ───────────

[13.1] 長さ $2a$ の軽くて丈夫な棒の左右の端に，それぞれ質量 $2m$ と $3m$ の質点がついている．棒の中心を通り，棒と角度 $30°$ をなす軸について，慣性モーメント I を求めなさい． `13.1.1項`

[13.2] 一辺の長さが a の正三角形の軽くて丈夫な板の頂点に，それぞれ質量 m の質点がついている．以下の軸周りの慣性モーメントを求めなさい．

(a) 板の中心を通り，板に垂直な軸．

(b) 板の中心を通り，板の 1 辺に平行な軸．

`13.1.2項`

[13.3] 質量 M，横 $2a$，縦 $2b$，高さ $2c$ の密度が一様な直方体について，上面と底面の中心を通る軸周りの慣性モーメントを求めなさい． `13.1.2項`

[13.4]* 直交座標 (x, y, z) を球座標 (r, θ, ϕ) に変換する場合のヤコビ行列式を求めなさい．その結果を利用して，密度が一様で，質量 M，半径 a の球の中心を通る軸周りの慣性モーメントを求めなさい． `13.1.2項`

[13.5]* 密度が一様で，質量 M，底面の半径 a，高さ h の円錐の中心軸周りの慣性モーメントを求めなさい． `13.1.2項`

[13.6] 密度が一様で，質量 M，長さ $2a$，断面が長方形で $2b \times 2c$ の棒がある．棒の中央を通り，棒に垂直な軸周りの慣性モーメントについて，b, c が a に比べて無視できる（細い棒と見なせる）場合，例題 13.4 の結果になることを確かめなさい． `13.1.2項`，`13.1.3項`

[13.7] 質量 M，半径 a の細い円輪について，円輪の直径周りの慣性モーメントを求めなさい． `13.1.3項`

184   13. 剛体の慣性モーメント

[13.8]   質量 M, 半径 a の薄い円板を 2 次元的に扱うことで, 円板の中心を通り, 円板に垂直な軸周りの慣性モーメントを求めなさい. `13.1.4項`

[13.9]   密度が一様で, 質量 M, 半径 a の円柱から, 円柱の側面と中心軸の間の部分を直径 $a/2$ の円柱状にくり貫いた剛体について, 中心軸周りの慣性モーメントを求めなさい. `13.2.1項`

[13.10]   密度が一様で, 質量 M, 半径 a の薄い円板について, 円板の接線を軸とするとき, その軸周りの慣性モーメントを求めなさい. 円板に垂直な中心軸周りの慣性モーメントが $(1/2)Ma^2$ であることは既知としてよい. `13.2.1項`, `13.2.2項`

[13.11]*   密度が一様で, 質量 M, 底面の半径 a, 高さ h の円錐について,

(a)   頂点から重心までの距離を求めなさい.

(b)   底面に平行で, 頂点を通る軸周りの慣性モーメントを求めなさい.

(c)   底面に平行で, 重心を通る軸周りの慣性モーメントを求めなさい.

`例題 13.3`, `4.4.1項`, `13.2.1項`, `13.2.2項`

14. 重心から見た剛体の運動

【学習目標】
- 剛体の運動は，重心の並進運動と重心周りの回転運動に分離できることを学ぶ．そして，重心から見た剛体の回転運動の方程式を理解する．
- 剛体の運動エネルギーは，重心の並進運動による運動エネルギーと，重心周りの回転の運動エネルギーに分離できることを学ぶ．そして，それらに位置エネルギーを加えたものが剛体の力学的エネルギーであることを理解する．
- 剛体の平面運動を理解し，その運動方程式と回転運動の方程式を立てられるようになる．また，それらを解くことで，剛体の平面運動の特徴をつかむ．
- 剛体の平面運動について，運動に関する方程式から力学的エネルギー保存の式を導けるようになる．また，その式を使って剛体の平面運動で成り立つエネルギー保存を理解する．

【キーワード】
重心から見た量，重心の運動方程式，重心周りの回転運動の方程式，剛体の力学的エネルギー，重心から見た回転の運動エネルギー，剛体の平面運動，拘束条件

◆ 剛体の回転を直感的に扱うには ◆

剛体の運動は，重心の運動方程式 (11.6) と回転運動の方程式 (11.20) で扱える．ただし，後者は原点周りの回転を扱う式であるため，固定軸をもつ剛体のように並進運動をしない運動には無理なく適用できるものの[†1]，剛体が並進運動をして原点との位置関係が動くような場合については，回転運動の直感的な把握には向かない．そのような場合は，回転運動の方程式を重心から見た形に変形しておく方がわかりやすくなる．重心から見た回転であれば，並進運動をしていても回転だけを切り離して考えることが容易になる．

14.1 重心から見た回転運動

剛体の重心 G（位置 $\vec{r}_G$）から見た量を $\bigcirc'$ と表すことにする．例えば，位置 $\vec{r}_i$ にある要素 i を重心から見た位置は $\vec{r}_i'$ である（図 14.1）．これは

$$\vec{r}_i' = \vec{r}_i - \vec{r}_G \quad (\vec{r}_i = \vec{r}_i' + \vec{r}_G) \quad [\mathrm{m}] \quad (14.1)$$

と書ける．また，重心から見た要素 i の角運動量は $\vec{l}_i'$ である．これは

$$\vec{l}_i' = \vec{r}_i' \times m_i \dot{\vec{r}}_i' \quad [\mathrm{kg \cdot m^2/s}] \quad (14.2)$$

と書ける．したがって，重心 G 周りの剛体の角運動量 $\vec{L}'$ は，

$$\vec{L}' = \sum_i \vec{l}_i' = \sum_i \vec{r}_i' \times m_i \dot{\vec{r}}_i' \quad [\mathrm{kg \cdot m^2/s}] \quad (14.3)$$

と書け，その時間微分は次のようになる．

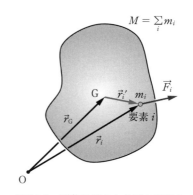

図 14.1 剛体の重心から見た要素 i

[†1] 例えば，固定軸を z 軸にすると，原点は常に回転軸上にあり，そこから見た回転運動は直感的にも想像しやすいだろう．

$$\vec{L'} = \sum_i (\underbrace{\dot{\vec{r_i'}} \times m_i \dot{\vec{r_i'}}}_{\vec{0}} + \vec{r_i'} \times m_i \ddot{\vec{r_i'}})$$

$$= \sum_i \vec{r_i'} \times m_i \ddot{\vec{r_i'}} \quad [\text{kg·m}^2/\text{s}^2] \tag{14.4}$$

さて，これらを使って回転運動の方程式 (11.20) を変形する．まず，(11.20) の左辺は

$$\dot{\vec{L}} = \sum_i \dot{\vec{l_i}} = \sum_i \frac{d}{dt}(\vec{r_i} \times m_i \dot{\vec{r_i}})$$

$$= \sum_i m_i (\underbrace{\dot{\vec{r_i}} \times \dot{\vec{r_i}}}_{\vec{0}} + \vec{r_i} \times \ddot{\vec{r_i}})$$

$$= \sum_i m_i \vec{r_i} \times \ddot{\vec{r_i}} \quad [\text{kg·m}^2/\text{s}^2] \tag{14.5}$$

となる．(11.18) では $m_i \ddot{\vec{r_i}}$ を $\vec{F_i}$ におきかえたが，その代わりに，ここでは $\vec{r_i}, \ddot{\vec{r_i}}$ に (14.1) を代入して，式を展開してみる．

$$\dot{\vec{L}} = \sum_i m_i (\vec{r_G} + \vec{r_i'}) \times (\ddot{\vec{r_G}} + \ddot{\vec{r_i'}})$$

$$= \sum_i m_i (\vec{r_G} \times \ddot{\vec{r_G}} + \vec{r_G} \times \ddot{\vec{r_i'}} + \vec{r_i'} \times \ddot{\vec{r_G}} + \vec{r_i'} \times \ddot{\vec{r_i'}})$$

$$= \underbrace{\sum_i m_i \vec{r_G}}_{M} \times \ddot{\vec{r_G}} + \vec{r_G} \times \underbrace{\sum_i m_i \ddot{\vec{r_i'}}}_{\vec{0}(*1)} + \underbrace{\sum_i m_i \vec{r_i'}}_{\vec{0}(*2)} \times \ddot{\vec{r_G}} + \sum_i m_i \vec{r_i'} \times \ddot{\vec{r_i'}}$$

$$= \vec{r_G} \times \underbrace{M \ddot{\vec{r_G}}}_{\vec{F}} + \underbrace{\sum_i \vec{r_i'} \times m_i \ddot{\vec{r_i'}}}_{\dot{\vec{L'}}} \quad [\text{kg·m}^2/\text{s}^2] \tag{14.6}$$

となる．途中 $*2$ の部分は，次のように加重平均の形に変形すれば $\vec{0}$ であることがわかる．

$$\sum_i m_i \vec{r_i'} = \sum_i m_i \underbrace{\frac{\sum_i m_i \vec{r_i'}}{\sum_i m_i}}_{\text{重心から見た（重心を原点とした）ときの重心}\,=\,\vec{0}} = \vec{0} \quad [\text{kg·m}] \tag{14.7}$$

$*1$ も同様に $\vec{0}$ になる．

(14.6) の最後の式の第 1 項には，剛体の重心の運動方程式 (11.6) が代入できる．さらに，第 2 項は (14.4) の $\dot{\vec{L'}}$ でおきかえられるので，最終的には

$$\dot{\vec{L}} = \underbrace{\vec{r_G} \times \vec{F}}_{(\text{イ})} + \underbrace{\dot{\vec{L'}}}_{(\text{ロ})} \quad [\text{kg·m}^2/\text{s}^2] \tag{14.8}$$

となる．この式は，原点周りの剛体の角運動量の時間微分 $\dot{\vec{L}}$ が

（イ）　重心に外力の合計 $\vec{F}$ が作用した場合の力のモーメント

（ロ）　重心周りの剛体の角運動量の時間微分 $\dot{\vec{L'}}$

の和になることを意味する．

次に，回転運動の方程式 (11.20) の右辺に (14.1) を代入して展開すると

$$\vec{N} = \sum_i \vec{N_i} = \sum_i \vec{r_i} \times \vec{F_i} = \sum_i (\vec{r_G} + \vec{r_i'}) \times \vec{F_i}$$

$$= \sum_i \vec{r_G} \times \vec{F_i} + \sum_i \vec{r_i'} \times \vec{F_i} = \vec{r_G} \times \sum_i \vec{F_i} + \sum_i \vec{r_i'} \times \vec{F_i}$$

$$= \vec{r_G} \times \vec{F} + \sum_i \vec{r_i'} \times \vec{F_i} \quad [\text{N·m}] \tag{14.9}$$

となる．最後の式の第 2 項は重心周りの力のモーメントの合計と見なせる．つまり，重心から見て $\vec{r_i'}$ にある要素 i に力 $\vec{F_i}$ が作用するとき，重心周りの力のモーメントを $\vec{N_i'}$，その合計を $\vec{N'}$ とすると

$$\vec{N'} = \sum_i \vec{N_i'} = \sum_i \vec{r_i'} \times \vec{F_i} \quad [\text{N·m}] \tag{14.10}$$

と書けるので，

$$\vec{N} = \vec{r}_G \times \vec{F} + \sum_i \vec{N_i'} = \underbrace{\vec{r}_G \times \vec{F}}_{(\Lambda)} + \underbrace{\vec{N'}}_{(\Xi)} \quad [\text{N·m}] \tag{14.11}$$

となる．これは，剛体に作用する力のモーメントが

(ハ)　重心に外力の合計が作用した場合の力のモーメント

(ニ)　重心周りの力のモーメントの合計

に分けて考えることができることを意味する．

　回転運動の方程式 (11.20) の左辺の結果 (14.8) と，右辺の結果 (14.11) は等しくなるが，どちらにも現れる共通項である (イ) と (ハ) を消去すると，重心周りの回転運動の方程式が得られる．

$$\dot{\vec{L}'} = \vec{N'} \tag{14.12}$$

この式と原点周りの回転運動の方程式 (11.20) との相違点は，回転の基準点を原点とするか重心とするかの違いである．原点が動かない定点であるのに対して，重心は定点とは限らず，重心が動いていても (14.12) は成立するのである．

　重心に着目した剛体の運動についての方程式をまとめると，

$$\begin{cases} 重心の運動方程式 & M\ddot{\vec{r}}_G = \vec{F}\left(= \sum_i \vec{F_i} \right) \quad [\text{N}] \\ 重心周りの回転運動の方程式 & \dot{\vec{L}'} = \vec{N'}\left(= \sum_i \vec{N_i'} \right) \quad [\text{N·m}] \end{cases} \tag{14.13}$$

である．剛体の運動は，重心の並進運動と重心周りの回転運動に分離できるのである．

14.2　重心から見た剛体の運動エネルギー

　固定軸をもつ剛体の回転の運動エネルギーは 12.3.1 項で扱った．ここでは，運動の形態によらず，剛体の運動エネルギーがどのように表せるかを考える．その際，重心から見た運動を意識してみる．

　原点から見た剛体の運動エネルギー K は，位置 $\vec{r_i}$ にある質量 m_i の要素 i がもつ運動エネルギー $K_i = (1/2)m_i\dot{\vec{r_i}}^2$ の合計である．それに (14.1) を代入すると，

$$\begin{aligned} K = \sum_i K_i &= \frac{1}{2} m_i \dot{\vec{r_i}}^2 = \sum_i \frac{1}{2} m_i (\dot{\vec{r}}_G + \dot{\vec{r_i'}})^2 \\ &= \sum_i \frac{1}{2} m_i (\dot{\vec{r}}_G + \dot{\vec{r_i'}}) \cdot (\dot{\vec{r}}_G + \dot{\vec{r_i'}}) \\ &= \sum_i \frac{1}{2} m_i (\dot{\vec{r}}_G^2 + 2\,\dot{\vec{r}}_G \cdot \dot{\vec{r_i'}} + \dot{\vec{r_i'}}^2) \\ &= \frac{1}{2} \underbrace{\sum_i m_i \dot{\vec{r}}_G^2}_{M} + \dot{\vec{r}}_G \cdot \underbrace{\sum_i m_i \dot{\vec{r_i'}}}_{\vec{0}(*2)} + \sum_i \underbrace{\frac{1}{2} m_i \dot{\vec{r_i'}}^2}_{K_i'(*3)} \\ &= \frac{1}{2} M \dot{\vec{r}}_G^2 + \sum_i K_i' \quad [\text{J}] \end{aligned} \tag{14.14}$$

となる．途中の *2 の部分は，加重平均を作れば $\vec{0}$ になることがわかる．

$$\sum_i m_i \dot{\vec{r_i'}} = \sum_i m_i \underbrace{\frac{\sum_i m_i \dot{\vec{r_i'}}}{\sum_i m_i}}_{重心から見た（重心を原点とした）ときの重心の速度 = \vec{0}} = \vec{0} \quad [\text{kg·m/s}] \tag{14.15}$$

また，途中の *3 の部分は，重心から見た要素 i の運動エネルギー $K_i' = (1/2)m_i\dot{\vec{r_i'}}^2$ であり，

その合計は，重心から見た回転による剛体の運動エネルギー K' となる．したがって，(14.14) は

$$K = \underbrace{\frac{1}{2}M\dot{\vec{r}}_G^2}_{(\text{ホ})} + \underbrace{K'}_{(\text{ヘ})} = K_G + K' \quad [\text{J}] \tag{14.16}$$

となる．

　このように，剛体の運動エネルギー K は，

(ホ)　あたかも重心に集中した全質量 M が速度 $\dot{\vec{r}}_G$ で並進運動したかのごとく考えた場合の運動エネルギー K_G

(ヘ)　重心から見た回転による運動エネルギー K'

に分離することができる．

14.3　剛体の力学的エネルギー

　前節で剛体の運動エネルギーを見直したが，これに 11.2.2 項で考えた剛体の重力に関する位置エネルギー $U(z_G)$ を加えると，剛体の力学的エネルギーとなる．実際，(14.16) に (11.14) を加えると

$$\begin{aligned} K + U &= K_G + K' + U(z_G) \\ &= \frac{1}{2}M\dot{\vec{r}}_G^2 + K' + Mg(z_G - z_0) \quad [\text{J}] \end{aligned} \tag{14.17}$$

となり，並進運動と重心周りの回転に関する運動エネルギー，そして位置エネルギーの和となる．もし，重心から見た運動が固定軸周りの回転と見なせるのであれば，その軸周りの慣性モーメントを I，回転角を θ とすると，(12.36) から $K' = (1/2)I\dot{\theta}^2$ となり，次のようになる．

$$K + U = \frac{1}{2}M\dot{\vec{r}}_G^2 + \frac{1}{2}I\dot{\theta}^2 + Mg(z_G - z_0) \quad [\text{J}] \tag{14.18}$$

　さて，この力学的エネルギーはどのようなときに保存するのであろうか．質点（と見なせる物体）の力学的エネルギーは，外力が作用しなければ保存する．逆に，例えば摩擦があると，摩擦力による負の仕事によって運動エネルギーが減少し，力学的エネルギーは保存しない．しかし，剛体の場合は摩擦があっても力学的エネルギーが保存することがある．剛体は，並進運動に加えて回転運動もするので，摩擦力による仕事が並進運動のエネルギーを減少させても，その分が回転運動のエネルギーとなることで散逸せずに保存する場合がある．これについては，次節の平面運動の例で確認することにする．

14.4　剛体の平面運動

　剛体の運動は，重心の並進運動と重心から見た回転運動に分けて扱えることがわかった．これを，平面運動をする剛体に適用してみよう．まずは，**剛体の平面運動を把握**しなければならない．質点の平面運動は説明するまでもないが，質点と違って剛体は平面に収まらない．剛体の平面運動とは，剛体のすべての点がある平面に平行に運動することをいう．その意味では，固定軸をもつ剛体の運動も平面運動であるが[†2]，回転軸が移動する平面運動もある．例えば，円柱が転がる場合などである．このように，剛体の平面運動は，一般には軸周りの回転運動と並進運動を合わせた運動である．

---

†2　固定軸をもつ剛体の各点は，軸に垂直な各面で運動する．

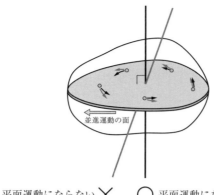

図 14.2 平面運動をする剛体の回転軸

剛体の平面運動が回転を伴う場合，図 14.2 のように，回転軸は運動が行われる平面に垂直である[†3]．そして，重心から見た運動として，重心を通る軸を固定軸と見なした回転運動を考えればよいことになる．

例題 14.1 天井から吊り下げた円板の下降

質量 M，半径 a の円板の外周に糸を巻きつけ，糸の他端を天井に固定した．円板に垂直で重心 G を通る軸周りの慣性モーメントを I とする．円板を鉛直面に平行にして糸が鉛直になるようにし，時刻 $t = 0$ に静かに放した．円板が下降するときの糸の張力 T を求めなさい．さらに，時刻 t における円板の重心 G の速度と位置を求めなさい（図 14.3）．

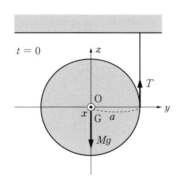

図 14.3 天井から吊り下げた円板

解 まず，座標を設定しよう．図 14.3 のように，$t = 0$ における円板の重心 G の位置を原点とし，円板に垂直で水平表向きの x 軸，円板に平行で水平右向きの y 軸，鉛直上向きの z 軸をとる．重心 G の位置を $\vec{r}_G$ とする．

次に，重心の運動方程式 $M\ddot{\vec{r}}_G = \vec{F}$ を立てる．円板に作用する力は，糸の張力と重力である[†4]．糸の張力 T は，円板外周の接線方向に鉛直上向きに作用する．重力は，その合計の Mg が円板の重心に鉛直下向きに作用すると考えればよい．したがって，運動方程式の各成分は

$$\begin{cases} M\ddot{x}_G = 0 \\ M\ddot{y}_G = 0 \quad [\mathrm{N}] \\ M\ddot{z}_G = T - Mg \end{cases} \quad (14.19)$$

[†3] 回転軸が平面に垂直でないとすると，剛体が回転することによって，各要素は運動を行うはずの平面（並進運動の面）から外れた動きをすることになる．
[†4] 空気抵抗と空気中での浮力は無視できるものとする．

となる．この運動方程式の x 成分と y 成分を t で積分すると，$\dot{x}_G = \text{const.}$ と $\dot{y}_G = \text{const.}$ が求まる．初速度がゼロなので $\dot{x}_G = 0$ と $\dot{y}_G = 0$ であり，さらに t で積分すると $x_G = \text{const.}$ と $y_G = \text{const.}$ が求まる．これらより，円板の重心は z 軸に沿って下降することがわかる．

次に，重心周りの回転運動の方程式 $\dot{\vec{L}'} = \vec{N}'$ を立てる．図14.4 のように重心は移動するが，重心を通る円板に垂直な軸（x' 軸とする[5]）について，固定軸周りの回転運動の方程式 (12.23) を立てればよい（ただし，z 成分を x' 成分で考え直す必要がある）．重心周りの円板の回転角を θ，重心周りの力のモーメントの合計を $\vec{N}'$，その x' 成分を $N'_{x'}$ とする．重心を通る x' 軸周りの慣性モーメントは I なので

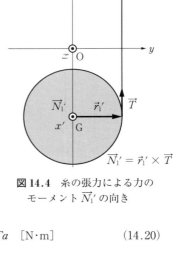

図 14.4 糸の張力による力のモーメント $\vec{N}'_1$ の向き

$$I\ddot{\theta} = N'_{x'} = \sum_{i=1}^{2} N'_{ix'}$$
$$= \underbrace{+Ta\sin\frac{\pi}{2}}_{i=1:張力による N'_{1x'}} + \underbrace{Mg\cdot 0}_{i=2:重力による N'_{2x'}} = Ta \quad [\text{N·m}] \quad (14.20)$$

となる．糸の張力による重心周りの力のモーメントの x' 成分（$N'_{1x'}$）は正である．力のモーメントの正負は，糸の張力が回転角 θ を正の方に変化させる向きであることからも，正であることがわかる．

さて，(14.19) の z 成分の式と (14.20) の 2 式が得られたが，それらの式中の未知数（未知変数と未知関数）は，$T, z_G(t), \theta(t)$ の 3 つである．これらを求めるには，式が 1 つ足りない．そこで，円板の運動を見直してみる．円板は下降運動をしながら，それに連動した回転運動も行う．したがって，z_G と θ は独立な値をとれない．重心の移動距離 z_G と回転角 θ には**拘束条件**（従属関係）があるはずである．$t=0$ で $\theta=0$, $z_G=0$ とすると，円板が θ だけ回転することで，円板に巻きついていた糸が θ に対応する円弧の長さ $a\theta$ だけほぐれ，円板は z_G だけ下降する．この関係を式で表すと

$$a\theta = -z_G \quad [\text{m}] \quad (14.21)$$

となる（図14.5）．ここで，円板が下降すると $z_G < 0$ となるので，右辺の負符号が必要であることに注意する．これを t で 2 回続けて微分すると

$$a\ddot{\theta} = -\ddot{z}_G \quad [\text{m/s}^2] \quad (14.22)$$

となる．これで式が 1 つ増えて 3 式となったので，未知数 3 つが求まるはずである．

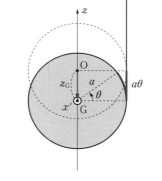

図 14.5 重心の下降 z_G と回転角 θ

まず T を求めるために，(14.19) の $\ddot{z}_G$ と (14.20) の $\ddot{\theta}$ をそれぞれ (14.22) に代入すると，

$$a\underbrace{\frac{Ta}{I}}_{\ddot{\theta}} = -\underbrace{\frac{T-Mg}{M}}_{\ddot{z}_G} \quad [\text{m/s}^2]$$

$$\frac{Ma^2}{I}T = -T + Mg \quad [\text{N}]$$

$$\left(\frac{Ma^2}{I} + 1\right)T = Mg \quad [\text{N}]$$

$$T = \frac{I}{Ma^2 + I}Mg \quad [\text{N}] \quad (14.23)$$

---

[5] x 軸は原点 O に固定されているが，x' 軸は x 軸に平行のまま重心 G と共に下降していく．

となる．これより T が定数であることがわかる．つまり，円板の下降中は糸の張力が変化しないのである．この結果を (14.19) の z 成分の式に代入して整理すると，

$$\ddot{z}_G = \frac{I}{Ma^2+I}g - g = -\frac{Ma^2}{Ma^2+I}g \quad [\text{m/s}^2] \tag{14.24}$$

となる．重力と張力が一定なので，加速度も一定になる．この両辺を t で積分すると，

$$\dot{z}_G = -\frac{Ma^2}{Ma^2+I}gt + c_1 \quad [\text{m/s}] \tag{14.25}$$

となるが，初速度 $\dot{z}_G(0) = 0$ より $c_1 = 0$ である．さらに t で積分すると，

$$z_G = -\frac{Ma^2}{2(Ma^2+I)}gt^2 + c_2 \quad [\text{m}] \tag{14.26}$$

となる．初期位置が原点なので，$z_G(0) = 0$ であることより $c_2 = 0$ である．

以上の結果を，重心 G の動きとして最後にまとめておく．

$$\begin{cases} \dot{z}_G = -\dfrac{Ma^2}{Ma^2+I}gt \left(= -\dfrac{2}{3}gt\right) \quad [\text{m/s}] \\ z_G = -\dfrac{Ma^2}{2(Ma^2+I)}gt^2 \left(= -\dfrac{1}{3}gt^2\right) \quad [\text{m}] \end{cases} \tag{14.27}$$

括弧内は，円板の慣性モーメント $I = (1/2)Ma^2$ を代入した結果である（質点の自由落下と比べてみよう）．◆

類題 14.1　斜面を転がる円柱

質量 M，半径 a の円柱を，その中心軸を水平にして，水平面と角度 α をなす摩擦のある斜面に置いて $t = 0$ に静かに放したところ，滑らずに転がりはじめた（図 14.6, 14.7）．円柱と斜面の間の摩擦力 R を求め，さらに，時刻 t における円柱の重心 G の速度と位置を求めなさい．斜面に平行で下る向きを x 軸とし，円柱の中心軸周りの慣性モーメントを I とする．

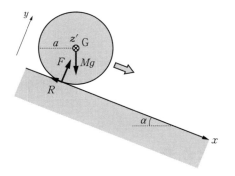

図 14.6 摩擦がある斜面を転がる円柱

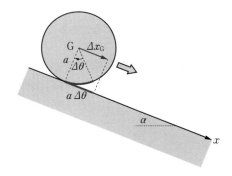

図 14.7 重心の移動 Δx_G と回転角 $\Delta\theta$

ところで，例題 14.1 の円板の力学的エネルギーを考えてみる．これは保存するだろうか．円板には糸の張力が外力として作用し，その向きは円板の下降とは逆向きなので，円板に対して負の仕事をすることになる．その結果，下降する円板が得る並進運動のエネルギーは，自由落下の場合に比べると少ない．しかし，糸の張力によって円板が回転し，回転の運動エネルギーが生じるため，実は力学的エネルギーは保存するのである．このことは，運動に関する方程式を力学的エネルギーに関する式に変形することで確かめることができる．

192   14. 重心から見た剛体の運動

例題 14.2 円板の力学的エネルギー保存

例題 14.1 の円板について，運動方程式と回転運動の方程式から，力学的エネルギーが保存することを示しなさい．

解　運動方程式 (14.19) の z 成分の式の両辺に a を掛けて，回転運動の方程式 (14.20) を引くと T が消えて，

$$Ma\ddot{z}_G - I\ddot{\theta} = -Mga \quad [\text{N·m}]$$
$$Ma\ddot{z}_G - I\ddot{\theta} + Mga = 0 \quad [\text{N·m}] \tag{14.28}$$

となる．この両辺に $\dot{\theta}$ を掛けて，(14.21) を時間 t で微分した $a\dot{\theta} = -\dot{z}_G$ を第 1 項と第 3 項に代入し，全体の符号を反転すると

$$Ma\dot{\theta}\ddot{z}_G - I\dot{\theta}\ddot{\theta} + Mga\dot{\theta} = 0 \quad [\text{N·m/s}]$$
$$M\dot{z}_G\ddot{z}_G + I\dot{\theta}\ddot{\theta} + Mg\dot{z}_G = 0 \quad [\text{N·m/s}] \tag{14.29}$$

となる．

ここで，第 7 章で使った (7.33) の小道具を思い出そう．

$$M\frac{d}{dt}\left(\frac{1}{2}\dot{z}_G{}^2\right) + I\frac{d}{dt}\left(\frac{1}{2}\dot{\theta}^2\right) + Mg\frac{d}{dt}z_G = 0 \quad [\text{N·m/s}]$$
$$\frac{d}{dt}\left(\frac{1}{2}M\dot{z}_G{}^2 + \frac{1}{2}I\dot{\theta}^2 + Mgz_G\right) = 0 \quad [\text{J/s}] \tag{14.30}$$

両辺を t で積分すると，力学的エネルギー保存を表す式が得られる．

$$\frac{1}{2}M\dot{z}_G{}^2 + \frac{1}{2}I\dot{\theta}^2 + Mgz_G = \text{const.} \quad [\text{J}] \tag{14.31}$$

ただし，位置エネルギーの基準点は原点である．さらに，この問題は初期条件がわかっていて，初速度 $\dot{z}_G(0) = 0$，初期角速度 $\dot{\theta}(0) = 0$，初期位置 $z_G(0) = 0$ である．これらを代入すると

$$\frac{1}{2}M\cdot0^2 + \frac{1}{2}I\cdot0^2 + Mg\cdot0 = \text{const.} \quad [\text{J}] \tag{14.32}$$

となり，積分定数が const. $= 0$ であることまで求まる．◆

類題 14.2 斜面を転がる円柱の力学的エネルギー保存

類題 14.1 の円柱について，運動方程式と回転運動の方程式から，力学的エネルギーが保存することを示しなさい．

● 第 14 章のまとめ ●

- 剛体の運動は，重心の並進運動と重心周りの回転運動に分離でき，それぞれ次の方程式が成り立つ．

$$\begin{cases} \text{重心の運動方程式} \qquad M\ddot{\vec{r}}_G = \vec{F}\left(= \sum_i \vec{F}_i\right) \\ \text{重心周りの回転運動の方程式} \quad \dot{\vec{L}}' = \vec{N}'\left(= \sum_i \vec{N}_i'\right) \end{cases}$$

- 剛体の運動エネルギー K は，全質量 M が重心に集中したと考えたときの並進運動の運動エネルギー $K_G = (1/2)M\dot{\vec{r}}_G{}^2$ と，重心から見た回転による運動エネルギー K' に分離できる．

$$K = K_G + K' = \frac{1}{2}M\dot{\vec{r}}_G{}^2 + K'$$

- これに，全質量が重心に集中した質点と考えたときの位置エネルギー $U(z_G)$ を加えたものが，剛体の力学的エネルギーである．

$$K + U = K_G + K' + U(z_G) = \frac{1}{2}M\dot{\vec{r}}_G^2 + K' + Mg(z_G - z_0)$$

- 平面運動をする剛体を扱うには，重心の運動方程式と，運動が行われる平面に垂直な，重心を通る軸を固定軸とする回転運動の方程式を立てる．
- 平面運動をする剛体の運動に関する方程式と拘束条件を合わせると，力学的エネルギー保存の式が導ける．

──────────── 章 末 問 題 ────────────

[14.1] 質量 M，半径 a の円柱が摩擦のある水平面上を滑らずに転がっている．円柱と水平面の間の摩擦力の大きさ R を求めなさい． `14.1節`, `14.4節`

[14.2] 摩擦のある水平面上に，質量 M，半径 a の円柱が静止していた．円柱の中心軸を一定の力 F_0 で水平に，中心軸に垂直な方向に引いたところ，円柱は転がりはじめ，その後も滑らずに転がり続けた．円柱の中心軸周りの慣性モーメントを I とする．
(a) 円柱と水平面の間の摩擦力 R を求めなさい．
(b) 円柱の重心 G の速度を求めなさい．
`14.1節`, `14.4節`

[14.3] 例題 14.1 の円板がある時間の間に下降する距離は，同じ時間の間に円板と同じ質量の質点が自由落下する場合の距離の何倍になるか求めなさい． `14.1節`, `14.4節`

[14.4] 例題 14.1 で，$I = (1/2)Ma^2$ として，円板が距離 h だけ下降したとき，
(a) 円板の重心の並進運動による運動エネルギー K_G を求めなさい．
(b) 円板の回転による運動エネルギー K' を求めなさい．
`14.2節`, `14.3節`, `14.4節`

[14.5] 例題 14.1 に関して，さらに $\dot{\theta}(t)$ を求め，(14.18) に $\dot{z}_G(t)$, $\dot{\theta}(t)$, $z_G(t)$ を代入して，力学的エネルギーが保存することを示しなさい．ただし，I はそのまま使うこと．
`14.2節`, `14.3節`, `14.4節`

[14.6] 水平面と角度 α をなす摩擦のある斜面を，質量 M，半径 a の円柱が，中心軸を水平にして滑らずに転がりながら上っている．ある位置での斜面に沿った円柱の速さが v_0 のとき，そこから円柱が止まる位置までの高さを求めなさい．ただし，円柱の中心軸周りの慣性モーメントを I とする．
`14.2節`, `14.3節`, `14.4節`

[14.7]* 質量 M，半径 a，中心軸周りの慣性モーメント I の球が，半径 $r + a$ の半球面の内側の底に置いてある．球が半球面から飛び出すために，はじめに与えなければならない水平方向の速さ v_0 と角速度 ω_0 の条件を求めなさい．ただし，球は滑らずに半球面の内側を転がるものとする．
`14.2節`, `14.3節`, `14.4節`

[14.8] 摩擦のある水平面上に，質量 M，半径 a の円柱が静止していた．円柱の中心軸を，位置によって変化する力 F で水平に中心軸に垂直な方向に引いたところ，円柱は滑らずに転がりはじめた．円柱の重心の速さが v_1 になるまでに，力 F がする仕事を求めなさい．ただし，円柱の中心軸周りの慣性モーメントを I とする． `14.2節`, `14.3節`, `14.4節`

[14.9] 中身が水の円筒形のペットボトルと，中身が氷の円筒形のペットボトルを横倒しにして斜面を転がすと，どちらが速く転がり落ちるかを答えなさい． `14.2節`, `14.3節`, `14.4節`

15. 見かけの力

【学習目標】
・座標系には慣性系や加速度系（非慣性系）があることを理解する．
・非慣性系での運動方程式に現れる見かけの力を理解する．

【キーワード】
ガリレイ変換，ガリレイの相対性原理，非慣性系，加速度系，慣性力，回転座標系，遠心力，コリオリ力，オイラー力

◆ 非慣性系 ◆

電車や自動車に乗っていると，発車時に後ろにのけぞったり，停車時に前のめりになったりする．また，カーブでは外向きに振られる．これらに共通しているのは，電車や自動車が加速度運動をしていることである．そして，その中にいると力がはたらくように感じる．このことから，加速度運動をしている座標系では，慣性系で成り立つ運動方程式が成り立たないことがわかる．このような座標系を**非慣性系**という．本章では，非慣性系のときに現れる見かけの力を扱う．

15.1 並進加速度系

慣性系である座標系 S から見て並進運動をしている，座標系 S′ を考えてみる．時刻 $t = 0$ では，座標系 S, S′ は重なっているとする．そして，時刻 t において，座標系 S の原点 O から見た座標系 S′ の原点 O′ の位置を $\vec{R}(t)$ とする．このとき，座標系 S, S′ から見た物体の位置ベクトルをそれぞれ $\vec{r}(t), \vec{r}'(t)$ とすると，図 15.1 のように

$$\vec{r}' = \vec{r} - \vec{R} \quad [\text{m}] \quad (15.1)$$

となる（「(t)」は省いた）．また，物体には外力 $\vec{F}$ が作用しているとする．$\vec{F}$ はどちらの座標系から見ても同じである[†1]．

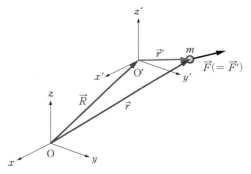

図 15.1 並進運動をしている座標系

さて，座標系 S における質量 m の物体の運動方程式は

$$m\ddot{\vec{r}} = \vec{F} \quad [\text{N}] \quad (15.2)$$

である．これに (15.1) を変形した $\vec{r} = \vec{r}' + \vec{R}$ を代入すると

$$m(\ddot{\vec{r}}' + \ddot{\vec{R}}) = \vec{F} \quad [\text{N}]$$

$$\boxed{m\ddot{\vec{r}}' = \vec{F} - m\ddot{\vec{R}} \quad [\text{N}]} \quad (15.3)$$

となる．$\ddot{\vec{r}}'(t)$ は座標系 S′ から見た物体の加速度なので，座標系 S′ での運動方程式が得られ

[†1] 座標系 S, S′ から見た外力をそれぞれ $\vec{F}, \vec{F}'$ とすると，$\vec{F} = \vec{F}'$ である．

た，といいたいところであるが，最後の $-m\ddot{\vec{R}}$ が余分である．ここで，$\ddot{\vec{R}}$ は座標系 S から見た座標系 S′ の加速度であるので，座標系 S′ の動き方で場合分けをすることにしよう．

まず，座標系 S に対して座標系 S′ が静止している場合を考える．座標系同士の相対位置は変化しないので，$\vec{R} = \mathrm{const.}$ と書ける．その結果，加速度は $\ddot{\vec{R}} = \vec{0}$ となり，運動方程式 (15.3) は

$$m\ddot{\vec{r}}' = \vec{F} \quad [\mathrm{N}] \tag{15.4}$$

となる．これは，座標系 S の運動方程式と同じである．この場合，座標系 S, S′ は分けて考えるまでもなく，同じ座標系 S の異なる点（O と O′）から物体を見ているだけなので，当然の結果といえる．

次に，座標系 S に対して座標系 S′ が速度 $\vec{V_0}$ で等速度運動をしている場合を考える．このとき $\dot{\vec{R}} = \vec{V_0}$ であるが，$\vec{V_0}$ は定ベクトルなので $\ddot{\vec{R}}(t) = \vec{0}$ となり，またしても運動方程式 (15.3) は

$$m\ddot{\vec{r}}' = \vec{F} \quad [\mathrm{N}] \tag{15.5}$$

となる．座標系 S と同じ運動方程式が成り立つことから，座標系 S′ も慣性系であることがわかる．このように，ある慣性系から見て，等速度運動をしている座標系はすべて慣性系である．

ここで，座標系 S′ の速度 $\dot{\vec{R}} = \vec{V_0}$ を t で積分すると $\vec{R}(t) = \vec{V_0}t$ である（初期条件 $\vec{R}(0) = \vec{0}$ も使った）．これを (15.1) に代入した式と，座標系 S, S′ におけるそれぞれの時刻 t, t' が等しいと考えた場合[†2]の座標変換は，

$$\begin{cases} \vec{r}' = \vec{r} - \vec{V_0}t & [\mathrm{m}] \\ t' = t & [\mathrm{s}] \end{cases} \tag{15.6}$$

となり，これを**ガリレイ変換**という[†3]．慣性系ではガリレイ変換によって運動方程式が変化しない．このように，慣性系でニュートン力学の法則が不変に保たれることを**ガリレイの相対性原理**とよぶ[†4]．

最後に，座標系 S に対して座標系 S′ が加速度運動をしている場合を考える．座標系 S から見た座標系 S′ の速度は変化することから $\dot{\vec{R}} \neq \mathrm{const.}$ であり，加速度が $\ddot{\vec{R}} \neq 0$ となるため，運動方程式 (15.3) の「余分な」項である $-m\ddot{\vec{R}}$ は消えない．このため，座標系 S′ では運動方程式が成り立たない．座標系 S′ は，慣性系ではなく**非慣性系**であり，並進的に加速することから並進加速度系ともいえる．

さて，力の次元をもつこの $-m\ddot{\vec{R}}$ は何だろうか．これは，乗っている電車が前向きに加速すると体が後向きに引かれる感覚，すなわち加速度と逆向きの力を受ける感覚に対応する．ただし，これは本当の力を受けているのではない．電車が加速して速度が増しても，それに乗っている人は，慣性の法則に従って加速前の速度で進み続けようとする．その結果，電車と人に速度の差が生じ，電車に対して人が遅れるだけで，力を受けているわけではない．このように，慣性によって人や物体が力を受けるように見えることから，$-m\ddot{\vec{R}}$ を**慣性力**とよぶ．加速度 $\ddot{\vec{R}}$ の運動をする並進加速度系では，質量 m の物体に慣性力という**見かけの力** $-m\ddot{\vec{R}}$ が作用すると解釈することで，(15.3) が並進加速度系での運動方程式として使えるようになる．

[†2] アインシュタインの**特殊相対性理論**より，座標系 S から見た座標系 S′ の速さが光速に近づくと，時刻 t, t' は等しいとはみなせなくなる．

[†3] $\vec{V_0} = (V_0, 0, 0)$ とする場合が多い．座標系 S の x 方向に座標系 S′ が等速度で運動している場合である．

[†4] 座標系の変換に対して物理学の法則が不変な形を保つ原理を**相対性原理**とよぶ．ガリレイの相対性原理の他には，アインシュタインの**相対性理論**がある．

例題 15.1 加速度運動をしている電車内の物体

加速度 a で走行している電車内で、糸に吊された質量 m の物体が静止している（図 15.2）。糸の張力 T の大きさを求めなさい。

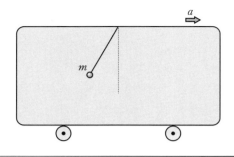

図 15.2 加速度運動をしている電車内の物体

解 まず、電車内に、電車の進む向きの x' 軸と上向きの z' 軸をとる。電車内の座標は加速度系である。そこで、物体に慣性力 $-ma$ が x' 方向に作用していると考えて運動方程式を立てると

$$\begin{cases} m\ddot{x}' = T\sin\theta - ma & [\text{N}] \\ (m\ddot{y}' = 0 & [\text{N}]) \\ m\ddot{z}' = T\cos\theta - mg & [\text{N}] \end{cases} \quad (15.7)$$

となる。ここで、糸が鉛直方向となす角を θ とした（図 15.3）。

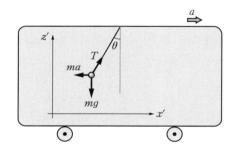

図 15.3 電車内の座標系（加速度系）

電車内の座標系で見ると物体が静止しているので、速度は $\dot{x}' = 0$, $\dot{z}' = 0$ となる。さらに t で微分すると、加速度も $\ddot{x}' = 0$, $\ddot{z}' = 0$ となる。これらを (15.7) に代入すると

$$\begin{cases} T\sin\theta = ma & [\text{N}] \\ T\cos\theta = mg & [\text{N}] \end{cases} \quad (15.8)$$

となる。それぞれの両辺を自乗して和をとると、θ が消えて T が求まる。

$$T^2(\sin^2\theta + \cos^2\theta) = (ma)^2 + (mg)^2 \quad [\text{N}^2] \quad (15.9)$$

$$T = m\sqrt{a^2 + g^2} \quad [\text{N}] \quad (15.10)$$

◆

類題 15.1 加速度運動をしている電車内の物体（続き）

例題 15.1 で、電車の加速度の大きさが $a = g/\sqrt{3}$ のとき、糸が鉛直方向となす角 θ を求めなさい。

15.2 回転座標系

慣性系である座標系 S から見て回転運動をする座標系 S' を考える。時刻 $t = 0$ で重なっていた両座標系は、その後も原点は共有したまま、座標系 S' が座標系 S から見て角速度 $\vec{\omega}$ で回転しているとする（図 15.4）。このとき、座標系 S の x, y, z 軸の正の向きの単位ベクトルをそ

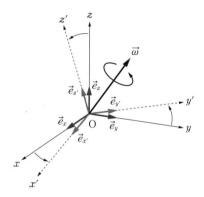
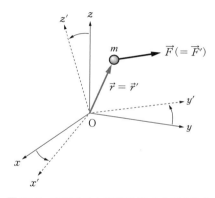

図15.4 座標系Sから見て$\vec{\omega}$の周りに回転する座標系S′

図15.5 座標系Sと座標系S′から見た物体

れぞれ$\vec{e}_x, \vec{e}_y, \vec{e}_z$とし，座標系S′の$x', y', z'$軸の正の向きの単位ベクトルをそれぞれ$\vec{e}_{x'}, \vec{e}_{y'}, \vec{e}_{z'}$とする．$\vec{e}_x, \vec{e}_y, \vec{e}_z$が定ベクトルなのに対して，$\vec{e}_{x'}, \vec{e}_{y'}, \vec{e}_{z'}$は座標系S′の回転と共に$\vec{\omega}$の周りに回転して向きが変化する[†5]．

さて，座標系Sから見ると位置$\vec{r}$に，座標系S′から見ると位置$\vec{r}'$にある質量mの物体の運動を考える（図15.5）．まず，$\vec{r}$と$\vec{r}'$は共通の原点から同じ物体を指す位置ベクトルなので

$$\vec{r} = \vec{r}' \ [\mathrm{m}] \tag{15.11}$$

である．これを成分で表示すると，

$$\vec{r} = \begin{pmatrix} x \\ y \\ z \end{pmatrix}_S = \begin{pmatrix} x' \\ y' \\ z' \end{pmatrix}_{S'} = \vec{r}' \ [\mathrm{m}] \tag{15.12}$$

である．座標軸が異なるので各成分は異なる（$x \neq x'$, $y \neq y'$, $z \neq z'$）．ベクトルとしては等しいのに各成分は等しくない．これでは混乱するかもしれない．さらに，実際には成分表示に座標系の添え字をつけることは少ない．したがって，どの座標系で見た成分表示なのかは自ら意識する必要がある．この混乱を避けるには，各座標軸の単位ベクトルで成分を表す方法がある．

$$\vec{r} = x\vec{e}_x + y\vec{e}_y + z\vec{e}_z \ [\mathrm{m}] \tag{15.13}$$
$$\vec{r}' = x'\vec{e}_{x'} + y'\vec{e}_{y'} + z'\vec{e}_{z'} \ [\mathrm{m}] \tag{15.14}$$

このように書けば，どの座標系を使っているのかが明確になる．$\vec{r} = \vec{r}'$を満たすように，$\vec{e}_{x'}, \vec{e}_{y'}, \vec{e}_{z'}$の変化に合わせて，$x', y', z'$の値が$x, y, z$の値とは異なる組合せに変化するのである．$\vec{r}$と$\vec{r}'$は等しいのに，各成分は等しくない理由が理解できたであろうか．

次に，座標系Sから見た$\vec{e}_{x'}, \vec{e}_{y'}, \vec{e}_{z'}$の速度[†6]を角速度$\vec{\omega}$で表しておく．(12.1)より，

$$\begin{cases} \dot{\vec{e}}_{x'} = \vec{\omega} \times \vec{e}_{x'} \\ \dot{\vec{e}}_{y'} = \vec{\omega} \times \vec{e}_{y'} \\ \dot{\vec{e}}_{z'} = \vec{\omega} \times \vec{e}_{z'} \end{cases} \ [\mathrm{m/s}] \tag{15.15}$$

となる（図15.6）．これで，物体の運動が回転系ではどのように見えるのかを調べる準備が整った．

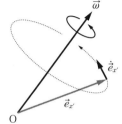

図15.6 座標系S′の単位ベクトル$\vec{e}_{x'}$の速度$\dot{\vec{e}}_{x'}$

[†5] 時間変化することを意識するときは，$\vec{e}_{x'}(t), \vec{e}_{y'}(t), \vec{e}_{z'}(t)$と書けば丁寧である．

[†6] ここでは，各単位ベクトルの先端（終点）の速度を指す．

はじめに，回転する座標系 S' で物体の速度がどのように見えるかを求める．$\vec{r}$ と $\vec{r}'$ が等しいので，その時間微分である $\dot{\vec{r}}$ と $\dot{\vec{r}'}$ も等しい．そこで，(15.14) の両辺を時間微分すると

$$\begin{aligned}(\dot{\vec{r}}=)\dot{\vec{r}'} &= \frac{d}{dt}(x'\vec{e}_{x'}+y'\vec{e}_{y'}+z'\vec{e}_{z'}) \\ &= \dot{x}'\vec{e}_{x'}+x'\dot{\vec{e}}_{x'}+\dot{y}'\vec{e}_{y'}+y'\dot{\vec{e}}_{y'}+\dot{z}'\vec{e}_{z'}+z'\dot{\vec{e}}_{z'} \\ &= \underbrace{\dot{x}'\vec{e}_{x'}+\dot{y}'\vec{e}_{y'}+\dot{z}'\vec{e}_{z'}}_{\vec{v}'}+x'\dot{\vec{e}}_{x'}+y'\dot{\vec{e}}_{y'}+z'\dot{\vec{e}}_{z'}\quad[\mathrm{m/s}]\end{aligned}\quad(15.16)$$

となる．成分（x' など）と単位ベクトル（$\vec{e}_{x'}$ など）の積については，単位ベクトルも時間変化をするので，積の微分をしなければならない．ここで，$\vec{r}$ と $\vec{r}'$ が等しいことから，$\dot{\vec{r}}$ と $\dot{\vec{r}'}$ は同じものであり，$\dot{\vec{r}'}$ が座標系 S' から見た速度 $\vec{v}'$ ではないことに注意しよう．

座標系 S' から見た速度を知るには，x', y', z' 軸で測った物体の位置 (x', y', z') が，どのような時間変化をするのかを見ることになる．つまり，これらを時間微分した $(\dot{x}', \dot{y}', \dot{z}')$ を見るのである．これが $\vec{v}'$ であり，その成分を $\vec{e}_{x'}, \vec{e}_{y'}, \vec{e}_{z'}$ を使って表すと

$$\vec{v}' = \dot{x}'\vec{e}_{x'}+\dot{y}'\vec{e}_{y'}+\dot{z}'\vec{e}_{z'}\quad[\mathrm{m/s}]\quad(15.17)$$

である．これと (15.15) を (15.16) に代入して式変形を続けると

$$\begin{aligned}\dot{\vec{r}'} &= \vec{v}'+x'\vec{\omega}\times\vec{e}_{x'}+y'\vec{\omega}\times\vec{e}_{y'}+z'\vec{\omega}\times\vec{e}_{z'} \\ &= \vec{v}'+\vec{\omega}\times\underline{(x'\vec{e}_{x'}+y'\vec{e}_{y'}+z'\vec{e}_{z'})} \\ &= \vec{v}'+\vec{\omega}\times\vec{r}'\quad[\mathrm{m/s}]\end{aligned}\quad(15.18)$$

となる．最後の式変形（波の下線部）では (15.14) を使った．

加速度を求める前に，この結果を吟味する．$\vec{r}$ と $\vec{r}'$ は等しいので，その時間微分である $\dot{\vec{r}}$ と $\dot{\vec{r}'}$ も等しい．そこで，$\vec{r}'$ を $\vec{r}$ で，$\dot{\vec{r}'}$ を $\dot{\vec{r}}=\vec{v}$ でおきかえると，

$$\boxed{\vec{v}' = \vec{v}-\vec{\omega}\times\vec{r}\quad[\mathrm{m/s}]}\quad(15.19)$$

となる．回転している座標系 S' から見た物体の速度 $\vec{v}'$ は，慣性系である座標系 S から見た物体の速度 $\vec{v}$ に $-\vec{\omega}\times\vec{r}$ を加えたものになっている．もし物体が角速度 $\vec{\omega}$ で回転していたら，$\vec{\omega}\times\vec{r}$ は物体の速度であるが，ここでは座標系 S' の方が回転しているので，そこから見た物体は相対的に $-\vec{\omega}\times\vec{r}$ の速度をもっているように見える．その見かけの速度を物体の速度 $\vec{v}$ に加えると，座標系 S' から見た物体の速度 $\vec{v}'$ になるのである．例として図 15.7 に，座標系 S' が座標 S の z 軸の周りに原点を共有したまま回転しているときの xy 平面上の物体の速度を図示した．

さて，話を戻して加速度を求める．(15.18) の両辺を時間微分すると

$$\ddot{\vec{r}'} = \dot{\vec{v}'}+\frac{d}{dt}(\vec{\omega}\times\vec{r}') = \underline{\dot{\vec{v}'}}+\underline{\dot{\vec{\omega}}\times\vec{r}'}+\vec{\omega}\times\dot{\vec{r}'}\quad[\mathrm{m/s^2}]\quad(15.20)$$

となる．最後の式の第 1 項と第 2 項（波の下線部）は，まだ変形できる．まず，第 1 項は (15.17)

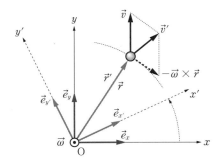

図 15.7 座標系 S, S' から見た速度の関係

の時間微分である.

$$\dot{\vec{v}}' = \frac{d}{dt}(\dot{x}'\vec{e}_{x'} + \dot{y}'\vec{e}_{y'} + \dot{z}'\vec{e}_{z'})$$

$$= \ddot{x}'\vec{e}_{x'} + \dot{x}'\dot{\vec{e}}_{x'} + \ddot{y}'\vec{e}_{y'} + \dot{y}'\dot{\vec{e}}_{y'} + \ddot{z}'\vec{e}_{z'} + \dot{z}'\dot{\vec{e}}_{z'}$$

$$= \underbrace{\ddot{x}'\vec{e}_{x'} + \ddot{y}'\vec{e}_{y'} + \ddot{z}'\vec{e}_{z'}}_{\vec{a}'} + \dot{x}'\dot{\vec{e}}_{x'} + \dot{y}'\dot{\vec{e}}_{y'} + \dot{z}'\dot{\vec{e}}_{z'} \quad [\mathrm{m/s^2}] \tag{15.21}$$

ここで,$\dot{\vec{v}}'$ が座標系 S$'$ から見た加速度 $\vec{a}'$ ではないことに注意しよう.

座標系 S$'$ から見た加速度を知るには,x', y', z' 軸で測った物体の速度 $(\dot{x}', \dot{y}', \dot{z}')$ が,どのような時間変化をするのかを見ることになる.つまり,これをさらに時間微分した $(\ddot{x}', \ddot{y}', \ddot{z}')$ を見るのである.これが $\vec{a}'$ であり,その成分を $\vec{e}_{x'}, \vec{e}_{y'}, \vec{e}_{z'}$ を使って表すと

$$\vec{a}' = \ddot{x}'\vec{e}_{x'} + \ddot{y}'\vec{e}_{y'} + \ddot{z}'\vec{e}_{z'} \quad [\mathrm{m/s^2}] \tag{15.22}$$

である.これと (15.15) を (15.21) に代入して式変形を続けると

$$\dot{\vec{v}}' = \vec{a}' + \dot{x}'\vec{\omega} \times \vec{e}_{x'} + \dot{y}'\vec{\omega} \times \vec{e}_{y'} + \dot{z}'\vec{\omega} \times \vec{e}_{z'}$$

$$= \vec{a}' + \vec{\omega} \times (\dot{x}'\vec{e}_{x'} + \dot{y}'\vec{e}_{y'} + \dot{z}'\vec{e}_{z'})$$

$$= \vec{a}' + \vec{\omega} \times \vec{v}' \quad [\mathrm{m/s^2}] \tag{15.23}$$

となる.最後の式変形(波の下線部)では (15.17) を使った.また,(15.20) の第 2 項には (15.18) が代入できる.

$$\vec{\omega} \times \dot{\vec{r}}' = \vec{\omega} \times (\vec{v}' + \vec{\omega} \times \vec{r}')$$

$$= \vec{\omega} \times \vec{v}' + \vec{\omega} \times (\vec{\omega} \times \vec{r}') \quad [\mathrm{m/s^2}] \tag{15.24}$$

ここで,(15.20) に戻って,(15.23) と (15.24) を代入すると $\ddot{\vec{r}}$ が求まる.そして,$\vec{r}$ と $\vec{r}'$ が等しいので,それらを時間 t で 2 回続けて微分した $\ddot{\vec{r}}$ と $\ddot{\vec{r}}'$ も等しくなり,結局は,次式のように座標系 S での物体の加速度 $\ddot{\vec{r}}$ を,座標系 S$'$ から見た位置 $\vec{r}'$,速度 $\vec{v}'$,加速度 $\vec{a}'$ で表せたことになる.

$$\ddot{\vec{r}} = \ddot{\vec{r}}' = \vec{a}' + 2\vec{\omega} \times \vec{v}' + \vec{\omega} \times (\vec{\omega} \times \vec{r}') + \dot{\vec{\omega}} \times \vec{r}' \quad [\mathrm{m/s^2}] \tag{15.25}$$

これを慣性系である座標系 S における物体の運動方程式に代入するのだが,座標系 S で物体に作用する外力を $\vec{F}$ としよう.これを座標系 S$'$ から見たものを $\vec{F}'$ とすると,$\vec{F} = \vec{F}'$ である.ただし,成分が異なることは,単位ベクトルで表すと明確になるだろう.

$$\vec{F} = F_x\vec{e}_x + F_y\vec{e}_y + F_z\vec{e}_z \quad [\mathrm{N}] \tag{15.26}$$

$$\vec{F}' = F_{x'}\vec{e}_{x'} + F_{y'}\vec{e}_{y'} + F_{z'}\vec{e}_{z'} \quad [\mathrm{N}] \tag{15.27}$$

さて,座標系 S における物体の運動方程式は

$$m\ddot{\vec{r}} = \vec{F} \quad [\mathrm{N}] \tag{15.28}$$

である.これに (15.25) を代入する.

$$m\vec{a}' + 2m\vec{\omega} \times \vec{v}' + m\vec{\omega} \times (\vec{\omega} \times \vec{r}') + m\dot{\vec{\omega}} \times \vec{r}' = \vec{F} \tag{15.29}$$

これより,回転座標系 S$'$ における運動方程式は

$$\boxed{m\vec{a}' = \vec{F} \underbrace{- 2m\vec{\omega} \times \vec{v}'}_{\text{コリオリ力}} \underbrace{- m\vec{\omega} \times (\vec{\omega} \times \vec{r}')}_{\text{遠心力}} \underbrace{- m\dot{\vec{\omega}} \times \vec{r}'}_{\text{オイラー力}} \quad [\mathrm{kg \cdot m/s^2}]} \tag{15.30}$$

となる.この右辺には,外力 $\vec{F}$ の他に 3 つの項が現れた.1 つ目の $-2m\vec{\omega} \times \vec{v}'$ は**コリオリ力**,2 つ目の $-m\vec{\omega} \times (\vec{\omega} \times \vec{r}')$ は**遠心力**,3 つ目の $-m\dot{\vec{\omega}} \times \vec{r}'$ は**オイラー力**とよばれ,いずれも見かけの力である.これらを力と見なせば,非慣性系である回転座標系でも運動方程式が成り立つことになる.

例として,座標系 S$'$ が z 軸周りに回転しているとき,xy 平面上の物体に作用する見かけの

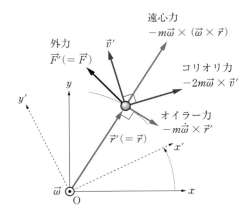

図 15.8 座標系 S′ における見かけの力

力を図 15.8 に示した．コリオリ力は，座標系 S′ から見た物体の速度 $\vec{v}'$ に垂直になる．遠心力は，位置ベクトル $\vec{r}'$ と同じ向きになる．この例では，$\vec{\omega}$ と $\vec{r}$ が垂直，さらに $\vec{\omega}$ と $\vec{\omega}\times\vec{r}$ が垂直なので

$$|\vec{\omega}\times(\vec{\omega}\times\vec{r})| = |\vec{\omega}||\vec{\omega}\times\vec{r}|\sin\frac{\pi}{2}$$

$$= |\vec{\omega}|\left(|\vec{\omega}||\vec{r}|\sin\frac{\pi}{2}\right)\sin\frac{\pi}{2} = r\omega^2 \quad [\mathrm{m/s^2}] \quad (15.31)$$

となる．これは，質量 m を掛けると遠心力になるので，遠心力によって生じる加速度と見なせる．それが半径 r の等速円運動をする物体の加速度[†7]に等しいことがわかる．ただし，向きは逆である．この例では，オイラー力は位置ベクトル $\vec{r}'$ に垂直になる．図には角速度 $\vec{\omega}$ の大きさが増加する場合のオイラー力を示しているが，減少する場合は逆向きである[†8]．角速度が一定の場合は $\dot{\vec{\omega}} = \vec{0}$ なので，オイラー力はゼロになる．

例題 15.2 メリーゴーランド上での物体の速さと見かけの力

半径 r のメリーゴーランドが一定の角速度で回転している．メリーゴーランド上の x' 軸の方向に，中心を目がけて外から速さ v で水平に質量 m のボールを投げ入れた．その様子をメリーゴーランド上で見ていると，ボールを投げ入れた瞬間の速度と x' 軸のなす角は θ であった（図 15.9）．メリーゴーランドの角速度，メリーゴーランド上で見た遠心力とコリオリ力，そしてオイラー力の大きさを求めなさい．

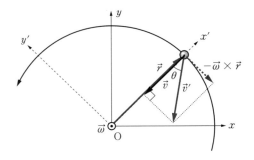

図 15.9 メリーゴーランドから見たボール

---

†7 第 3 章の例題 3.5 と例題 3.6 で扱った．
†8 z 軸に対する $\dot{\vec{\omega}}$ の向きは，角速度 $\vec{\omega}$ が増す場合は正，減る場合は負である．

解 外から見たボールの速度を $\vec{v}$, メリーゴーランド上で見た速度を $\vec{v'}$ とすると，ボールを投げ入れた瞬間の $\vec{v}$ は x' 軸の方向なので，$\vec{v}$ と x' 軸のなす角が θ ということは，$\vec{v}$ と $\vec{v'}$ のなす角が θ である．(15.19) を図示した図 15.9 を見ると，$\vec{v}$ と $-\vec{\omega} \times \vec{r}$ の関係から角速度が求まる．

$$|\vec{v}| \tan \theta = |-\vec{\omega} \times \vec{r}| \quad [\text{m/s}]$$

$$v \tan \theta = \omega r \sin \frac{\pi}{2} = r\omega \quad [\text{m/s}]$$

$$\omega = \frac{v \tan \theta}{r} \quad [\text{s}^{-1}] \tag{15.32}$$

また，図を見ると $\vec{v}$ と $\vec{v'}$ の関係も求まる．

$$|\vec{v}| = |\vec{v'}| \cos \theta \quad [\text{m/s}]$$

$$v' = \frac{v}{\cos \theta} \quad [\text{m/s}] \tag{15.33}$$

遠心力の大きさは，座標系 S' が z 軸周りに回転しているときの (15.31) が使える．質量 m を掛けて，求めた角速度 ω を代入すればよい．

$$|-m\vec{\omega} \times (\vec{\omega} \times \vec{r})| = mr\omega^2 = mr \left(\frac{v \tan \theta}{r} \right)^2 = \frac{mv^2 \tan^2 \theta}{r} \quad [\text{N}] \tag{15.34}$$

コリオリ力は，図 15.10 に示したように $\vec{v'}$ に垂直になる．その大きさは，上で求めた ω と v' を代入すれば求まる．

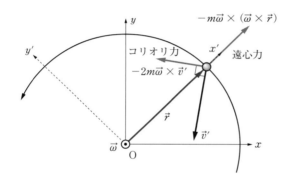

図 15.10 メリーゴーランド上から見た力

$$|-2m\vec{\omega} \times \vec{v'}| = 2m|\vec{\omega}||\vec{v'}| \sin \frac{\pi}{2}$$

$$= 2m \frac{v \tan \theta}{r} \frac{v}{\cos \theta} = \frac{2mv^2 \tan \theta}{r \cos \theta} \quad [\text{N}] \tag{15.35}$$

最後に，オイラー力の大きさを求める．まず，一定の角速度であることから $\dot{\vec{\omega}} = \vec{0}$ となる．したがって，$|-m\dot{\vec{\omega}} \times \vec{r'}| = \underline{0}$ である．◆

類題 15.2 メリーゴーランド上での見かけの力の大きさ

例題 15.2 で，メリーゴーランドが 60 秒間に 8.0 回転しているとき，ボールを投げ入れた瞬間の遠心力とコリオリ力の大きさがそれぞれ何 G になるかを求めなさい．ただし，$v = 50\,\text{km/h}$，$\theta = 45°$ とする．なお，物体が受ける重力の大きさが 1 G である．

● **第 15 章のまとめ** ●

- 慣性系から見て等速度運動をしている座標系は，やはり慣性系であり，慣性系ではニュートン力学が不変に保たれる．
- 慣性系から見て $\ddot{\vec{R}}$ で加速度運動をしている座標系では，質量 m の物体に見かけの力である

慣性力 $-m\ddot{\vec{R}}$ が発生する.

$$m\ddot{\vec{r}}' = \vec{F} - m\ddot{\vec{R}}$$

- 慣性系から見て角速度 $\vec{\omega}$ で回転している座標系では,位置 $\vec{r}$ にある物体の速度は回転分の速度を差し引いたものに見える.

$$\vec{v}' = \vec{v} - \vec{\omega} \times \vec{r}$$

- 質量 m の物体に見かけの力であるコリオリ力 $-2m\vec{\omega} \times \vec{v}'$ と遠心力 $-m\vec{\omega} \times (\vec{\omega} \times \vec{r}')$,そしてオイラー力 $-m\dot{\vec{\omega}} \times \vec{r}'$ が発生する.

$$m\vec{a}' = \vec{F} - 2m\vec{\omega} \times \vec{v}' - m\vec{\omega} \times (\vec{\omega} \times \vec{r}') - m\dot{\vec{\omega}} \times \vec{r}'$$

─────────── 章 末 問 題 ───────────

[15.1] 飛行機が動き出して離陸するまでの 30 秒間で時速 250 km にまで加速した.このとき等加速度運動をしているとして,機内の乗客が感じる慣性力が重力の何倍(何 G)であるかを求めなさい. `15.1 節`

[15.2] カーレースの F1 マシンは,フルブレーキ(最も効率良くブレーキを効かせること)による減速時の慣性力が 4.5 G になる.そのときの加速度の大きさを求めなさい. `15.1 節`

[15.3] 新幹線 N700A は,時速 285 km から減速すると距離 3.0 km 程度で停車できる.

(a) 減速時の平均の加速度の大きさを求めなさい.

(b) 減速時に乗客が感じる慣性力が何 G であるかを求めなさい.

`15.1 節`

[15.4]* 上向きの等加速度 a で上昇するエレベータ内の天井から長さ r の糸で吊された質量 m の振り子の微小振動の周期を求めなさい. `15.1 節`

[15.5] 高速道路で回転半径が 350 m($R = 350$ と表示されていることがある)のカーブを時速 70 km で走行するときの遠心力が何 G であるかを求めなさい. `15.2 節`

[15.6] 飛行機のエアレースでは,10 G を超えるとペナルティが科される(2018 年時点).飛行機が時速 370 km で旋回する場合,ペナルティを受けない最小の回転半径を求めなさい. `15.2 節`

[15.7] 地球の赤道上で受ける遠心力と,同じ地点での万有引力の比を求めなさい.ただし,地球の質量は $M = 6.0 \times 10^{24}$ kg,地球の半径は $R = 6.4 \times 10^3$ km,万有引力定数は $G = 6.7 \times 10^{-11}$ N·m^2·kg^{-2} とする. `15.2 節`

[15.8] 北極で南に向って時速 3.0 km で歩くとき,

(a) コリオリ力の向きを答えなさい.

(b) コリオリ力が何 G であるかを求めなさい.

`15.2 節`

お疲れ様でした

　筆者の担当している力学の講義は大学1年生の後期に開講されています．本書の最後に，その講義で配布していたプリントの結びの文を記しておきます．

　「諸君が入学して来たときに生い茂っていた木々の葉はすっかり落ちてしまいました．私は葉の落ちた木々も好きです．例えば，桜の木を見ると，枝にはもう花芽がついています．例えば，校舎の3階を超える欅の大木を見上げると，冬の引き締まった空を背景に細い枝々が葉芽をつけて身じろぎもせずに張りつめています．彼等は夏の間十分に生い茂り，次の春に向けての十分な準備を終えて，今はじっとその春を待っているのです．諸君のこの一年はどうでしたか？　次のステップへと進むための力を蓄えることができましたか？　木々が環境に影響されるように，思うようにいかなかった人もいるでしょう．それぞれだったと思いますが，皆さんがこれから一年ごとに生い茂っては力をつけていってくれることを祈っています．」

問　題　略　解

第2章

類題

[2.1] $v(5.0) = -0.11\,\text{m/s}$,
$a(5.0) = -0.26\,\text{m/s}^2$

[2.2] 速度の大きさの最大値 $0.13\,\text{m/s}$, 加速度の大きさの最大値 $0.53\,\text{m/s}^2$

[2.3] $0.24\,\text{m/s}$

章末問題

[2.1] 時速 $255.6\,\text{km}$

[2.2] $69.4\,\text{m/s}$（時速 $250\,\text{km}$）

[2.3] $0.50\,\text{m/s}^2$

[2.4] $50\,\text{s}$

[2.5] $\dot{s}(10\,\text{s}) = 14.1\,\text{m/s}$,
$\ddot{s}(10\,\text{s}) = 1.16\,\text{m/s}^2$

[2.6] 周期 $2.5\,\text{s}$, 角振動数 $2.5\,\text{rad/s}$

[2.7] 速さ最大で原点を通過するとき.

[2.8] $75\,\text{cm}$

[2.9] 角速度 $\pi/3\,\text{rad/s}$, 速度 $2\pi/3\,\text{m/s}$

[2.10] 角速度 $2.5\,\text{rad/s}$, 速度 $0.80\,\text{m/s}$

第3章

類題

[3.1] $\vec{v} = \dot{\vec{r}} = (v_1, v_2, -gt + v_3)$ [m/s],
$|\vec{v}| = \sqrt{v_1^2 + v_2^2 + (-gt + v_3)^2}$ [m/s]

[3.2] $\vec{a} = \dot{\vec{v}} = (0, 0, -g)$ [m/s^2],
$|\vec{a}| = g$ [m/s^2]

章末問題

[3.1] (a) $(300, -300, 120)$ m

(b) 東南

(c) $\vec{v} = (0.5, -0.5, 0.2)\,\text{m/s}$, $|\vec{v}| = 0.73\,\text{m/s}$

[3.2] (a) $(-0.4, 0.8, 0.4)\,\text{m/s}$

(b) $(0.2, -0.4, 0.4)\,\text{m/s}^2$

(c) $0.6\,\text{m/s}^2$

[3.3] (a) $(v_0, 0, -gt + v_1)$ [m/s]

(b) $(0, 0, -g)$ [m/s^2]

(c) $z = -(g/2v_0^2)x^2 + (v_1/v_0)x$ [m]（放物線）

[3.4] (a) $(-a\omega_0^2 \cos \omega_0 t, -b\omega_0^2 \sin \omega_0 t, 0)$ [m/s^2]

(b) 位置ベクトルと逆向きで原点を向く.

(c) $(x^2/a^2) + (y^2/b^2) = 1$（楕円軌道）

[3.5] (a) 中心の座標 $(0, 1, 0)$ m, 半径 $1\,\text{m}$

(b) 角速度 $\pi/2\,\text{rad/s}$, 速さ $\pi/2\,\text{m/s}$

(c) 速度 $(\pi/2, 0, 0)\,\text{m/s}$, 加速度 $(0, \pi^2/4, 0)\,\text{m/s}^2$

[3.6] (a) 最低高度 $590\,\text{m}$, 最高高度 $950\,\text{m}$

(b) 最小の速さ $50\,\text{m/s}$, そのときの速度 $(30,$

$-40, 0)$ m/s

(c) 加速度 $(0, 0, 20)\,\text{m/s}^2$, 加速度の大きさ $a = 20\,\text{m/s}^2$

[3.7] (a) $t = 3\,\text{s}$ に出会う.

(b) A さんは静止しないが, B さんは $t = 2\,\text{s}$ で静止する.

(c) B さん

第4章

類題

[4.1] $\sqrt{3}\,F$ [N]

[4.2] $m\ddot{x} = -F_a + F_c$ [N], $m\ddot{y} = -F_d$ [N], $m\ddot{z} = F_t - F_e$ [N]

[4.3] $T = mg/\sqrt{3}$ [N]

[4.4] ボールを投げてから $0.51\,\text{s}$ 後に, 最高の高さ $3.3\,\text{m}$ に到達する.

[4.5] 0.03

[4.6] 0.80

[4.7] $4.6 \times 10^6\,\text{m}$

[4.8] $7.2 \times 10^{22}\,\text{kg}$

章末問題

[4.1] (a) $m\ddot{\vec{r}} = \vec{F_1} + \vec{F_2} + \vec{F_3} + \vec{F_4}$ [N]

(b) $\vec{r} = \text{const.}$ または $\dot{\vec{r}} = \vec{0}$

(c) $\vec{F_4} = (5.0, -0.9, -0.6)\,\text{N}$

[4.2] (a) $m\ddot{x}(t) = mg \sin \theta$

(b) $m\ddot{z}(t) = N - mg \cos \theta$

(c) 速さ $15\,\text{m/s}$, 移動距離 $22\,\text{m}$

[4.3] (a) $\dot{x}(t)$ は t 軸上の直線, $x(t)$ は切片が x_0 で t 軸に平行な直線

(b) $\dot{x}(t)$ は切片が v_0 で t 軸に平行な直線, $x(t)$ は切片が x_0 で傾き正の直線

(c) (a) の場合は静止, (b) の場合は等速直線運動（または等速度運動）である.

[4.4] (a) $\dot{z}(t)$ は原点を通る傾き負 $(-g)$ の直線, $z(t)$ は $(t, z) = (0, h)$ で最大になる, 上に凸の二次曲線

(b) $\dot{z}(t)$ は切片が v_0 で傾き負 $(-g)$ の直線, $z(t)$ は切片が h で $(t, z) = (v_0/g, (v_0^2/2g) + h)$ で最大になる, 上に凸の二次曲線

(c) $v_0 = \sqrt{2gh}$ [m/s]

[4.5] (a) $38\,\text{s}$　(b) $7.1 \times 10^3\,\text{m}$

[4.6] (a) $m\ddot{x}(t) = F \cos \theta - R$ [N]

(b) $m\ddot{z}(t) = F \sin \theta + N - mg$ [N]

(c) $N = mg - F \sin \theta$ [N]

問 題 略 解　　205

(d) $\theta = \pi/6$

[4.7]　(a) $m\ddot{x}(t) = mg\sin\theta - R$

(b) $m\ddot{z}(t) = -mg\cos\theta + N$

(c) $\mu' > 0.47$

(d) 静止するまでの時間は $9.9\,\mathrm{s}$, 移動距離は $5.9\,\mathrm{m}$

[4.8]　$\vec{r}_{\mathrm{G}} = (1.28, 0.42, 1.32)$

[4.9]　重心は太陽から $7.4 \times 10^8\,\mathrm{m}$ の位置, 換算質量 $\mu = 1.9 \times 10^{27}\,\mathrm{kg}$

[4.10]　$\omega = 2\sqrt{T/3mr}$

[4.11]　重心から見た質点 1, 2 の位置はそれぞれ $-\{m_2/(m_1 + m_2)\}\vec{r}$, $\{m_1/(m_1 + m_2)\}\vec{r}$

第 5 章

類題

[5.1]　縮みが $2.5\,\mathrm{cm}$ となるのは $0.76\,\mathrm{s}$, $5.0\,\mathrm{cm}$ となるのは $1.1\,\mathrm{s}$ のとき

[5.2]　伸び $0.5\,\mathrm{cm}$

[5.3]　$7.1 \times 10^2\,\mathrm{N/m} = 7.1\,\mathrm{N/cm}$

[5.4]　$2.0\,\mathrm{N/m}$

章末問題

[5.1]　$\ddot{x}(t) = -(k/m)\cos\sqrt{k/m}\,t$
$\phantom{\ddot{x}(t)} = -(k/m)x(t)$

より $m\ddot{x}(t) = -kx(t)$ の特殊解である.

[5.2]　(5.15) を単振動の運動方程式に代入すると左辺と右辺が等しくなる.

[5.3]　加法定理で $x(t) = A\cos\{\sqrt{k/m}\,t + \alpha\}$
$= \underline{A\cos\alpha}\cos\sqrt{k/m}\,t\,\underline{-A\sin\alpha}\sin\sqrt{k/m}\,t$
$= \underline{c_1}\cos\sqrt{k/m}\,t + \underline{c_2}\sin\sqrt{k/m}\,t$

[5.4]　$0.444\,\mathrm{s}$

[5.5]　$m' = 200\,\mathrm{g}$

[5.6]　$\dot{x}(t) = -a\omega_0\sin(\omega_0 t + \pi) = a\omega_0\sin\omega_0 t$,
$x(t) = a\cos(\omega_0 t + \pi) = -a\cos\omega_0 t$

[5.7]　$x(t) = -(mg/k)(\cos\omega_0 t - 1)$,
$\dot{x}(t) = \sqrt{m/k}\,g\sin\omega_0 t$

[5.8]　$x(t) = \sin\omega_1 t$ が解となるための条件 $\omega_0^2 - \omega_1^2 - f_1 = 0$ を, お互いに独立な ω_0, ω_1, f_1 が満たすとは限らないため, 特殊解とはいえない.

[5.9]　$x(t)$
$= \{(\gamma + \sqrt{\gamma^2 - \omega_0^2})/(2\sqrt{\gamma^2 - \omega_0^2})\}e^{-(\gamma - \sqrt{\gamma^2 - \omega_0^2})t}$
$+ \{(-\gamma + \sqrt{\gamma^2 - \omega_0^2})/(2\sqrt{\gamma^2 - \omega_0^2})\}e^{-(\gamma + \sqrt{\gamma^2 - \omega_0^2})t}$

[5.10]　$0.0136\,x_0$

第 6 章

類題

[6.1]　$18\,\mathrm{m/s}$

[6.2]　$0.0125\,\mathrm{m/s}$

[6.3]　A 棟から $5\,\mathrm{m}\,18\,\mathrm{cm}$ の位置

章末問題

[6.1]　$250\,\mathrm{kg\cdot m/s}$

[6.2]　$2.5 \times 10^4\,\mathrm{kg\cdot m/s}$

[6.3]　$1/4$

[6.4]　保存する.

[6.5]　$3.0\,\mathrm{s}$

[6.6]　$\Delta p = (1/2)F_{\max}(t_2 - t_1)$

[6.7]　それぞれの物体の運動方程式を立てて $m_1\ddot{\vec{r}}_1 = \dot{\vec{p}}_1$ などのおきかえを行い, 3 式の和をとって作用・反作用の関係にある力を消去し, 時間積分で $\vec{p}_1 + \vec{p}_2 + \vec{p}_3 = \mathrm{const.}$ を得る.

[6.8]　$199\,\mathrm{km/h}\,(= 55.3\,\mathrm{m/s})$

[6.9]　$(-v_0, 7v_0/3)$

[6.10]　$0.28 \times 10^{-6}\,\mathrm{kg/s}$

第 7 章

類題

[7.1]　$24\,\mathrm{J}$

[7.2]　$W_3 = (1/2)kx_0^2$, $W_4 = -(1/2)kx_0^2$,
$W_1 + W_2 + W_3 + W_4 = 0$

[7.3]　$W = 17640 = 1.8 \times 10^4\,\mathrm{J}$,
$v = 87\,\mathrm{km/時}$

[7.4]　$x\dot{x} = (d/dt)\{(1/2)x^2\}$,
$\dot{x}\ddot{x} = (d/dt)\{(1/2)\dot{x}^2\}$

[7.5]　$(1/2)kx_0^2$

章末問題

[7.1]　$19\,\mathrm{J}$

[7.2]　$L = \int_a^b dx = [x]_a^b = b - a$

[7.3]　$-(3/2)ka^2$

[7.4]　$2F_0 a\{e - (1/e)\}$

[7.5]　$-\{(3 - 2\sqrt{2})/2\}ka^2$

[7.6]　どちらも $176\,\mathrm{kJ}$

[7.7]　$\dot{z}(2\pi/\omega) = 0$, $\omega = \sqrt{(2\pi g/h)}$,
$W = mgh$

[7.8]　$(d/dt)\vec{r}^2 = 2\vec{r}\cdot\dot{\vec{r}}$, $(d/dt)\dot{\vec{r}}^2 = 2\dot{\vec{r}}\cdot\ddot{\vec{r}}$

[7.9]　運動方程式 $m\ddot{z} = -kz - mg$ の両辺に $\dot{z}$ を掛けた式を変形して t で積分すると, 力学的エネルギー保存を表す式 $(1/2)m\dot{z}^2 + (1/2)kz^2 + mgz = \mathrm{const.}$ が得られる.

[7.10]　運動方程式 $m\ddot{x} = F(x) = -f_0 x(x - a)$ に $\dot{x}$ を掛けた式を変形して積分をすると $\Delta K = (1/2)mv_a^2 - (1/2)mv_0^2 = f_0 a^3/6 = W$ が得られる.

206　問 題 略 解

第 8 章

類題
[8.1]　11.2 km/s

章末問題
[8.1]　$W = \int_{\vec{r}_A}^{\vec{r}_B} \vec{F} \cdot d\vec{r} = \int_{a_3}^{b_3} (-mg)\,dz$
$= -mg[z]_{a_3}^{b_3} = mg(a_3 - b_3)$

[8.2]　質点が同じ位置に戻るまでに，保存力である重力がする仕事の合計はゼロになる．

[8.3]　質点が元の位置に戻ってくるまでに，保存力である ばねの復元力がする仕事の合計はゼロになる．

[8.4]　$U(\vec{r}) = (1/2)kz^2$

[8.5]　$U(r) = -(\alpha/r)e^{-\beta r}$

[8.6]　$F(x) = -(d/dx)U(x) = -k(x - x_0)$

[8.7]　運動方程式 $m\ddot{x}(t) = -dU(x)/dx$ の両辺に $\dot{x}(t)$ を掛けて式変形すると，力学的エネルギー保存を表す式 $(1/2)m\dot{x}^2 + U(x) = \text{const.}$ が得られる．

[8.8]　$F(r) = -(d/dr)U(r)$
$= -G(m_1 m_2/r^2)$

[8.9]　$\vec{F}(\vec{r}) = -\vec{\nabla}U(\vec{r})$ より
$\vec{F}(\vec{r}) = -(Gm_1 m_2/r^2)(\vec{r}/r)$ となる．

[8.10]　9.8 m/s^2

第 9 章

類題
[9.1]　$0.8\,v$
[9.2]　0.85

章末問題
[9.1]　0.75
[9.2]　30 cm
[9.3]　$e = 0.5$, 質量の比 8/13
[9.4]　$v' = (M - m)v/(M + m) \to v$,
$V' = 2mv/(M + m) \to 0$
[9.5]　$v_1' = (m_1 - m_2)v_1/(m_1 + m_2) + 2m_2v_2/(m_1 + m_2)$, $v_2' = 2m_1v_1/(m_1 + m_2) - (m_1 - m_2)v_2/(m_1 + m_2)$ より $(1/2)m_1v_1^2 + (1/2)m_2v_2^2 = (1/2)m_1v_1'^2 + (1/2)m_2v_2'^2$ となる．

第 10 章

類題
[10.1]　$(0, 0, 40)$
[10.2]　$mr^2\ddot{\theta} = -rF_1$
[10.3]　$I_z = 4.5 \times 10^{-3}$ kg·m^2, 角速度 1.3×10^3 rad/s, 回転数 1.1×10^3
[10.4]　24 N

章末問題
[10.1]　$(7, -14, 7)$, $\vec{A} \cdot \vec{C} = \vec{B} \cdot \vec{C} = 0$ より $\vec{A} \perp \vec{C}$, $\vec{B} \perp \vec{C}$

[10.2]　(a) $|\vec{A}||\vec{B}|$　(b) 0

[10.3]　$\vec{i} \times \vec{j} = \vec{k}$, $\vec{i} \times (\vec{j} \times \vec{k}) = \vec{0}$

[10.4]　$(d/dt)(\vec{A} \times \vec{B})_x = \dot{A}_y B_z - \dot{A}_z B_y + A_y \dot{B}_z - A_z \dot{B}_y = (\dot{A} \times B)_y + (A \times \dot{B})_x$ となる. y, z 成分も同様．

[10.5]　$\vec{r}(t) \times \ddot{\vec{r}}(t)$

[10.6]　$(0, (1/2)\,mv_0\,gt^2, 0)$

[10.7]　$N = mga = 9.8 \times 10^{-2}$ N·m

[10.8]　$(1/2)mgL$, 0, $(1/2)mgL$

[10.9]　$mr^2\ddot{\theta}(t) = -rmg\sin\theta$

[10.10]　$v_2 = (r_1/r_2)v_1$

第 11 章

類題
[11.1]　力の向きに直線上を等加速度運動する．
[11.2]　1.2 N·m

章末問題
[11.1]　質点の位置を球面座標で $r = a$ として θ, ϕ の2変数で表せる．

[11.2]　(a) $(a, 0, 0)$　(b) $(-a, 0, 0)$
(c) $(0, 0, -a)$

[11.3]　重心は移動しない．

[11.4]　x 軸上を等加速度運動する．

[11.5]　$\vec{r}_i \times \vec{F}_{ij}$ と $\vec{r}_j \times \vec{F}_{ji}$ を組にして総和をとると，作用・反作用の関係式 $\vec{F}_{ij} = -\vec{F}_{ji}$ を使うことで $\vec{r}_i \times \vec{F}_{ij} + \vec{r}_j \times \vec{F}_{ji} = (\vec{r}_i - \vec{r}_j) \times \vec{F}_{ij} = \vec{0}$ となることから総和が $\vec{0}$ となる．

[11.6]　0.78 J

[11.7]　壁からの垂直抗力 $(-(1/2)Mg\tan\theta, 0, 0)$, 床からの抗力 $((1/2)Mg\tan\theta, 0, Mg)$

[11.8]　$N_g = (1/2)Mga$, $T = (2/3)Mg$

[11.9]　$\vec{N}_g = -\vec{r}_A \times \vec{F}_A$

[11.10]　$\Omega = Mgr_G/L$

[11.11]　(a) $x_G = (m_1x_1 - m_2x_2)/(m_1 + m_2)$
(b) $\vec{r}_G \times \vec{k} = \{(m_1\vec{r}_1 + m_2\vec{r}_2)/(m_1 + m_2)\} \times \vec{k}$,
$x_G = (m_1x_1 + m_2x_2)/(m_1 + m_2)$, $y_G = (m_1y_1 + m_2y_2)/(m_1 + m_2)$

第 12 章

類題
[12.1]　$(m_i(y_i^2 + z_i^2)\omega, -m_ix_iy_i\omega, -m_ix_iz_i\omega)$
[12.2]　角速度 1.3 rad/s, 1.1 回転

章末問題
[12.1]　$(\omega\cos\alpha, \omega\cos\beta, \omega\cos\gamma)$
[12.2]　(a) 1.9×10^2 rad/s　(b) 160 倍

(c) $-2.5 \times 10^{-9}\,\mathrm{rad/s^2}$

[12.3] z 軸に対して対称な位置にある要素 a, b を組にして和をとると，$\sum_i m_i x_i z_i = \sum_i m_i y_i z_i = 0$ となる．

[12.4]

$$
L =
\begin{pmatrix}
\sum_i m_i(y_i^2 + z_i^2) & -\sum_i m_i y_i x_i & -\sum_i m_i z_i x_i \\
-\sum_i m_i x_i y_i & \sum_i m_i(z_i^2 + x_i^2) & -\sum_i m_i z_i y_i \\
-\sum_i m_i x_i z_i & -\sum_i m_i y_i z_i & \sum_i m_i(x_i^2 + y_i^2)
\end{pmatrix}
\begin{pmatrix}
\omega_x \\
\omega_y \\
\omega_z
\end{pmatrix}
$$

[12.5] (a) $I\ddot{\theta}(t) = -(1/2)Mga\sin\theta(t)$
(b) $T = 2\pi\sqrt{2I/Mga}$

[12.6] (a) $I\ddot{\theta}(t) = -Ra$ (b) $I\omega_0/Ra$
(c) $I\omega_0^2/4\pi Ra$

[12.7] (a) $I\ddot{\theta}(t) = Ta$
(b) $m\ddot{y}(t) = mg - T$
(c) $\{I/(I + ma^2)\}mg$
(d) 質点の運動エネルギーは
$\{ma^2/(I + ma^2)\}mgh$，円板の回転の運動エネルギーは $\{I/(I + ma^2)\}mgh$ である．

[12.8] (a) $2.6 \times 10^{29}\,\mathrm{J}$ (b) $1.3 \times 10^{36}\,\mathrm{J}$
(c) $2.0 \times 10^{42}\,\mathrm{J}$

第 13 章

類題

[13.1] $x = 2a$

[13.2] $2.4 \times 10^{-3}\,\mathrm{kg \cdot m^2}$

[13.3] $2.0 \times 10^{-3}\,\mathrm{kg \cdot m^2}$

[13.4] $1.2 \times 10^{-4}\,\mathrm{kg \cdot m^2}$

[13.5] $1.5 \times 10^{-2}\,\mathrm{kg \cdot m^2}$

[13.6] $0.15\,\mathrm{kg \cdot m^2}$

[13.7] $1.3 \times 10^{-4}\,\mathrm{kg \cdot m^2}$

章末問題

[13.1] $(5/4)ma^2$

[13.2] (a) ma^2 (b) $(1/2)ma^2$

[13.3] $(1/3)M(a^2 + b^2)$

[13.4] ヤコビ行列式は $r^2\sin\theta$，慣性モーメントは $(2/5)Ma^2$

[13.5] $(3/10)Ma^2$

[13.6] $\displaystyle\lim_{b/a \to 0} I = (1/3)Ma^2$

[13.7] Ma^2

[13.8] $(1/2)Ma^2$

[13.9] $(13/32)Ma^2$

[13.10] $(5/4)Ma^2$

[13.11] (a) $(3/4)h$ (b) $(3/20)M(a^2 + 4h^2)$
(c) $(3/80)M(4a^2 + h^2)$

第 14 章

類題

[14.1] $R = \{I/(Ma^2 + I)\}Mg\sin\alpha$,
$\dot{x}_\mathrm{G} = \{Ma^2/(Ma^2 + I)\}gt\sin\alpha$,
$x_\mathrm{G} = \{Ma^2/2(Ma^2 + I)\}gt^2\sin\alpha$

[14.2] 運動方程式の x 成分と円柱の中心軸周りの回転運動の方程式から $(1/2)I\dot{\theta}^2 + (1/2)M\dot{x}_\mathrm{G}^2 - Mgx_\mathrm{G}\sin\alpha = \mathrm{const.}$ が導ける．

章末問題

[14.1] $R = 0$

[14.2] (a) $R = \{I/(Ma^2 + I)\}F_0$
(b) $\dot{x}_\mathrm{G}(t) = \{F_0 a^2/(Ma^2 + I)\}t$

[14.3] $Ma^2/(Ma^2 + I)$ 倍

[14.4] (a) $K_\mathrm{G} = (2/3)Mgh$ (b) $(1/3)Mgh$

[14.5] $K + U = 0$（定数）となる．

[14.6] $\{(Ma^2 + I)/Ma^2\}(v_0^2/2g)$

[14.7] $\omega_0 > \sqrt{2Mgr/(Ma^2 + I)}$,
$v_0 > \sqrt{2Ma^2 gr/(Ma^2 + I)}$

[14.8] $(1/2)\{M + (I/a^2)\}v_1^2$

[14.9] 中身が水のペットボトル

第 15 章

類題

[15.1] $\theta = \pi/6$

[15.2] 遠心力 $1.2\,\mathrm{G}$，コリオリ力 $1.3 \times 10^{-3}\,\mathrm{G}$

章末問題

[15.1] $0.24\,\mathrm{G}$

[15.2] $44\,\mathrm{m/s^2}$

[15.3] (a) $1.04\,\mathrm{m/s^2}$ (b) $0.11\,\mathrm{G}$

[15.4] $2\pi\sqrt{r/(g + a)}$

[15.5] $0.11\,\mathrm{G}$

[15.6] $108\,\mathrm{m}$

[15.7] 3.4×10^{-3}

[15.8] (a) 進行方向右向き (b) $1.2 \times 10^{-5}\,\mathrm{G}$

索　引

イ

位相　12
　　初期——　60
位置　1
　　——エネルギー（ポテンシャルエネルギー）92, 108
　　——ベクトル　18
一般解　58, 69, 73-75
因果関係　33

ウ

腕の長さ　127
運動エネルギー　92
　　回転の——　166
運動の法則　31
　　ニュートンの——　31
運動方程式（第二法則）　31
　　剛体の重心についての——　142
運動量　78
　　——保存（則）　80, 83, 84
　　角——　5, 124

エ

円運動　5
　　等速——　5
遠心力　199

オ

オイラー角　140
オイラーの公式　64
オイラー力　199
重み　49

カ

外積（ベクトル積）　121
回転運動の方程式　126
　　剛体の原点周りの——　147
回転角　128
回転の運動エネルギー　166
角運動量　5, 124

　　——保存（則）　135
角加速度　27
角振動数　12
角速度　15
　　——ベクトル　155
過減衰　74
加重平均　49
加速度　1, 11
　　——ベクトル　26
　　等——運動　5
ガリレイの相対性原理　195
ガリレイ変換　195
換算質量　52
慣性系（慣性座標系）　32
　　非——　194, 195
慣性主軸　159
慣性乗積　158
慣性の法則（第一法則）　31
慣性モーメント　132, 160
慣性力　195
完全非弾性衝突　117

キ

共振　68
強制振動　65

ケ

撃力　117
減衰振動　70
減衰比　73

コ

拘束条件　190
剛体　138
　　——の位置エネルギー　144
　　——の回転の運動エネルギー　166, 188
　　——の原点周りの回転運動の方程式　147
　　——の重心についての運動方程式　142
　　——の自由度　140
　　——の平面運動　188

剛体振り子　138
合力　3
固定軸　154
弧度法（ラジアン）　14
固有振動　68
　　——数　68
コリオリ力　199

サ

歳差運動　5, 150
最大静止摩擦力　45
作用反作用の法則（第三法則）　31

シ

時間微分　10
時間変化の度合い　10
自然長　56
質点　39
質量　32
磁場　106
周回積分　107
周期　12
自由度　138
　　剛体の——　140
ジュール　92
常微分　112
初期位相　60
初期条件　36
振動数　12
　　角——　13
　　固有——　68
振動中心　63
振幅　12, 60

ス

スカラー積（内積）　121

セ

静止摩擦係数　45
全角運動量　145
線積分　89
全微分　112
線密度　177

ソ

相互作用 47, 81
相対性原理 195
　　ガリレイの── 195
相対性理論 195
　　特殊── 195
速度 1, 10
　　──ベクトル 21, 24
　　角── 15
塑性変形 56

タ

体積素片（体積要素） 172
体積密度 177
単振動 12
　　──の式 60
弾性エネルギー 93
弾性衝突 117
　　非── 117
弾性体 56
弾性変形 56, 117

チ

力 2
　　──の作用点 2
　　──のモーメント
　　　（トルク） 126
中心力 52, 134
　　──場 134
張力 3, 40
直線運動 5
　　等速── 5
直交軸の定理 181

テ

定数変化法 75
電場 106

ト

等加速度運動 5
動径方向 28
等速運動 5
等速円運動 5
等速直線運動 5

等速度運動 5
動摩擦係数 45
特殊解 58
特殊相対性理論 195
トルク（力のモーメント）
　　126

ナ

内積（スカラー積） 24, 121
内力 141
ナブラ 113

ニ

ニュートンの運動の法則
　（ニュートンの法則） 31

ハ

場 106
　　磁── 106
　　中心力── 134
　　電── 106
ばね定数 57
速さ 8
反発係数（はね返り係数）
　　117
反平行 129
万有引力 113
　　──定数 113

ヒ

非慣性系 194, 195
微小ベクトル 21
左手系 165
非弾性衝突 117
　　完全── 117
微分方程式 36

フ

複素共役 64
複素平面（複素数平面） 64
フックの法則 57
物体の運動 1
浮力 40

ヘ

平行軸の定理 179
並進運動 139
平面運動 188
ベクトル積（外積） 121
ベクトルの大きさ 22
ベクトルの自乗（2乗） 92
ベクトルの和 35
変位 8
　　──ベクトル 19
偏角 64
偏微分 112

ホ

放物運動 5
保存 80
保存力 105
　　──場 106
ポテンシャルエネルギー
　　（位置エネルギー） 108

ミ

見かけの力 195
右手系 165
右ネジ 122

メ

面素（面積要素） 178
面密度 178

ヤ

ヤコビ行列式 173, 175

ヨ

要素 140

ラ

ラジアン（弧度法） 14

リ

力学的エネルギー保存（則）
　　95, 99, 188
力積 81
臨界減衰（臨界制動） 76

著者略歴

田村忠久（たむらただひさ）

神奈川大学工学部物理学教室教授
1988年 東京大学理学部卒業，東京大学大学院理学系研究科博士課程修了．東京大学宇宙線研究所研究員，神奈川大学助手・助教授・准教授等を経て現職．専門は宇宙線物理学．
著書：「理工系の 物理学入門」（共著，裳華房）
「理工系の 物理学入門（スタンダード版）」（共著，裳華房）
「電磁気学演習」（学術図書出版社）

工学系の基礎力学 —— 公式の意味を知る ——

2019年10月5日　第1版1刷発行
2022年3月25日　第2版1刷発行

検印省略

定価はカバーに表示してあります．

著作者　田　村　忠　久
発行者　吉　野　和　浩
　　　　東京都千代田区四番町8-1
　　　　電話 03-3262-9166（代）
　　　　郵便番号 102-0081
発行所　株式会社　裳　華　房
印刷所　中央印刷株式会社
製本所　牧製本印刷株式会社

一般社団法人
自然科学書協会会員

JCOPY〈出版者著作権管理機構 委託出版物〉
本書の無断複製は著作権法上での例外を除き禁じられています．複製される場合は，そのつど事前に，出版者著作権管理機構（電話03-5244-5088，FAX 03-5244-5089，e-mail: info@jcopy.or.jp）の許諾を得てください．

ISBN 978-4-7853-2269-4

Ⓒ 田村忠久，2019　　Printed in Japan

本質から理解する 数学的手法

荒木　修・齋藤智彦 共著　Ａ５判／210頁／定価 2530円（税込）

　大学理工系の初学年で学ぶ基礎数学について，「学ぶことにどんな意味があるのか」「何が重要か」「本質は何か」「何の役に立つのか」という問題意識を常に持って考えるためのヒントや解答を記した．話の流れを重視した「読み物」風のスタイルで，直感に訴えるような図や絵を多用した．
　【主要目次】1．基本の「き」　2．テイラー展開　3．多変数・ベクトル関数の微分　4．線積分・面積分・体積積分　5．ベクトル場の発散と回転　6．フーリエ級数・変換とラプラス変換　7．微分方程式　8．行列と線形代数　9．群論の初歩

力学・電磁気学・熱力学のための 基礎数学

松下　貢 著　Ａ５判／242頁／定価 2640円（税込）

　「力学」「電磁気学」「熱力学」に共通する道具としての数学を一冊にまとめ，豊富な問題と共に，直観的な理解を目指して懇切丁寧に解説．取り上げた題材には，通常の「物理数学」の書籍では省かれることの多い「微分」と「積分」，「行列と行列式」も含めた．
　【主要目次】1．微分　2．積分　3．微分方程式　4．関数の微小変化と偏微分　5．ベクトルとその性質　6．スカラー場とベクトル場　7．ベクトル場の積分定理　8．行列と行列式

大学初年級でマスターしたい 物理と工学の ベーシック数学

河辺哲次 著　Ａ５判／284頁／定価 2970円（税込）

　手を動かして修得できるよう具体的な計算に取り組む問題を豊富に盛り込んだ．
　【主要目次】1．高等学校で学んだ数学の復習 －活用できるツールは何でも使おう－　2．ベクトル －現象をデッサンするツール－　3．微分 －ローカルな変化をみる顕微鏡－　4．積分 －グローバルな情報をみる望遠鏡－　5．微分方程式 －数学モデルをつくるツール－　6．2階常微分方程式 －振動現象を表現するツール－　7．偏微分方程式 －時空現象を表現するツール－　8．行列 －情報を整理・分析するツール－　9．ベクトル解析 －ベクトル場の現象を解析するツール－　10．フーリエ級数・フーリエ積分・フーリエ変換 －周期的な現象を分析するツール－

物理数学　［裳華房テキストシリーズ - 物理学］

松下　貢 著　Ａ５判／312頁／定価 3300円（税込）

　数学的な厳密性にはあまりこだわらず，直観的にかつわかりやすく解説した．とくに学生が躓きやすい点は丁寧に説明し，豊富な例題と問題，各章末の演習問題によって各自の理解の進み具合が確かめられる．
　【主要目次】Ⅰ．常微分方程式（1階常微分方程式／定係数2階線形微分方程式／連立微分方程式）　Ⅱ．ベクトル解析（ベクトルの内積，外積，三重積／ベクトルの微分／ベクトル場）　Ⅲ．複素関数論（複素関数／正則関数／複素積分）　Ⅳ．フーリエ解析（フーリエ解析）

裳華房ホームページ　https://www.shokabo.co.jp/